Collection
iParcours

# Maths

# 6e

W0238771

**Katia Hache**
Professeure certifiée de mathématiques

**Sébastien Hache**
Professeur certifié de mathématiques

Nom ...........................................................................................

Prénom ......................................................................................

Classe .......................................................................................

Année scolaire ...........................................................................

# iParcours MATHS 6$^{e}$

## NOMBRES ET CALCULS



## ESPACE ET GÉOMÉTRIE



## GRANDEURS ET MESURES

# Nombres entiers

# N1

## Fiche 1 : Écrire des nombres entiers

**1** Dans le nombre 6 083 472...

**a.** le chiffre des unités est : ..........

**b.** le chiffre des dizaines de mille est : ..........

**c.** le chiffre des unités de millions est : ..........

**d.** le nombre de centaines est : ..........

**e.** le nombre de centaines de mille est : ..........

**f.** le nombre de milliers est : ..........

**2** Dans le nombre 67 132 452...

**a.** 5 est le chiffre des ..........

**b.** 7 ..........

**c.** 6 713 est le nombre de ..........

..........

**d.** 671 ..........

..........

**3** Complète le tableau ci-dessous, établi à partir des données de 2016.

| | Musée | Nombre de visites en lettres | Nombre de visites en chiffres |
|---|---|---|---|
| **a.** | Musée du Louvre | Sept-millions-trente-huit-mille-quatre-cent-quatre | |
| **b.** | Musée des monnaies | Cent-trente-mille | |
| **c.** | Musée d'Orsay | Deux-millions-neuf-cent-quatre-vingt-dix-sept-mille-six-cent-vingt-cinq | |
| **d.** | Musée du quai Branly | Neuf-cent-dix-mille-huit-cent-quarante-cinq | |
| **e.** | Musée d'art moderne de la ville de Paris | Trois-millions-quatre-cent-vingt-huit-mille-six-cent-quatre-vingt-huit | |
| **f.** | Musée du débarquement | Deux-cent-soixante-dix-neuf-mille-huit-cents | |

**4** Écris en lettres chaque nombre entier indiqué dans le texte suivant.

*« En moyenne, la distance entre la Terre et la Lune est de 384 467 km* **(a)***, mais celle-ci varie entre 356 375 km* **(b)** *et 403 720 km* **(c)***. La distance de la Terre au Soleil, égale à 149 597 870 700 mètres* **(d)***, est la définition originale de l'unité astronomique (ua). »*

**a.** ..........

..........

**b.** ..........

..........

**c.** ..........

**d.** ..........

..........

# FICHE 2 : REPÉRER DES NOMBRES ENTIERS SUR UNE DEMI-DROITE GRADUÉE

**1** Complète les suites de nombres ci-dessous.

| | | | | | | |
|---|---|---|---|---|---|---|
| **a.** | 563 | 573 | 583 | | | |
| **b.** | 924 | 914 | 904 | | | |
| **c.** | 7 545 | 7 645 | | | | |
| **d.** | 5 763 | | 3 763 | | | |
| **e.** | 714 | | 1 714 | | | |

**2** Complète chaque graduation ci-dessous avec les nombres qui manquent.

**a.**

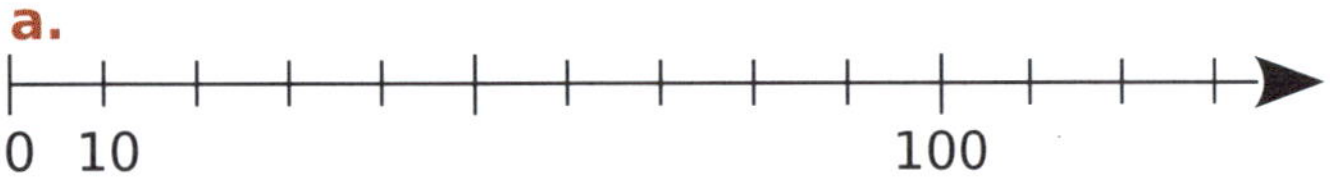


**b.**

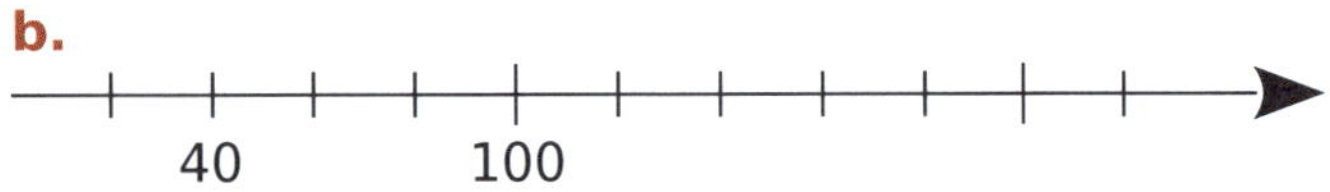


**c.**

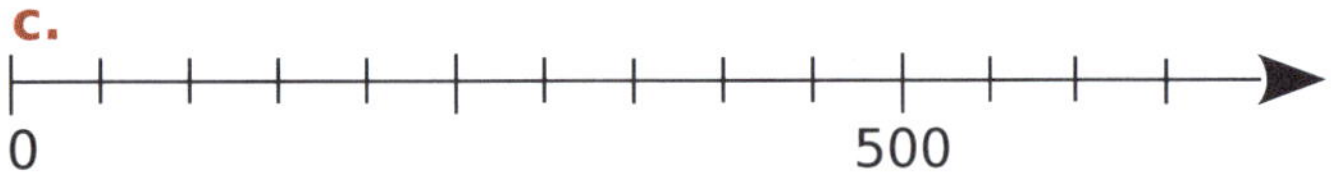


**3** Écris l'abscisse des points placés sur les demi-droites graduées ci-dessous.

**a.**

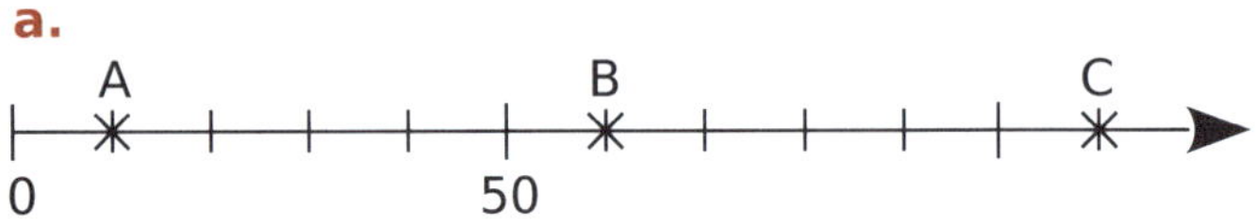


A(..........) B(..........) C(..........)

**b.**

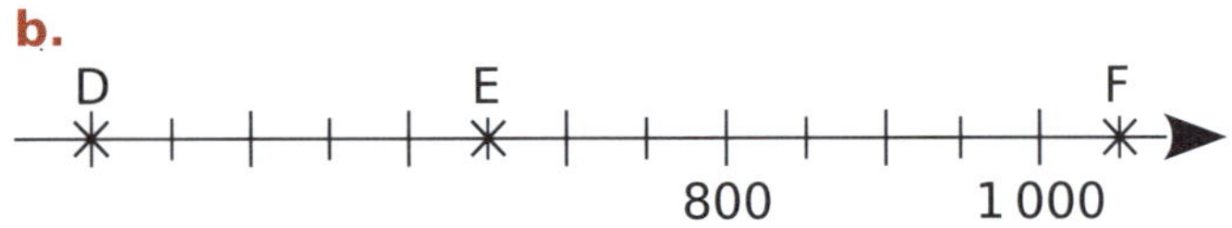


D(..........) E(..........) F(..........)

**4** Écris l'abscisse des points placés sur les demi-droites graduées ci-dessous.

**a.**

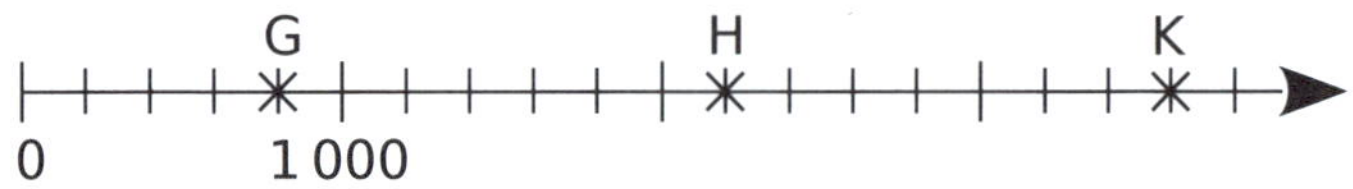


G(.........) H(.........) K(.........)

**b.**

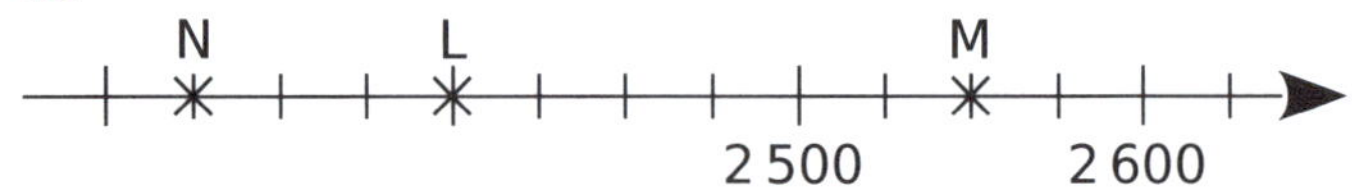


L(.........) M(.........) N(.........)

**5** Place les points selon les indications du tableau ci-dessous. Par exemple, le point A est sur la première ligne et son abscisse est 500.
Relie ensuite ces points dans l'ordre alphabétique.

| Ligne | (1) | (1) | (2) | (2) | (2) | (3) | (3) | (3) |
|---|---|---|---|---|---|---|---|---|
| Point | A | B | N | O | C | M | L | J |
| Abscisse | 500 | 600 | 3 200 | 3 400 | 3 500 | 900 | 910 | 915 |

| Ligne | (3) | (3) | (3) | (4) | (4) | (4) | (5) |
|---|---|---|---|---|---|---|---|
| Point | I | D | E | K | H | F | G |
| Abscisse | 925 | 935 | 945 | 10 150 | 10 350 | 10 400 | 160 |

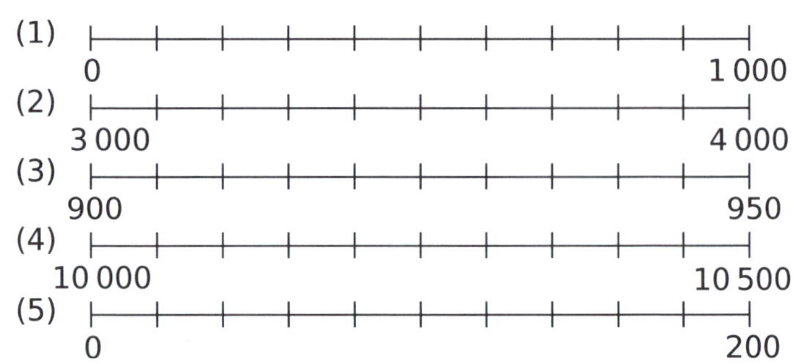


**6** Relie chaque date de l'invention à la frise chronologique.

| Thermomètre de Galilée | Calculatrice de Pascal | Sextant de Newton | Pile Volta | Téléphone de Graham Bell | Radio | Télévision |
|---|---|---|---|---|---|---|
| 1597 | 1642 | 1700 | 1799 | 1876 | 1901 | 1926 |
|  |  |  |  |  |  |  |

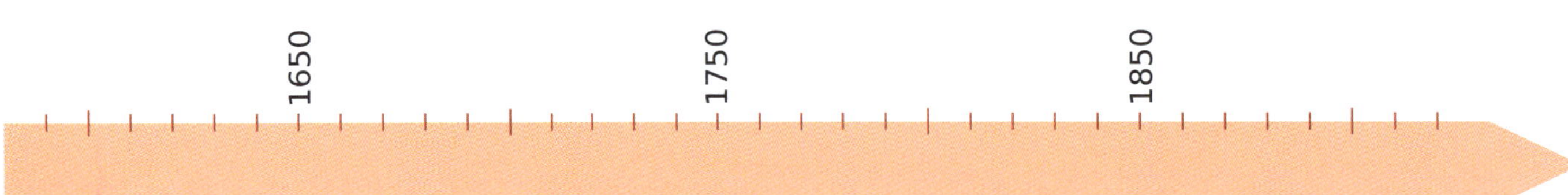

# Fiche 3 : Comparer et ranger des nombres entiers

**1** Complète avec < , > ou =.

**a.** 3 456 725 ..... 3 456 720

**b.** 12 785 608 ..... 12 785 680

**c.** 800 900 ..... 900 800

**d.** 45 000 876 ..... 45 000 678

**e.** 256 999 999 ..... 257 000 000

**2** Complète avec l'entier qui suit et celui qui précède.

**a.** ............................ < 9 563 248 < ............................

**b.** ............................ < 8 248 700 < ............................

**c.** ............................ < 74 999 999 < ............................

**d.** ............................ < 49 000 000 < ............................

**e.** ............................ < 346 768 689 < ............................

**3** Range les listes ci-dessous dans l'ordre croissant.

**a.**

| | | | | | | |
|---|---|---|---|---|---|---|
| 60 090 | 90 600 | 69 000 | 90 006 | 96 000 | 60 900 | 90 060 |
| | | | | | | |

**b.**

| | | | | | |
|---|---|---|---|---|---|
| 5 765 765 | 5 657 657 | 5 576 576 | 5 665 775 | 5 776 655 | 5 756 657 |
| | | | | | |

**4** Range les listes ci-dessous dans l'ordre décroissant.

**a.**

| | | | | | | |
|---|---|---|---|---|---|---|
| 121 121 | 122 221 | 112 112 | 121 122 | 122 111 | 121 211 | 112 222 |
| | | | | | | |

**b.**

| | | | | | |
|---|---|---|---|---|---|
| 4 378 234 | 4 874 532 | 3 957 543 | 3 876 456 | 4 956 345 | 3 456 678 |
| | | | | | |

**5** En utilisant une seule fois chacun des chiffres ci-dessous, écris en chiffres...

2 8 5 4 7 9 1

**a.** les trois plus grands nombres de sept chiffres ;

**b.** les trois plus petits nombres de sept chiffres.

**a.** ............................
............................
............................

**b.** ............................
............................
............................

**6** La cagnotte d'un jeu radio est de 135 980 €. Pour la gagner, l'animateur doit indiquer si la cagnotte est plus grande ou plus petite que le nombre proposé par le candidat. Aide-le.

| | | |
|---|---|---|
| Maryse | 100 000 € | |
| Jean-Pierre | 150 000 € | |
| Youssra | 140 000 € | |
| Frédéric | 125 000 € | |
| Mickaël | 135 000 € | |
| Gwendolina | 136 000 € | |

**7** Voici une carte de l'ile de la Réunion. Range les onze points culminants indiqués dans l'ordre croissant de leur altitude.

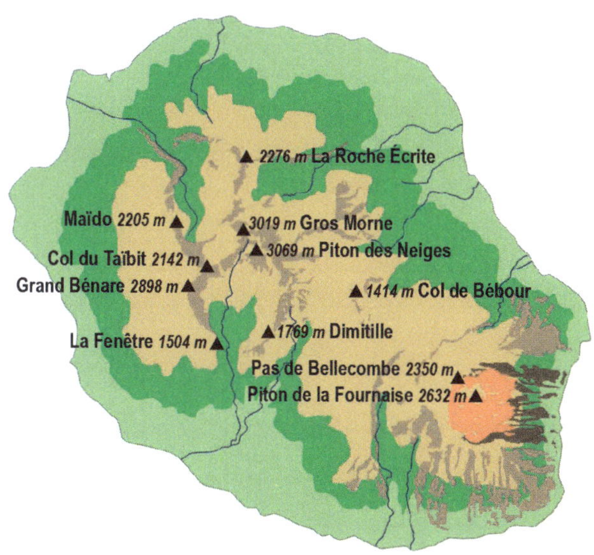


............................................................
............................................................
............................................................
............................................................

# N2 Opérations sur les nombres entiers

## Fiche 1 : Additionner des nombres entiers

**1** Calcule les sommes suivantes.

**a.**
```
  1 2 3
+ 5 6 4
-------
=
```

**b.**
```
  2 5 6 3
+   3 4 1
---------
=
```

**c.**
```
  7 8 2
+ 1 9 1
+ 9 6 6
-------
=
```

**d.**
```
  8 2 9
+ 5 6 2
-------
=
```

**e.**
```
  3 5 7 5
+ 5 8 2 6
---------
=
```

**f.**
```
  1 7 5
+   3 2
+ 9 1 3
-------
=
```

**2** Complète les carrés magiques, sachant que les sommes des nombres sur chaque ligne, chaque colonne et chaque diagonale sont égales.

**a.**

| | | | |
|---|---|---|---|
| 24 | | 11 | 8 |
| 7 | 12 | | |
| 16 | | 9 | |
| 13 | 6 | | |

**b.**

| | | | |
|---|---|---|---|
| 60 | | 12 | 9 |
| | 13 | | 63 |
| | 61 | 10 | |
| 14 | | | 16 |

**3** Complète les cases par le chiffre qui convient.

**a.**
```
  □ 4 □ 2
+ 3 □ 7 □
---------
= 8 9 8 6
```

**b.**
```
  4 □ 5 □
+   7 □ 2
---------
= □ 8 6 1
```

**c.**
```
  □ 0 3 7 □
+   □ 7 □ 9
-----------
= 7 5 □ 1 9
```

**4** **a.** Cherche sur Internet la superficie en $km^2$ des 4 départements de la région Bretagne.

**b.** Calcule la superficie de la région Bretagne.

**5** **Tableur** Voici les différentes étapes du vol du tour du monde du Concorde en 1987.
Recopie ce tableau.

| | A | B |
|---|---|---|
| 1 | Étapes | Distances en km |
| 2 | Paris – Le Caire | 3 772 |
| 3 | Le Caire – Delhi | 5 108 |
| 4 | Delhi – Bangkok | 3 089 |
| 5 | Bangkok – Bali | 3 093 |
| 6 | Bali – Sydney | 4 724 |
| 7 | Sydney – Papeete | 6 122 |
| 8 | Papeete – Ile de Pâques | 4 241 |
| 9 | Ile de Pâques – Iguazu | 5 506 |
| 10 | Iguazu – Rio de Janeiro | 1 164 |
| 11 | Rio de Janeiro – Dakar | 5 027 |
| 12 | Dakar – Paris | 4 513 |
| 13 | TOTAL | |

**a.** Dans la cellule B13, saisis la formule :
= somme(B2:B12). Que permet-elle de calculer ?
Complète alors le tableau.

**b.** À l'aide de la fonction « *trier* » et par rapport à la colonne B, range ces différentes étapes dans l'ordre croissant de leur distance.
Que remarques-tu pour la cellule B13 ?

**c.** Programme alors la cellule C7 pour qu'elle calcule la somme des 6 étapes les plus courtes.
Puis programme la cellule C12 pour qu'elle calcule la somme des 5 étapes les plus longues.
Compare ces deux nombres.

## FICHE 2 : SOUSTRAIRE DES NOMBRES ENTIERS

**1** Calcule les différences suivantes.

**a.** 6 2 3 − 5 1 2 =

**b.** 9 1 6 − 7 2 5 =

**c.** 2 6 4 6 − 1 7 9 5 =

**d.** 6 3 4 − 2 2 5 =

**e.** 6 4 6 − 5 9 7 =

**f.** 8 0 0 0 − 2 6 1 4 =

**2** Complète les cases par le chiffre qui convient.

**a.** 4 □ 6 − 1 8 □ = □ 3 5

**b.** □ 8 6 0 □ − 3 □ 7 □ 1 = 2 6 □ 0 2

**c.** 7 □ 4 2 8 − 4 1 3 □ 9 = □ 6 □ 2 □

**3** La construction du Parc des Sports a couté 324 millions d'euros, dont 282 pour le stade et les parkings. Le reste est attribué aux équipements annexes. Combien ont couté ces derniers ?

**4** En une année, il s'est vendu quotidiennement en moyenne 453 883 exemplaires du journal *Le Parisien*. C'est 130 580 exemplaires de plus que *Le Figaro*, et 165 770 de plus que *Le Monde*.
Calcule le nombre d'exemplaires vendus en moyenne par les quotidiens *Le Figaro* et *Le Monde*.

**5** Le nombre de chansons téléchargées sur un site Web est 9 889 923 781. Combien manque-t-il de téléchargements pour arriver à 10 milliards ?

**6** Voici les relevés du compteur d'eau, en litres, de la famille de M. Hisrad (4 personnes).

| | |
|---|---|
| 1$^{er}$ janvier 2015 | 02283108 |
| 1$^{er}$ janvier 2016 | 02437437 |
| 1$^{er}$ janvier 2017 | 02586099 |

**a.** Quelle est sa consommation d'eau pour l'année 2015 ?

**b.** Même question pour l'année 2016 ?

**c.** En quelle année a-t-elle le plus consommé ?

**d.** Quelle est sa consommation totale pour les deux années 2015 et 2016 ?

**7** *Programmes de télévision en replay*

Le tableau ci-dessous indique la quantité de programmes proposés sur le Web, en nombre d'heures, sur une année. Sur la troisième ligne, indique par une flèche si le nombre d'heures de programmes disponibles a augmenté ou baissé entre deux mois consécutifs. Puis calcule la différence sur la dernière ligne.

| Mois | Janvier | Février | Mars | Avril | Mai | Juin | Juillet | Aout | Sept. | Oct. | Nov. | Déc. |
|---|---|---|---|---|---|---|---|---|---|---|---|---|
| Heures | 12 105 | 12 498 | 13 058 | 13 336 | 13 801 | 14 297 | 13 829 | 13 191 | 13 213 | 14 086 | 12 396 | 12 620 |
| ↑ ou ↓ | | | | | | | | | | | | |
| Différence | | | | | | | | | | | | |

# Fiche 3 : Résoudre des problèmes (addition, soustraction)

**1** Complète le tableau en utilisant un tableur ou en effectuant les calculs.

| | $x$ | $y$ | $x + y$ | $x - y$ |
|---|---|---|---|---|
| **a.** | 12 500 | 7 800 | | |
| **b.** | 456 984 | 432 792 | | |
| **c.** | 1 000 000 | 845 482 | | |
| **d.** | 678 980 | 45 854 | | |

**2** Même énoncé qu'à l'exercice précédent.

| | $x$ | $y$ | $x + y$ | $x - y$ |
|---|---|---|---|---|
| **a.** | 34 600 | | 50 500 | |
| **b.** | 22 222 | | 35 641 | |
| **c.** | 543 216 | | 1 000 000 | |
| **d.** | 725 032 | | 927 011 | |

**3** Même énoncé qu'à l'exercice précédent.

| | $x$ | $y$ | $x + y$ | $x - y$ |
|---|---|---|---|---|
| **a.** | | 25 300 | | 14 700 |
| **b.** | | 22 000 | | 39 900 |
| **c.** | | 247 789 | | 431 655 |
| **d.** | | 1 000 000 | | 679 550 |

**4** Ce tableau donne le nombre d'espèces de chaque famille d'insectes recensées en France.

| Familles | Coléoptères (scarabées, coccinelles) | Diptères (mouches, moustiques) | Éphéméroptères (éphémères) | Hémiptères (punaises, pucerons...) | Hyménoptères (abeilles, fourmis...) | Lépidoptères (papillons) | Orthoptères (criquets, sauterelles...) | Divers |
|---|---|---|---|---|---|---|---|---|
| Nbre | 9 600 | 6 500 | 140 | 3 500 | 8 000 | 5 100 | 210 | 2 150 |

**a.** Quel est le nombre total d'espèces d'insectes recensées en France ?

..............................................................................

..............................................................................

**b.** Range les différentes familles d'insectes par ordre décroissant de leur nombre d'espèces.

..............................................................................

..............................................................................

..............................................................................

**5** Leonardo Fibonacci a posé le problème de la croissance d'une population de lapins :
« Un homme met un couple de lapins dans un lieu isolé de tous les côtés par un mur. Combien de couples obtient-on, en un an, si chaque couple engendre tous les mois un nouveau couple, à compter du troisième mois de son existence ? »

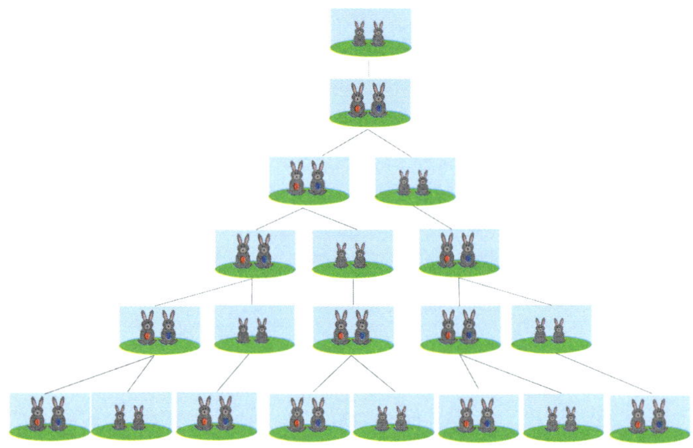

**a.** La suite de Fibonacci, qui illustre cette situation, est une suite d'entiers dans laquelle chaque terme est la somme des deux termes qui le précèdent. Complète cette suite.

| | | | | | | | | |
|---|---|---|---|---|---|---|---|---|
| 1 | 1 | 2 | 3 | | | | | |

| | | | | | |
|---|---|---|---|---|---|
| | | | | | |

| | | | | |
|---|---|---|---|---|
| | | | | |

**b.** Réponds alors au problème posé par Fibonacci.

..............................................................................

..............................................................................

**6** La famille Dondinet souhaite faire construire une maison sur un terrain. Elle a le choix entre...

| | | | Surface | Prix |
|---|---|---|---|---|
|  | Villa Novo | Maison | 120 m² | 195 000 € |
| | | Terrain | 480 m² | 61 000 € |
|  | Villa Boso | Maison | 130 m² | 190 000 € |
| | | Terrain | 500 m² | 64 000 € |
|  | Villa Modo | Maison | 135 m² | 187 500 € |
| | | Terrain | 490 m² | 67 000 € |

**a.** Quelle est l'option la moins chère ? Justifie.

..............................................................................

..............................................................................

**b.** Cette maison possède-t-elle la plus grande surface habitable ? Le plus grand terrain ?

..............................................................................

..............................................................................

# Fiche 4 : Multiplier des nombres entiers (1)

**1** Complète chaque tableau.

**a.**

| × | 2 | 4 | 6 | 8 |
|---|---|---|---|---|
| 3 | | | | |
| 5 | | | | |
| 7 | | | | |
| 9 | | | | |

**b.**

| × | | 3 | | 10 |
|---|---|---|---|---|
| 1 | | | 5 | |
| | | 6 | | |
| | | | | 30 |
| 6 | 12 | | | |

**c.**

| × | 11 | | 9 | |
|---|---|---|---|---|
| | | | 72 | |
| | 132 | | | |
| 6 | | 42 | | |
| 4 | | | | 16 |

**2** Regroupe astucieusement puis calcule.

**a.** $2 \times 25 \times 5 \times 4$

= ....................................................................

**b.** $8 \times 17 \times 125 \times 10$

= ....................................................................

**3** Utilise l'égalité $35 \times 18 = 630$ pour calculer le produit de chaque multiplication sans la poser.

**a.** $35 \times 180$

= ................................

= ................................

**b.** $350 \times 180$

= ................................

= ................................

**4** *Message codé*

Les lettres de l'alphabet sont remplacées par des nombres. Les correspondances sont données dans la table de Pythagore ci-contre.
Trouve la phrase du mathématicien Paul Erdös, puis indique la seule lettre de la table qui n'est pas utilisée dans ce message : ....... .

| × | 5 | 6 | 7 | 8 | 9 |
|---|---|---|---|---|---|
| 5 | A | R | U | E | S |
| 6 | R | O | N | T | F |
| 7 | U | N | B | C | M |
| 8 | E | T | C | L | I |
| 9 | S | F | M | I | H |

35 / 42    63 / 25 / 48 / 81 / 40 / 63 / 25 / 48 / 72 / 56 / 72 / 40 / 42    40 / 45 / 48

U ..............................................................................................

35 / 42 / 40    63 / 25 / 56 / 81 / 72 / 42 / 40    25    48 / 30 /25 / 42 / 45 / 54 / 36 / 30 / 63 / 40 / 30

..............................................................................................

64 / 40    56 / 25 / 54 / 40    40 / 42    48 / 81 / 40 / 36 / 30 / 40 / 63 / 40 / 45.

..............................................................................................

**5** Calcule les produits suivants.

**a.** $98 \times 8$

**b.** $876 \times 9$

**c.** $4\,231 \times 4$

**d.** $5\,712 \times 7$

**6** Même énoncé qu'à l'exercice précédent.

**a.** $32 \times 17$

**b.** $379 \times 65$

**c.** $259 \times 308$

**d.** $562 \times 981$

# Fiche 5 : Multiplier des nombres entiers (2)

**1** Effectue les calculs ci-dessous.

**a.** 7 + 3 × 8 = ..........

**b.** 4 × 5 + 2 = ..........

**c.** 25 – 5 × 5 = ..........

**d.** 9 × 5 + 3 × 7 = ..........

**e.** 10 × (5 – 2) = ..........

**f.** (17 + 3) × 10 = ..........

**2** Complète chaque *compte est bon* puis indique en dessous le calcul à effectuer en une seule expression pour obtenir le résultat.

**413** | 5 | 5 | 9 | 8 | 75 | 100

| | | | | |
|---|---|---|---|---|
| | | | = | |
| | | | = | |
| | | | = | |
| | | | = | |
| | | | = | |

\+ – ×

..........

**273** | 1 | 25 | 5 | 6 | 100 | 2

| | | | | |
|---|---|---|---|---|
| | | | = | |
| | | | = | |
| | | | = | |
| | | | = | |
| | | | = | |

\+ – ×

..........

**3** Calcule mentalement.

**a.** 48 × 101

= ..........

= ..........

**b.** 53 × 1 001

= ..........

= ..........

**c.** 27 × 99

= ..........

= ..........

**d.** 61 × 999

= ..........

= ..........

**4** L'élevage des bêtes à viande demande des quantités d'eau variables selon les espèces. Voici les besoins en eau pour obtenir 1 kg de viande.

| Besoins en eau | Pour 1 kg de viande |
|---|---|
| 3 900 L | Poulet |
| 4 800 L | Porc |
| 15 500 L | Bœuf |

Donne les besoins en eau...

**a.** pour un poulet (2 kg de viande) : ..........

..........

**b.** pour un porc (350 kg de viande) : ..........

..........

**c.** pour un bœuf (750 kg de viande) : ..........

..........

**5** On a répertorié dans le tableau suivant les commandes des élèves pour les photos de classe.

**a.** Complète-le.

| | Prix | Quantité | TOTAL |
|---|---|---|---|
| La pochette complète | 19 € | 45 | |
| Sans le groupe classe | 15 € | 22 | |
| La photo (18 × 24) | 11 € | 18 | |
| Toutes les petites | 10 € | 17 | |
| Le groupe classe | 6 € | 12 | |
| TOTAL COMMANDE | | | |

**b.** Le foyer touche 2 € sur chaque vente. Combien cette commande lui rapporte-t-elle ?

..........

..........

..........

## Fiche 6 : Diviser des nombres entiers : division euclidienne (1)

**1** Pour chaque division euclidienne, entoure : en bleu le dividende, en vert le reste, en noir le diviseur et en rouge le quotient entier. Puis complète.

**a.**

| | | | | | |
|---|---|---|---|---|---|
| 1 | 5 | 4 | \| | 2 | 5 |
| – 1 | 5 | 0 | \| | 6 | |
| | | 4 | \| | | |

Le quotient de 154 par 25 est .......... et il reste ..........

**b.**

| | | | | | |
|---|---|---|---|---|---|
| 8 | 8 | 4 | \| | 3 | 4 |
| 2 | 0 | 4 | \| | 2 | 6 |
| | | 0 | \| | | |

Le quotient de .......... par .......... est .......... et il reste ..........

**c.**

| | | | | | | |
|---|---|---|---|---|---|---|
| 5 | 2 | 0 | 0 | \| | 8 | 9 |
| | 7 | 5 | 0 | \| | 5 | 8 |
| | | 3 | 8 | \| | | |

Le quotient de .......... par .......... est .......... et il reste ..........

**2** Effectue les divisions euclidiennes guidées suivantes.

**a.** 105 ÷ 5

| | | | | | |
|---|---|---|---|---|---|
| 1 | 0 | 5 | \| | 5 | |
| – . | . | | \| | . | . |
| | . | . | \| | | |
| – | | . | \| | | |
| | | . | \| | | |

**b.** 425 ÷ 11

| | | | | | |
|---|---|---|---|---|---|
| 4 | 2 | 5 | \| | 1 | 1 |
| – . | . | | \| | . | . |
| | . | . | \| | | |
| – | . | . | \| | | |
| | | . | \| | | |

**c.** 377 ÷ 13

| | | | | | |
|---|---|---|---|---|---|
| 3 | 7 | 7 | \| | 1 | 3 |
| – . | . | | \| | . | . |
| . | . | . | \| | | |
| – . | . | . | \| | | |
| | | . | \| | | |

**3** Effectue les divisions euclidiennes.

**a.** 1 4 9 | 8

**b.** 1 0 5 7 | 3

**c.** 3 2 2 5 8 | 4 0

**4** Même énoncé qu'à l'exercice précédent.

**a.** 6 2 8 | 1 3

**b.** 3 7 6 4 | 9

**c.** 1 2 4 5 5 | 2 6

# FICHE 7 : DIVISER DES NOMBRES ENTIERS : DIVISION EUCLIDIENNE (2)

## 1 *Une division pour résoudre quatre problèmes*

**a.** Pose la division euclidienne suivante.

| 8 0 0 0 | 5 2 |
|---|---|
| | |

À l'aide de cette division, réponds aux problèmes.

**b.** Combien de caisses pleines de 52 pommes Pierre peut-il remplir avec 8 000 pommes ?

..................................................

..................................................

**c.** Combien de cars de 52 personnes faut-il prévoir pour transporter 8 000 personnes ?

..................................................

..................................................

**d.** Avec les 8 000 bonbons, Alix fait des paquets de 52 bonbons. Combien manque-t-il de bonbons dans le dernier paquet non rempli ?

..................................................

..................................................

**e.** Salma range ses 8 000 timbres dans un classeur, à raison de 52 par page. Combien de timbres contient la dernière page non remplie ?

..................................................

..................................................

## 2 Une fleuriste dispose de 1 815 fleurs.

Doit-elle réaliser des bouquets de 16 fleurs ou de 17 fleurs pour en utiliser le plus possible ?

..................................................

..................................................

..................................................

..................................................

..................................................

## 3 *Magie*

**a.** Choisis un nombre à trois chiffres. Recopie-le à sa suite, tu obtiens un nombre à six chiffres.

....................................

**b.** Divise ce nombre à six chiffres par 7.

Tu obtiens ........................ .

**c.** Divise le nombre obtenu par 11.

Tu obtiens ........................ .

**d.** Divise le nombre obtenu par 13.

Tu obtiens ........................ .

**e.** Que constates-tu ?
Saurais-tu expliquer ce tour de magie ?

..................................................

..................................................

..................................................

## 4 Pour construire une étagère complète, un menuisier a besoin du matériel suivant :

- 4 planches longues ;
- 6 planches courtes ;
- 12 petites équerres ;
- 2 grandes équerres ;
- 14 vis.

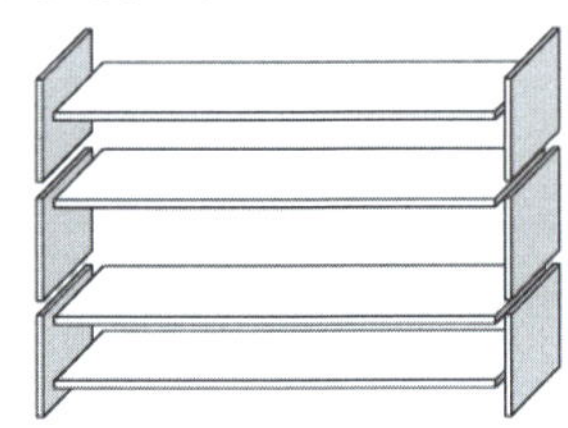

Le menuisier dispose d'un stock de 26 planches longues, 33 planches courtes, 200 petites équerres, 20 grandes équerres et 510 vis.
Combien d'étagères complètes le menuisier peut-il construire ?

..................................................

..................................................

..................................................

..................................................

..................................................

..................................................

..................................................

..................................................

..................................................

..................................................

..................................................

..................................................

# Fiche 8 : Convertir des durées (1)

**1** Complète le tableau suivant, pour des trajets effectués sans arrêt.

| | Heure de départ | Heure d'arrivée | Durée du trajet |
|---|---|---|---|
| **a.** | 15 h 32 | | 2 h 25 min |
| **b.** | 9 h 45 | | 3 h 52 min |
| **c.** | 12 h 19 | | 6 h 48 min |
| **d.** | 17 h 37 | | 4 h 23 min |

**2** Complète le tableau suivant, pour des trajets effectués sans arrêt.

| | Heure de départ | Heure d'arrivée | Durée du trajet |
|---|---|---|---|
| **a.** | 7 h 38 | 12 h | |
| **b.** | 9 h 45 | 14 h 15 | |
| **c.** | | 16 h 42 | 5 h 26 min |
| **d.** | | 10 h 45 | 1 h 53 min |

**3** Après avoir effectué des calculs, si nécessaire, complète.

**a.** 4 semaines = ............... jours
**b.** 3 jours = ............... h
**c.** 5 jours = ............... h
**d.** 10 h = ............... min
**e.** 15 h = ............... min
**f.** 24 h = ............... min
**g.** 6 min = ............... s
**h.** 50 min = ............... s
**i.** 1 h = ............... s

**4** Le tableau ci-dessous donne les résultats, en minutes et secondes, de quatre athlètes qui pratiquent le duathlon. Ils doivent enchainer 4 km de course à pied, 32 km de vélo, puis 4 km de course à pied. Calcule le temps général (en h, min et s) que met chacun d'eux pour effectuer toutes les épreuves, puis complète le tableau.

| Prénom | Course à pied 1 | Vélo | Course à pied 2 | Temps général | Rang |
|---|---|---|---|---|---|
| Nicolas | 13:34 | 54:36 | 16:18 | | |
| Thor | 14:14 | 52:22 | 16:25 | | |
| Rémi | 14:35 | 54:25 | 16:22 | | |
| Amaury | 13:41 | 54:45 | 14:55 | | |

**5** Après avoir effectué des calculs, complète.

**a.** 6 h 15 min = ............... min
**b.** 11 h 11 min = ............... min
**c.** 3 jours = ............... min
**d.** 17 min 42 s = ................... s
**e.** 47 min 23 s = ................... s
**f.** 3 h 28 min = ................... s
**g.** 8 h 45 min = ..................... s
**h.** 7 h 43 s = ..................... s
**i.** 4 h 4 min 4 s = ..................... s

**6** Complète le tableau ci-dessous qui donne la fréquence cardiaque suivant différentes espèces.

| Espèce |  |  |  |  |
|---|---|---|---|---|
| Nombre de battements | 1 200 en 8 min | 1 200 en ¼ d'heure | 1 200 en ½ d'heure | 1 200 en 2 h |
| Nombre de battements par minute | | | | |

**7** Compare un million de secondes et 15 000 minutes. Justifie.

..........................................................................................................

..........................................................................................................

# FICHE 9 : CONVERTIR DES DURÉES (2)

**1** Pose chaque division euclidienne demandée, puis complète chaque égalité.

**a.** 700 par 60

700 min = ....... h + ....... min

**b.** 995 par 60

995 min = ....... h + ....... min

**c.** 1 317 par 60

1 317 s = ....... min + ....... s

**2** Après avoir effectué des calculs, complète.

**a.** 750 min = ............ h ............ min

**b.** 1 038 min = ............ h ............ min

**c.** 1 300 min = ............ h ............ min

**d.** 1 409 min = ............ h ............ min

**3** Même énoncé qu'à l'exercice précédent.

**a.** 652 s = ............ min ............ s

**b.** 925 s = ............ min ............ s

**c.** 1 230 s = ............ min ............ s

**d.** 1 440 s = ............ min ............ s

**4** Même énoncé qu'à l'exercice précédent.

**a.** 7 005 s = ............ min ............ s

= ............ h ............ min ............ s

**b.** 52 000 s = ............ min ............ s

= ............ h ............ min ............ s

**c.** 68 900 s = ............ min ............ s

= ............ h ............ min ............ s

**d.** 1 000 000 s = ............ min ............ s

= ............ h ............ min ............ s

**5** Le voyage Terre-Vénus est estimé à 211 680 min, et le voyage Terre-Mars à 24 624 000 s. Exprime chacune de ces durées en jours afin de les comparer.

...........................................................................

...........................................................................

...........................................................................

...........................................................................

...........................................................................

**6** L'hyperloop est le transport du futur. Il filera dans un tube sous vide à la vitesse de 1 200 km/h. Il transportera 28 passagers par navette toutes les 2 minutes. Combien de passagers transportera-t-il en une heure ? En un an ?

...........................................................................

...........................................................................

...........................................................................

...........................................................................

**7** Luc dispose de deux imprimantes :

- la MP120 qui imprime 25 pages par minute (ppm) en noir et blanc, et 15 ppm en couleur ;
- la WZ52 qui imprime 20 ppm en noir et blanc, et 18 ppm en couleur.

Luc veut imprimer 5 000 pages en noir et blanc et 8 100 en couleur. Combien de temps (en heures et minutes) mettra-t-il pour tout imprimer avec la plus rapide des deux machines ?

...........................................................................

...........................................................................

...........................................................................

...........................................................................

...........................................................................

...........................................................................

...........................................................................

...........................................................................

# Fractions

# N3

## Fiche 1 : Utiliser les fractions pour rendre compte de partages (1)

**1** Indique quelle fraction de chaque figure représente la partie colorée.

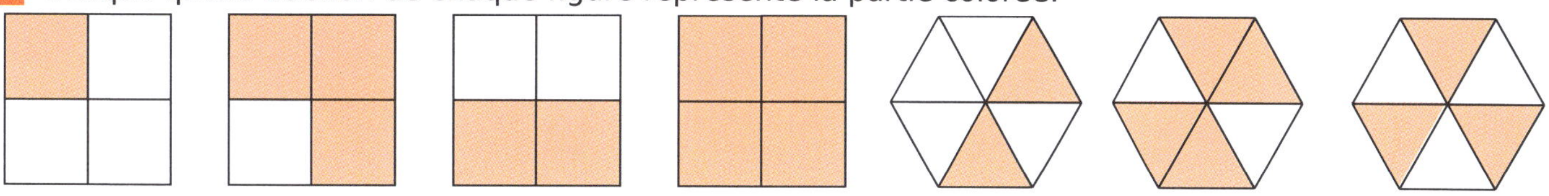

**a.** ........ **b.** ........ **c.** ........ **d.** ........ **e.** ........ **f.** ........ **g.** ........

**2** Indique quelle fraction de chaque disque représente la partie colorée.

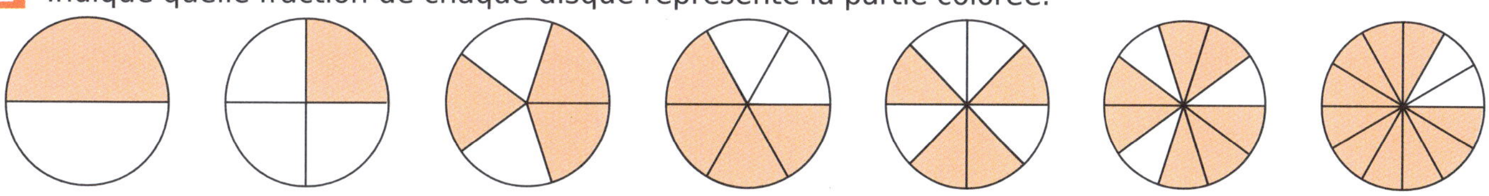

**a.** ........ **b.** ........ **c.** ........ **d.** ........ **e.** ........ **f.** ........ **g.** ........

**3** Indique quelle fraction de chaque carré représente la partie colorée.

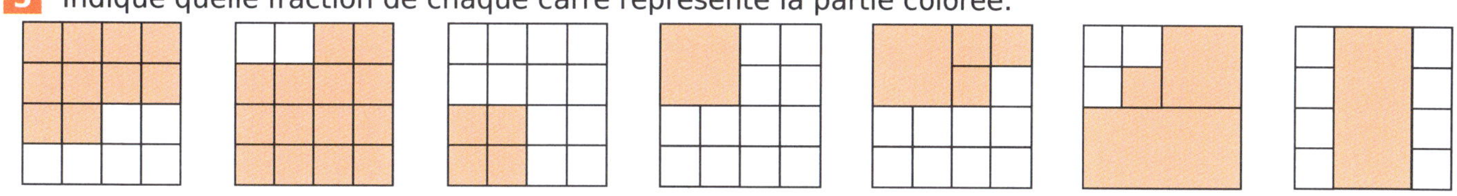

**a.** ........ **b.** ........ **c.** ........ **d.** ........ **e.** ........ **f.** ........ **g.** ........

**4** Complète les pointillés par une fraction.

**a.** Si 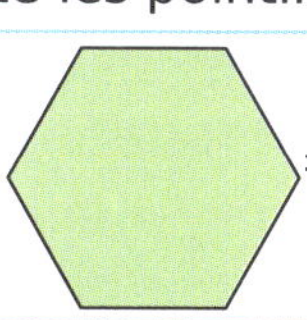 = 1, alors 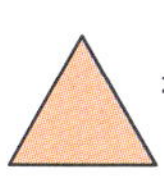 = ........

**b.** Si 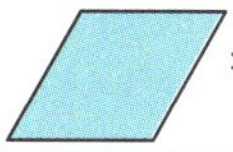 = 1, alors 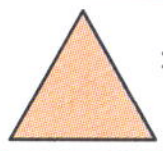 = ........

**c.** Si 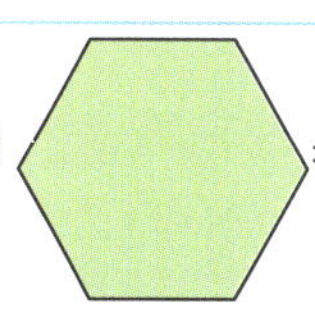 = 1, alors 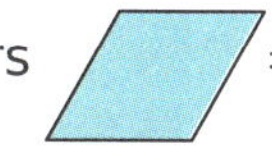 = ........

**d.** Si 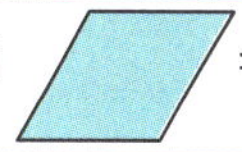 = 1, alors 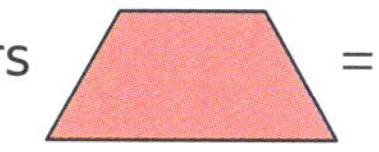 = ........

**5** Pour chaque figure, écris la fraction de l'aire du grand carré que représente chaque morceau.

**a.** 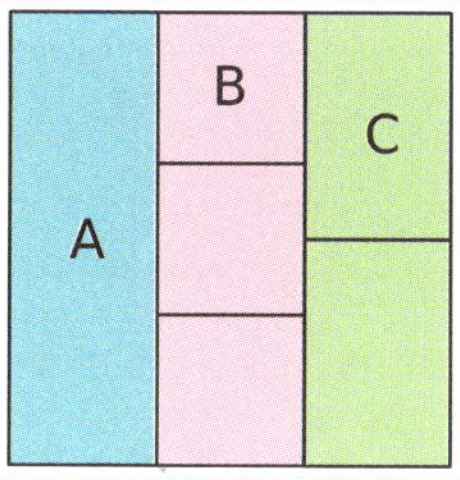


A = .....
B = .....
C = .....

**b.** 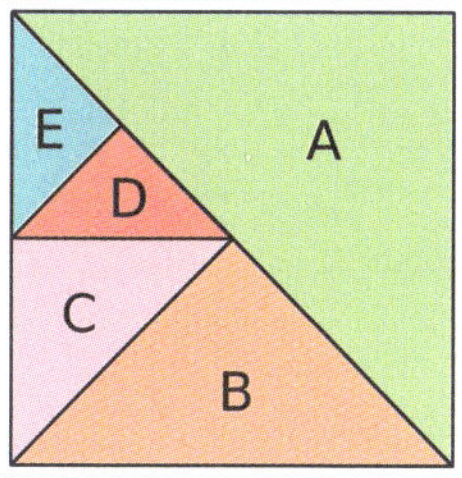


A = ..... D = .....
B = ..... E = .....
C = .....

**c.** 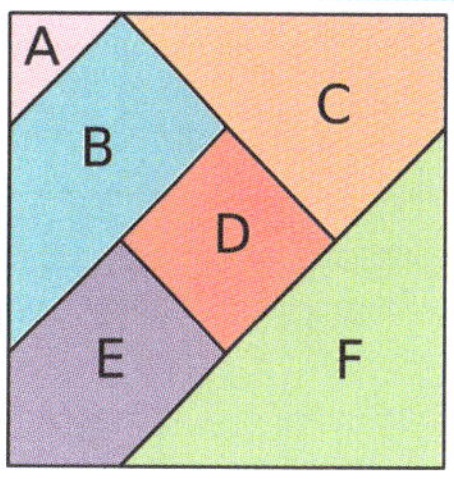


A = ..... D = .....
B = ..... E = .....
C = ..... F = .....

## FICHE 2 : UTILISER LES FRACTIONS POUR RENDRE COMPTE DE PARTAGES (2)

**1** Colorie la fraction du rectangle qui est indiquée.

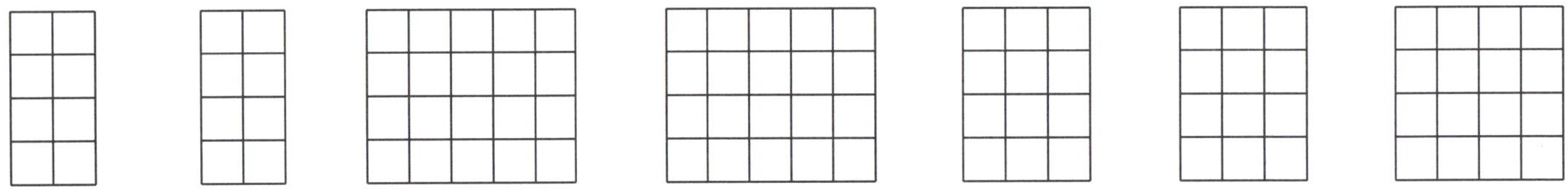

**a.** $\frac{1}{8}$ **b.** $\frac{5}{8}$ **c.** $\frac{11}{20}$ **d.** $\frac{13}{20}$ **e.** $\frac{5}{12}$ **f.** $\frac{7}{12}$ **g.** $\frac{9}{16}$

**2** Colorie la fraction du disque qui est indiquée.

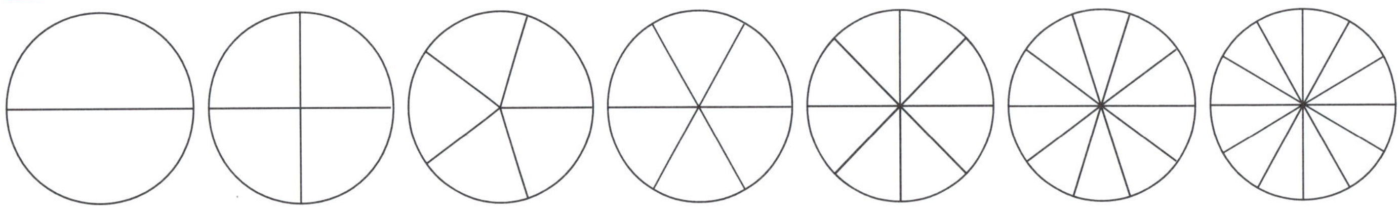

**a.** $\frac{2}{2}$ **b.** $\frac{1}{4}$ **c.** $\frac{4}{5}$ **d.** $\frac{5}{6}$ **e.** $\frac{3}{8}$ **f.** $\frac{7}{10}$ **g.** $\frac{11}{12}$

**3** Colorie la fraction de chaque figure qui est indiquée.

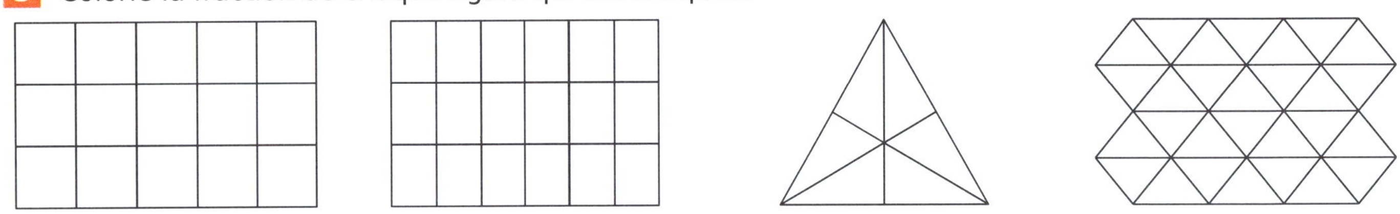

**a.** $\frac{1}{5}$ **b.** $\frac{2}{3}$ **c.** $\frac{1}{3}$ **d.** $\frac{3}{7}$

**4** Colorie la fraction du disque qui est indiquée.

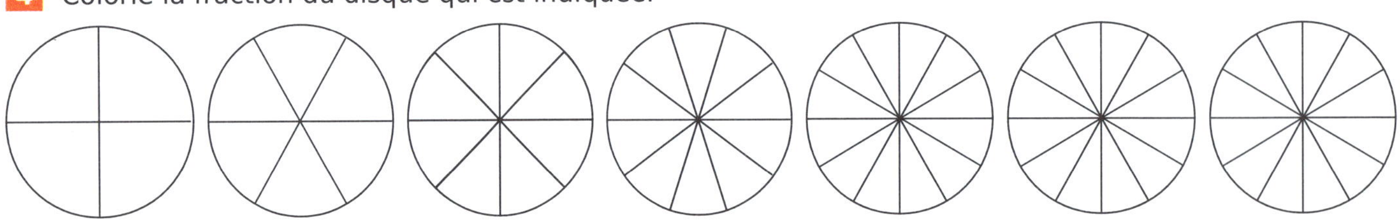

**a.** $\frac{1}{2}$ **b.** $\frac{2}{3}$ **c.** $\frac{3}{4}$ **d.** $\frac{4}{5}$ **e.** $\frac{1}{3}$ **f.** $\frac{4}{4}$ **g.** $\frac{5}{6}$

**5** Colorie les trois quarts de la surface de chaque figure.

**a.** **b.** **c.** **d.** **e.** **f.**

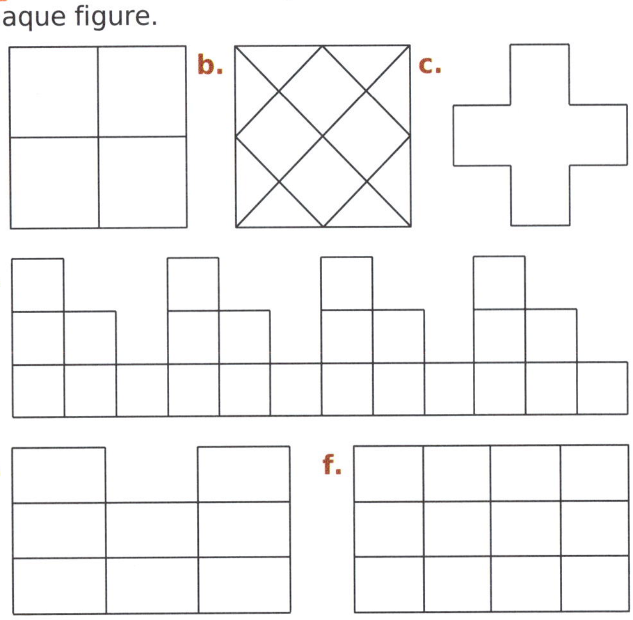

**6** Colorie...

**a.** en vert, le tiers du rectangle ci-dessous ;

**b.** en bleu, les deux cinquièmes de ce qui reste ;

**c.** en gris, la moitié de ce qui reste ;

**d.** en rouge, les trois quarts de ce qui reste.

**e.** Quelle fraction du rectangle n'est pas coloriée ?

.................................................................................................

# FICHE 3 : CONNAITRE DIVERSES DÉSIGNATIONS D'UNE FRACTION (1)

**1** Écris chaque fraction en toutes lettres.

**a.** $\frac{5}{10}$ : ……………………

**b.** $\frac{19}{100}$ : ……………………

**c.** $\frac{103}{1\ 000}$ : ……………………

**d.** $\frac{5}{2}$ : ……………………

**e.** $\frac{2}{3}$ : ……………………

**f.** $\frac{9}{4}$ : ……………………

**g.** $\frac{30}{13}$ : ……………………

**h.** $\frac{52}{50}$ : ……………………

**2** Écris sous forme de fractions.

**a.** Douze centièmes : ……

**b.** Vingt-six millièmes : ……

**c.** Seize tiers : ……

**d.** Trois demis : ……

**e.** Huit quarts : ……

**f.** Trente-deux cinquièmes : ……

**g.** Quatre-vingts neuvièmes : ……

**h.** Quatre vingt-neuvièmes : ……

**3** Qu'ont en commun toutes ces fractions de l'Œil oudjat du dieu faucon Horus ?

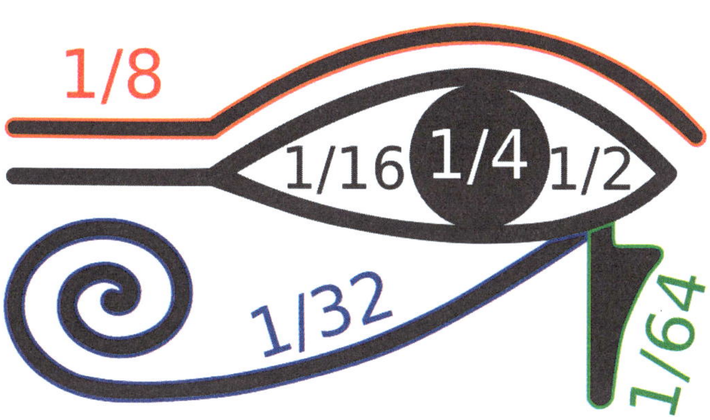


……………………

**4** *Vocabulaire*

**a.** Quel est le numérateur de $\frac{18}{7}$ ? ……

**b.** Quel est le dénominateur de $\frac{24}{25}$ ? ……

**c.** Quelle est la fraction dont le numérateur est 43 et le dénominateur est 37 ? ……

**d.** Quelle est la fraction dont le dénominateur est 68 et le numérateur est 51 ? ……

**5** On considère la fraction de départ $\frac{7}{5}$.

Quelle fraction obtient-on si…

**a.** on ajoute 4 à son numérateur, et 5 à son dénominateur ? ……

**b.** on soustrait 2 à son dénominateur, et 3 à son numérateur ? ……

**c.** on soustrait 6 à son numérateur, et on ajoute 10 à son dénominateur ? ……

**d.** on multiplie son dénominateur par 9, et son numérateur par 6 ? ……

**e.** on multiplie son numérateur par 7, et on ajoute 12 à son dénominateur ? ……

**6** *Énigmes*

**a.** Mon dénominateur est le numérateur de $\frac{89}{9}$ et mon numérateur est le dénominateur de $\frac{10}{95}$.

Je suis ……… .

**b.** Mon numérateur est le double de celui de $\frac{5}{7}$ et mon dénominateur est le tiers de celui de $\frac{6}{9}$.

Je suis ……… .

**c.** La somme de mon numérateur et de mon dénominateur est 9, leur différence est 5 et je suis une fraction supérieure à 1.

Je suis ……… .

# FICHE 4 : CONNAITRE DIVERSES DÉSIGNATIONS D'UNE FRACTION (2)

**1** Complète.

**a.** $2 \times \frac{1}{7} = \frac{\dots\dots}{\dots\dots}$

**b.** $4 \times \frac{1}{3} = \frac{\dots\dots}{\dots\dots}$

**c.** $7 \times \frac{1}{9} = \frac{\dots\dots}{\dots\dots}$

**d.** $13 \times \frac{1}{2} = \frac{\dots\dots}{\dots\dots}$

**e.** $5 \times \frac{1}{6} = \frac{\dots\dots}{\dots\dots}$

**f.** $10 \times \frac{1}{11} = \frac{\dots\dots}{\dots\dots}$

**2** Complète.

**a.** $6 \times \frac{8}{6} = \dots\dots$

**b.** $5 \times \frac{3}{5} = \dots\dots$

**c.** $9 \times \frac{6}{9} = \dots\dots$

**d.** $12 \times \frac{7}{12} = \dots\dots$

**e.** $15 \times \frac{20}{15} = \dots\dots$

**f.** $23 \times \frac{55}{23} = \dots\dots$

**3** Par quel nombre faut-il...

**a.** multiplier 5 pour obtenir 3 ? $\frac{\dots\dots}{\dots\dots}$

**b.** multiplier 9 pour obtenir 4 ? $\frac{\dots\dots}{\dots\dots}$

**c.** multiplier 12 pour obtenir 11 ? $\frac{\dots\dots}{\dots\dots}$

**d.** multiplier 38 pour obtenir 97 ? $\frac{\dots\dots}{\dots\dots}$

**4** Complète.

**a.** $4 \times \frac{9}{\dots\dots} = 9$

**b.** $8 \times \frac{15}{\dots\dots} = 15$

**c.** $13 \times \frac{5}{\dots\dots} = 5$

**d.** $17 \times \frac{\dots\dots}{\dots\dots} = 14$

**e.** $14 \times \frac{\dots\dots}{\dots\dots} = 17$

**f.** $39 \times \frac{\dots\dots}{\dots\dots} = 76$

**5** Complète.

**a.** $\frac{6}{\dots\dots} \times 5 = 6$

**b.** $\frac{8}{\dots\dots} \times 3 = 8$

**c.** $\frac{10}{\dots\dots} \times 19 = 10$

**d.** $\frac{\dots\dots}{\dots\dots} \times 11 = 12$

**e.** $\frac{\dots\dots}{\dots\dots} \times 24 = 37$

**f.** $\frac{\dots\dots}{\dots\dots} \times 99 = 100$

**6** Un rectangle a une aire de 23 cm².

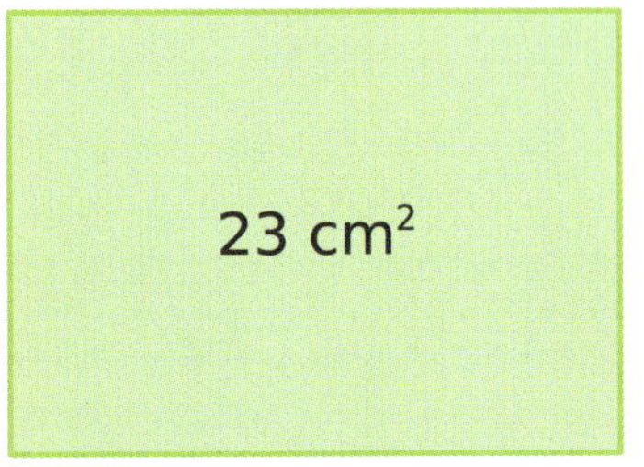

Quelle est la valeur exacte de sa largeur...

**a.** sachant que sa longueur est 6 cm ?

.......................................................................................

**b.** sachant que sa longueur est 7 cm ?

.......................................................................................

**c.** sachant que sa longueur est 11 cm ?

.......................................................................................

**7** Écris les nombres suivants sous la forme...

- d'une fraction de dénominateur 2.

**a.** $3 = \frac{\dots\dots}{\dots\dots}$

**b.** $5 = \frac{\dots\dots}{\dots\dots}$

**c.** $12 = \frac{\dots\dots}{\dots\dots}$

**d.** $18 = \frac{\dots\dots}{\dots\dots}$

**e.** $35 = \frac{\dots\dots}{\dots\dots}$

**f.** $49 = \frac{\dots\dots}{\dots\dots}$

- d'une fraction de dénominateur 4.

**g.** $2 = \frac{\dots\dots}{\dots\dots}$

**h.** $4 = \frac{\dots\dots}{\dots\dots}$

**i.** $10 = \frac{\dots\dots}{\dots\dots}$

**j.** $15 = \frac{\dots\dots}{\dots\dots}$

**k.** $25 = \frac{\dots\dots}{\dots\dots}$

**l.** $100 = \frac{\dots\dots}{\dots\dots}$

**8** Complète.

**a.** $\frac{\dots\dots}{5} = 1$

**b.** $\frac{\dots\dots}{6} = 4$

**c.** $\frac{\dots\dots}{18} = 0$

**d.** $\frac{\dots\dots}{3} = 9$

**e.** $\frac{\dots\dots}{7} = 6$

**f.** $\frac{\dots\dots}{11} = 8$

**g.** $10 = \frac{\dots\dots}{8}$

**h.** $7 = \frac{\dots\dots}{9}$

**i.** $12 = \frac{\dots\dots}{3}$

**9** Calcule.

**a.** $\frac{18}{2} = \dots\dots$

**b.** $\frac{28}{4} = \dots\dots$

**c.** $\frac{55}{5} = \dots\dots$

**d.** $\frac{27}{9} = \dots\dots$

**e.** $\frac{73}{73} = \dots\dots$

**f.** $\frac{60}{15} = \dots\dots$

**g.** $\frac{120}{12} = \dots\dots$

**h.** $\frac{150}{30} = \dots\dots$

**i.** $\frac{0}{259} = \dots\dots$

## FICHE 5 : REPÉRER DES FRACTIONS SUR UNE DEMI-DROITE GRADUÉE

**1** Dans chaque cas, donne l'abscisse de chacun des points A, B, C, D et E, sous forme fractionnaire.

**a.** A( ) ; B( ) ; C( ) ; D( ) et E( ).

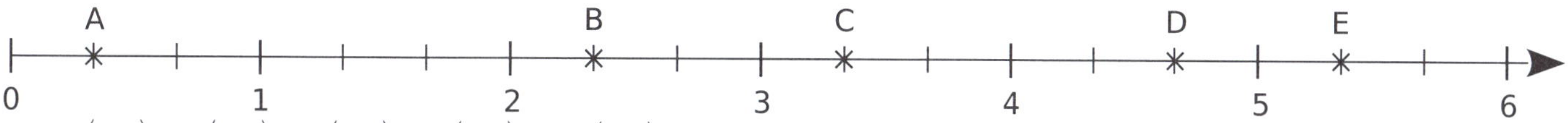


**b.** A( ) ; B( ) ; C( ) ; D( ) et E( ).

**c.** A( ) ; B( ) ; C( ) ; D( ) et E( ).

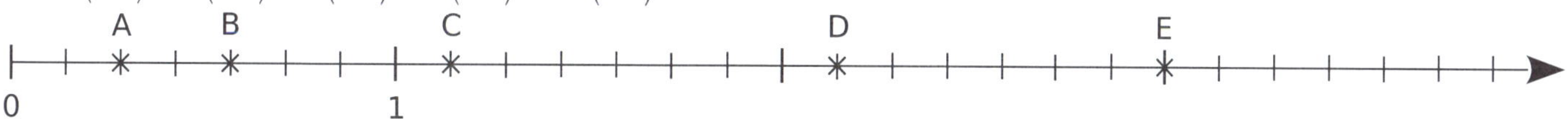


**d.** A( ) ; B( ) ; C( ) ; D( ) et E( ).

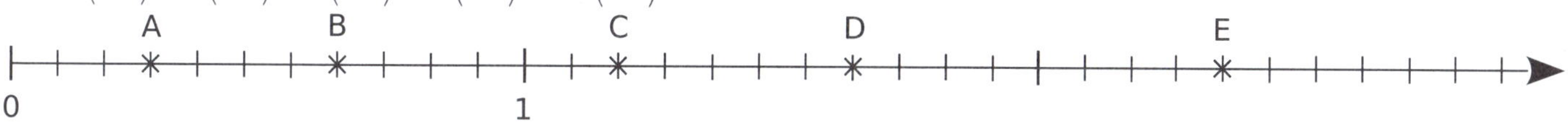


**2** Place les points suivants sur l'axe gradué.

**a.** A$\left(\frac{3}{4}\right)$ ; B$\left(\frac{6}{4}\right)$ ; C$\left(\frac{14}{4}\right)$ ; D$\left(\frac{19}{4}\right)$ et E$\left(\frac{24}{4}\right)$.

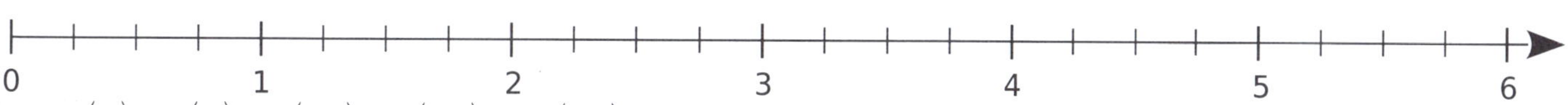


**b.** A$\left(\frac{2}{6}\right)$ ; B$\left(\frac{7}{6}\right)$ ; C$\left(\frac{10}{6}\right)$ ; D$\left(\frac{17}{6}\right)$ et E$\left(\frac{25}{6}\right)$.

**c.** A$\left(\frac{1}{9}\right)$ ; B$\left(\frac{5}{9}\right)$ ; C$\left(\frac{12}{9}\right)$ ; D$\left(\frac{16}{9}\right)$ et E$\left(\frac{23}{9}\right)$.

**d.** A$\left(\frac{11}{12}\right)$ ; B$\left(\frac{15}{12}\right)$ ; C$\left(\frac{19}{12}\right)$ ; D$\left(\frac{27}{12}\right)$ et E$\left(\frac{31}{12}\right)$.

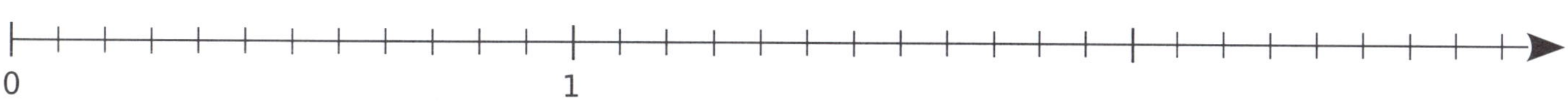


**3** Complète le tableau en utilisant les informations portées sur la demi-droite graduée.

| Abscisse | $\frac{1}{2}$ | $\frac{1}{3}$ | $\frac{5}{6}$ | $\frac{2}{9}$ | $\frac{19}{18}$ |
|---|---|---|---|---|---|
| Point | | | | | |

Quel mot cela forme-t-il ? ..............................

**4** On considère la demi-droite graduée suivante.

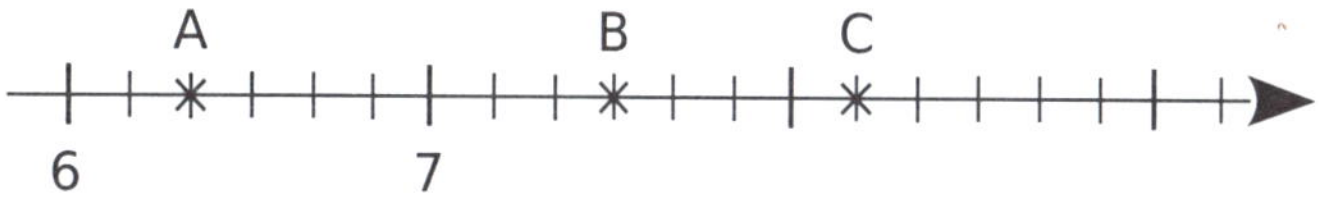


**a.** Donne l'abscisse des points A, B et C.

A( ) ; B( ) et C( )

**b.** Place les points D$\left(\frac{47}{6}\right)$ ; E$\left(\frac{13}{2}\right)$ et F$\left(\frac{26}{3}\right)$.

# FICHE 6 : COMPARER DES FRACTIONS

**1** Parmi les fractions suivantes...

$\frac{21}{5}$ $\frac{12}{72}$ $\frac{222}{222}$ $\frac{4}{3}$ $\frac{214}{27}$ $\frac{3}{3}$ $\frac{11}{11}$ $\frac{14}{15}$

$\frac{15}{14}$ $\frac{5}{7}$ $\frac{1}{10}$ $\frac{82}{82}$ $\frac{25}{12}$ $\frac{33}{333}$ $\frac{8}{7}$ $\frac{152}{152}$

**a.** lesquelles sont plus petites que 1 ?

.......................................................................................

**b.** lesquelles sont égales à 1 ?

.......................................................................................

**c.** lesquelles sont plus grandes que 1 ?

.......................................................................................

**2** Complète avec le symbole <, > ou =.

**a.** $\frac{35}{37}$ ...... 1

**b.** $\frac{107}{108}$ ...... 1

**c.** $\frac{75}{75}$ ...... 1

**d.** $\frac{64}{59}$ ...... 1

**e.** $\frac{152}{153}$ ...... 1

**f.** $\frac{78}{67}$ ...... $\frac{67}{78}$

**3** Colorie en bleu les cases qui contiennent des fractions inférieures à 1.

Colorie en orange les cases qui contiennent des fractions égales à 1.

Colorie en vert les cases qui contiennent des fractions supérieures à 1.

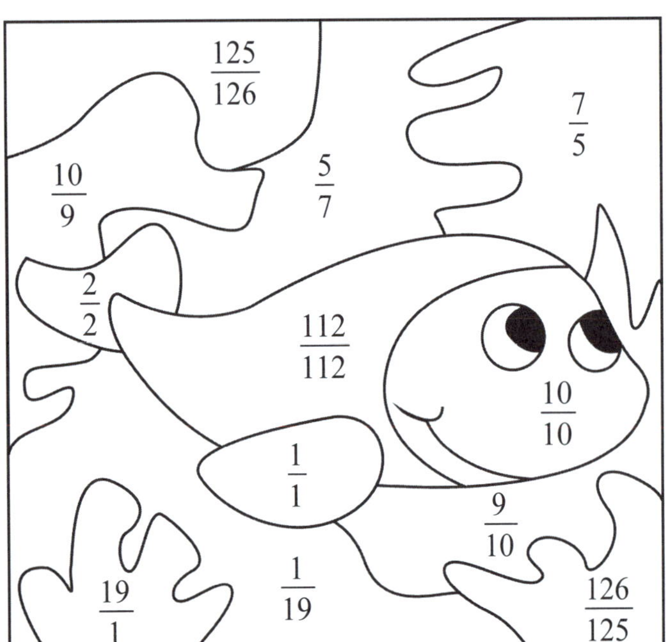


**4** Complète avec le symbole <, > ou =.

**a.** Si 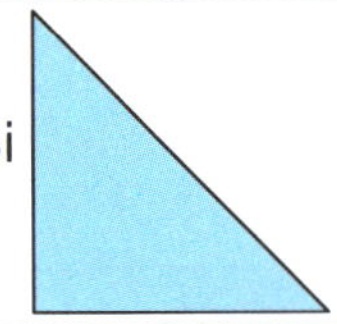 = 1, alors 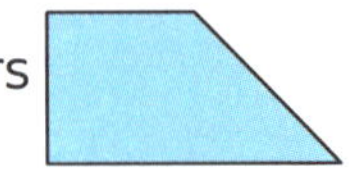 ..... 1

**b.** Si  = 1, alors 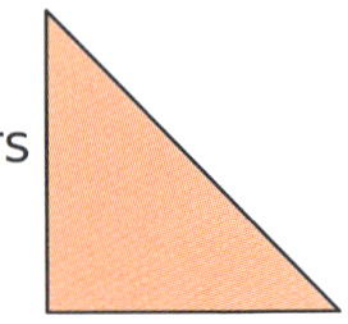 ..... 1

**c.** Si 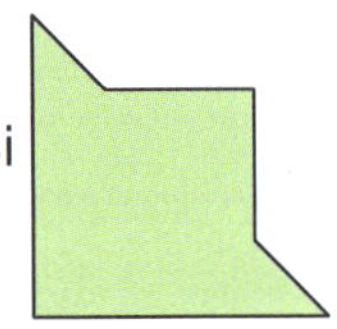 = 1, alors  ..... 1

**d.** Si 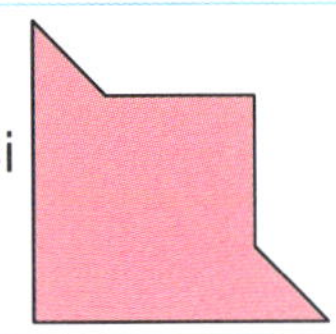 = 1, alors 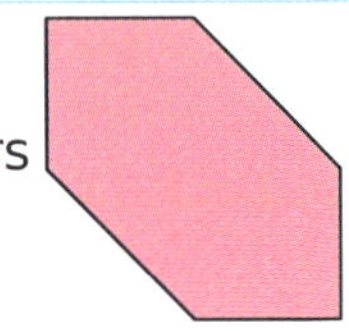 ..... 1

**5** *Fractions de même numérateur*

**a.** Colorie la fraction du disque qui est indiquée.

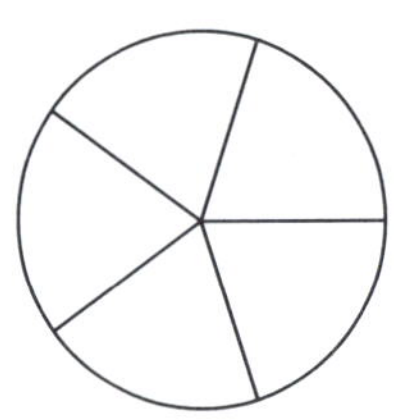
$\frac{3}{5}$

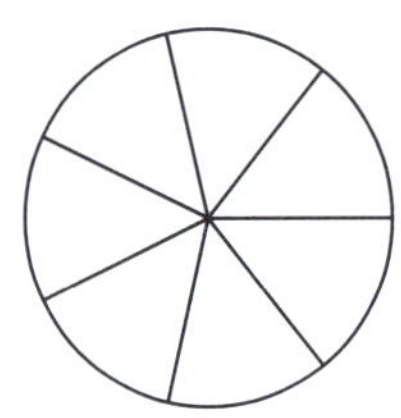
$\frac{3}{7}$

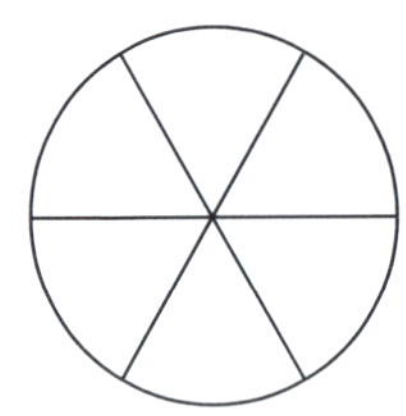
$\frac{3}{6}$

**b.** Range alors les fractions $\frac{3}{5}$, $\frac{3}{7}$ et $\frac{3}{6}$ dans l'ordre croissant : .......................................................

**6** Complète avec le symbole <, > ou =.

**a.** $\frac{17}{32}$ ...... $\frac{19}{32}$

**b.** $\frac{45}{44}$ ...... $\frac{47}{44}$

**c.** $\frac{6}{7}$ ...... $\frac{5}{7}$

**d.** $\frac{11}{15}$ ...... $\frac{11}{14}$

**e.** $\frac{23}{8}$ ...... $\frac{23}{9}$

**f.** $\frac{19}{19}$ ...... $\frac{17}{17}$

**7** Complète avec le symbole <, > ou =.

**a.** $\frac{50}{3}$ ...... 20

**b.** $\frac{50}{7}$ ...... 7

**c.** $\frac{50}{9}$ ...... 5

**d.** $\frac{50}{11}$ ...... 5

**e.** $\frac{50}{17}$ ...... 3

**f.** $\frac{50}{25}$ ...... 2

# FICHE 7: DÉCOMPOSER DES FRACTIONS

**1** Dans chacun des cas suivants, en t'inspirant de l'exemple donné...
- colorie la fraction du rectangle indiquée ;
- écris la fraction sous la forme de la somme d'un nombre entier et d'une fraction plus petite que 1.

**Exemple :**

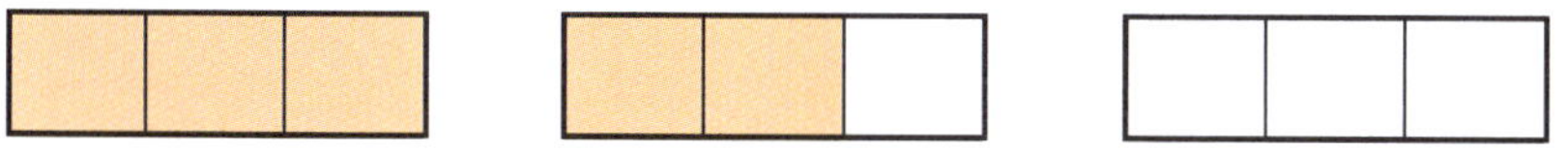

$\frac{5}{3} = 1 + \frac{2}{3}$

**À toi maintenant :**

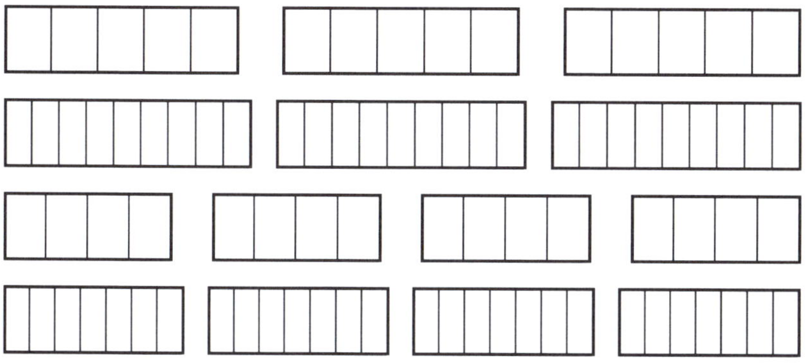

a. $\frac{14}{5}$ = ........ + $\frac{.....}{.....}$

b. $\frac{10}{9}$ = ........ + $\frac{.....}{.....}$

c. $\frac{11}{4}$ = ........ + $\frac{.....}{.....}$

d. $\frac{23}{7}$ = ........ + $\frac{.....}{.....}$

**2** En t'aidant des divisions suivantes, complète chaque égalité (la fraction est inférieure à 1).

| | | | | | |
|---|---|---|---|---|---|
| 1 0 0 ∣ 3<br>1 0 ∣ 3 3<br>1 | 2 5 3 ∣ 1 6<br>9 3 ∣ 1 5<br>1 3 | 5 2 4 ∣ 2 1<br>1 0 4 ∣ 2 4<br>2 0 | 8 5 0 ∣ 3 7<br>1 1 0 ∣ 2 2<br>3 6 | 5 8 5 ∣ 4 5<br>1 3 5 ∣ 1 3<br>0 0 | 3 2 0 0 ∣ 2 7<br>5 0 ∣ 1 1 8<br>2 3 0<br>1 4 |

a. $\frac{100}{3}$ = ........ + $\frac{.....}{.....}$

b. $\frac{253}{16}$ = ........ + $\frac{.....}{.....}$

c. $\frac{524}{21}$ = ........ + $\frac{.....}{.....}$

d. $\frac{850}{37}$ = ........ + $\frac{.....}{.....}$

e. $\frac{585}{45}$ = ........ + $\frac{.....}{.....}$

f. $\frac{3\,200}{27}$ = ........ + $\frac{.....}{.....}$

**3** Écris chaque fraction comme la somme d'un nombre entier et d'une fraction inférieure à 1.

a. $\frac{46}{9}$ = ........................

b. $\frac{29}{6}$ = ........................

c. $\frac{34}{5}$ = ........................

d. $\frac{87}{4}$ = ........................

e. $\frac{97}{3}$ = ........................

f. $\frac{71}{8}$ = ........................

g. $\frac{51}{7}$ = ........................

h. $\frac{114}{11}$ = ........................

**4** Écris chaque expression sous la forme d'une seule fraction.

a. $3 + \frac{4}{11}$ = ........

b. $9 + \frac{3}{7}$ = ........

c. $11 + \frac{2}{9}$ = ........

d. $20 + \frac{1}{4}$ = ........

e. $4 + \frac{5}{12}$ = ........

f. $8 + \frac{7}{15}$ = ........

g. $39 + \frac{1}{2}$ = ........

h. $4 + \frac{13}{25}$ = ........

**5** Encadre entre deux entiers consécutifs chacune des fractions de l'exercice 3.

a. ........ $< \frac{46}{9} <$ ........

b. ........ $< \frac{29}{6} <$ ........

c. ........ $< \frac{34}{5} <$ ........

d. ........ $< \frac{87}{4} <$ ........

e. ........ $< \frac{97}{3} <$ ........

f. ........ $< \frac{71}{8} <$ ........

g. ........ $< \frac{51}{7} <$ ........

h. ........ $< \frac{114}{11} <$ ........

**6** Encadre entre deux entiers consécutifs chacune des fractions suivantes.

a. ........ $< \frac{40}{3} <$ ........

b. ........ $< \frac{72}{7} <$ ........

c. ........ $< \frac{37}{2} <$ ........

d. ........ $< \frac{90}{4} <$ ........

e. ........ $< \frac{65}{8} <$ ........

f. ........ $< \frac{77}{5} <$ ........

g. ........ $< \frac{77}{12} <$ ........

h. ........ $< \frac{75}{13} <$ ........

# N4 Nombres décimaux

## Fiche 1 : Utiliser les fractions décimales

**1** Pour chaque figure ci-dessous, écris la fraction décimale correspondant à la partie colorée.

**a.** $\frac{......}{......}$

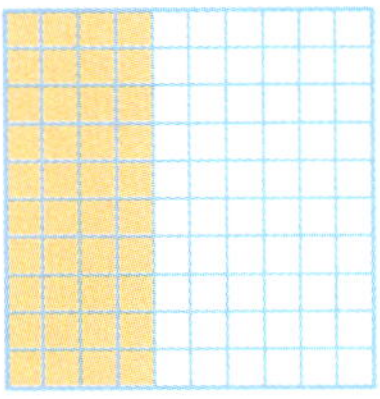

**b.** $\frac{......}{100} = \frac{....}{10}$

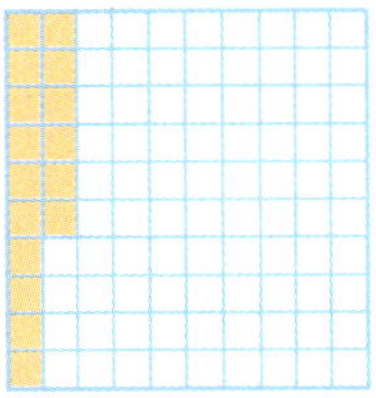

**c.** $\frac{......}{......}$

**d.** $\frac{......}{......} = 1 + \frac{......}{......}$

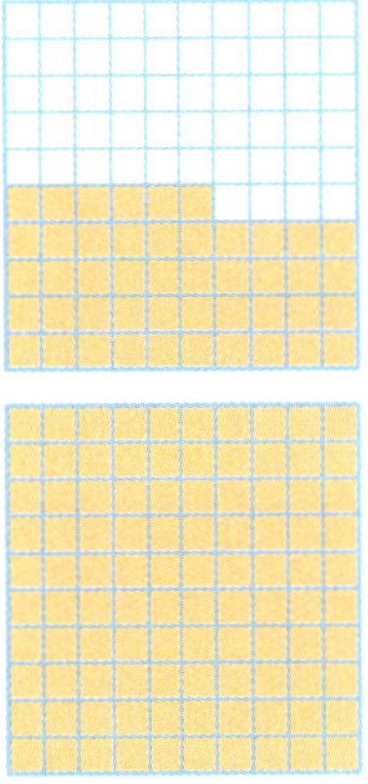

**e.** $\frac{......}{......} = .... + \frac{......}{......}$

**2** Colorie l'aire correspondant à la fraction.

**a.** $\frac{62}{100}$

**b.** $\frac{5}{10}$

**c.** $\frac{6}{10} + \frac{25}{100}$

**d.** $\frac{137}{100} = .... + \frac{......}{100} = .... + \frac{......}{10} + \frac{......}{100}$

**3** Entoure les nombres égaux à $\frac{7}{10}$.

$\frac{700}{100}$ $\frac{70}{10}$ $\frac{700}{1\,000}$ $\frac{70}{100}$ $\frac{70}{1\,000}$

**4** Complète.

**a.** $1 = \frac{......}{10}$

**b.** $8 = \frac{......}{100}$

**c.** $\frac{160}{100} = \frac{......}{10}$

**d.** $\frac{9}{10} = \frac{........}{1\,000}$

**e.** $\frac{17}{10} = \frac{......}{100}$

**f.** $\frac{32}{100} = \frac{........}{1\,000}$

**5** Écris sous forme d'une fraction décimale.

**a.** $7 + \frac{6}{10} = \frac{......}{......}$

**b.** $9 + \frac{7}{1\,000} = \frac{......}{......}$

**c.** $54 + \frac{3}{100} = \frac{......}{......}$

**d.** $3 + \frac{5}{10} + \frac{2}{100} = \frac{......}{......}$

**e.** $\frac{6}{10} + \frac{8}{1\,000} = \frac{......}{......}$

**f.** $7 + \frac{2}{1\,000} + \frac{4}{100} = \frac{......}{......}$

**6** Décompose ainsi : $\frac{736}{100} = 7 + \frac{3}{10} + \frac{6}{100}$.

**a.** $\frac{8\,725}{1\,000} =$ ........................................................

**b.** $\frac{32}{100} =$ ........................................................

**c.** $\frac{1\,253}{100} =$ ........................................................

**7** Écris sous forme d'une fraction décimale.

**a.** $12 + \frac{72}{100} = \frac{.........}{.........}$

**b.** $5 + \frac{622}{1\,000} = \frac{.........}{.........}$

**c.** $7 + \frac{2}{10} = \frac{.........}{.........}$

**d.** $47 + \frac{205}{100} = \frac{.........}{.........}$

**8** Écris sous forme d'une somme d'un nombre entier et d'une fraction décimale inférieure à 1.

**a.** $\frac{35}{10} =$ ......................

**b.** $\frac{720}{100} =$ ......................

**c.** $\frac{748}{10} =$ ......................

**d.** $\frac{1\,029}{1\,000} =$ ......................

# FICHE 2 : CONNAITRE ET UTILISER DIVERSES DÉSIGNATIONS D'UN NOMBRE DÉCIMAL (1)

**1** Donne l'écriture décimale.

**a.** $17 + \frac{6}{10} =$ ……

**b.** $45 + \frac{6}{100} =$ ……

**c.** $3 + \frac{5}{10} + \frac{2}{100} =$ ……

**d.** $6 + \frac{7}{10} + \frac{8}{100} + \frac{9}{1\,000} =$ ……

**e.** $11 + \frac{6}{10} + \frac{8}{1\,000} =$ ……

**f.** $84 + \frac{1}{100} + \frac{3}{10} =$ ……

**2** Décompose les nombres suivants comme dans l'exemple : $7{,}36 = 7 + \frac{3}{10} + \frac{6}{100}$.

**a.** 3,79 = ……

**b.** 5,325 = ……

**c.** 65,32 = ……

**d.** 17,906 = ……

**e.** 0,002 7 = ……

**3** Donne l'écriture décimale.

**a.** $3 + \frac{1}{10} =$ ……

**b.** $72 + \frac{71}{100} =$ ……

**c.** $\frac{2}{100} =$ ……

**d.** $1 + \frac{2}{1\,000} =$ ……

**e.** $61 + \frac{7}{100} =$ ……

**f.** $4 + \frac{56}{10\,000} =$ ……

**4** Écris chaque nombre comme somme de sa partie entière et d'une seule fraction décimale.

**a.** 6,3 = …… + $\frac{\dots}{\dots}$

**b.** 51,76 = …… + $\frac{\dots}{\dots}$

**c.** 10,072 = …… + $\frac{\dots}{\dots}$

**d.** 4,006 = …… + $\frac{\dots}{\dots}$

**e.** 50,08 = …… + $\frac{\dots}{\dots}$

**f.** 0,087 = …… + $\frac{\dots}{\dots}$

**5** Donne l'écriture décimale.

**a.** $\frac{65}{10} =$ ……

**b.** $\frac{485}{1\,000} =$ ……

**c.** $\frac{1\,328}{100} =$ ……

**d.** $\frac{9\,007}{1\,000} =$ ……

**e.** $\frac{33}{100} =$ ……

**f.** $\frac{480\,208}{10\,000} =$ ……

**6** Écris sous la forme d'une fraction décimale.

0,3 = $\frac{\dots}{\dots}$ 4,2 = $\frac{\dots}{\dots}$ 5,035 = $\frac{\dots}{\dots}$

0,27 = $\frac{\dots}{\dots}$ 1,02 = $\frac{\dots}{\dots}$ 7,607 7 = $\frac{\dots}{\dots}$

**7** Décompose chaque nombre de trois façons différentes avec des fractions décimales.

**a.** 24,73

= ……

= ……

= ……

**b.** 8,532

= ……

= ……

= ……

**8** Colorie en bleu les écritures égales à 123,45.

| | | |
|---|---|---|
| $12 + \frac{345}{1\,000}$ | $\frac{12\,345}{10\,000}$ | $\frac{1\,234}{10} + \frac{5}{1\,000}$ |
| $1 + \frac{2\,345}{100}$ | $\frac{1\,234}{1\,000} + \frac{5}{100}$ | $123 + \frac{4}{10} + \frac{5}{100}$ |
| $123 + 0{,}45$ | $\frac{1\,234}{10} + 5$ | $123 + \frac{45}{100}$ |

**9** Les nombres ont connu des évolutions au cours du temps. Au XVI[e] siècle, François Viète introduit les fractions décimales en Occident, puis arrivent les nombres décimaux. Mais leur écriture se modifie en fonction des mathématiciens, comme tu peux le voir dans le tableau ci-dessous. Pour chaque nombre, complète le tableau avec les différentes écritures.

| François Viète | Simon Stévin | Jost Bürgi | John Napier |
|---|---|---|---|
| $8\ \frac{9}{10}\ \frac{3}{100}\ \frac{7}{1\,000}$ | 8⓪9①3②7③ | $\overset{\circ}{8}\,937$ | 8,937 |
| $6\ \frac{5}{10}\ \frac{4}{100}\ \frac{8}{1\,000}$ | | | |
| | 15⓪6①9② | | |
| | | $4\overset{\circ}{7}\,213$ | |

# Fiche 3 : Connaitre et utiliser diverses désignations d'un nombre décimal (2)

**1** Lorsque tu peux, récris ces nombres le plus simplement possible.

| | | | |
|---|---|---|---|
| **a.** 30,05 ............ | **b.** 30,50 ............ | **c.** 007 ............ | **d.** 5,0 ............ |
| **e.** 27,06 ............ | **f.** 04,001 ............ | **g.** 654,30 ............ | **h.** 04,6020 ............ |

**2** Complète les pointillés par = ou ≠.

**a.** 15 ...... 15,0

**b.** 0,007 ...... 0,07

**c.** 2 000 ...... 2,000

**d.** 04,8 ...... 4,80

**e.** 204 ...... 20,4

**f.** 93,7 ...... 93,70

**g.** 24,8 ...... 8,24

**h.** 5,000 ...... 5

**3** Récris les nombres pour qu'ils comportent autant de décimales que le nombre 4,157.

**a.** 0,4 = ...........

**b.** 4 = ...........

**c.** 4,16 = ...........

**d.** 145 = ...........

**4** Dans le nombre 124 738,59...

**a.** 9 est le chiffre des ..................................

**b.** 7 est le chiffre des ..................................

**c.** 5 ..................................

**d.** 3 ..................................

**5** Dans le nombre 84,735...

**a.** le chiffre des dixièmes est : ......

**b.** le chiffre des unités est : ......

**c.** le chiffre des millièmes est : ......

**d.** le chiffre des centaines est : ......

**6** Dans le nombre 4 091,807...

**a.** 409 est le nombre de ..................................

**b.** 4 091 807 est le nombre de ..................................

**c.** 40 ..................................

**d.** 40 918 ..................................

**7** Dans le nombre 738,59

**a.** le nombre de dixièmes est : ......................

**b.** le nombre de centaines est : ......................

**c.** le nombre de centièmes est : ......................

**d.** le nombre de millièmes est : ......................

**8** Complète le tableau.

| | | Chiffre des centièmes | Nombre de centièmes |
|---|---|---|---|
| **a.** | 0,981 | | |
| **b.** | 152,36 | | |
| **c.** | 789,4 | | |
| **d.** | 56,408 | | |

**9** Dans le nombre 314159, place la virgule, et/ou le(s) zéro(s) si besoin, pour que...

**a.** 4 soit le chiffre des unités. 3 1 4 1 5 9

**b.** 5 soit le chiffre des dixièmes. 3 1 4 1 5 9

**c.** 3 soit le chiffre des dizaines. 3 1 4 1 5 9

**d.** 314 soit le nombre des millièmes. 3 1 4 1 5 9

**10** Donne l'écriture décimale des nombres.

**a.** Quinze unités et trois dixièmes : ...........

**b.** Six-cent-six unités et douze centièmes : ...........

**c.** Neuf unités et deux centièmes : ...........

**d.** Quatre unités et onze millièmes : ...........

**e.** Trois centaines et un dixième : ...........

**f.** Douze dizaines et quinze millièmes : ...........

**11** Écris les nombres suivants en toutes lettres, sans utiliser le mot « virgule ».

**a.** 80,6 : ..................................
..................................

**b.** 7,89 : ..................................
..................................

**c.** 6,015 : ..................................
..................................

**d.** 400,327 : ..................................
..................................

**e.** 12,56 : ..................................
..................................

**f.** 5 000,2 : ..................................
..................................

# FICHE 4 : CONNAITRE LE LIEN ENTRE LES UNITÉS DE NUMÉRATION ET LES UNITÉS DE MESURE

**1** Complète en utilisant l'unité : m, cm ou km.

**a.** Record du lancer de javelot : 98,48 ..........

**b.** Largeur d'une page A4 : 21 ..........

**c.** Hauteur de la tour Eiffel : 324 ..........

**d.** Distance Paris-Limoges : 392 ..........

**2** Complète en utilisant l'unité : g, kg ou t.

**a.** Homme le plus lourd du monde : 597 ..........

**b.** Masse d'une girafe : 1 ..........

**c.** Masse d'un cartable : 8,5 ..........

**d.** Masse d'une pomme : 150 ..........

**3** Complète en utilisant l'unité : mL, L ou hL.

**a.** Camion laitier : 280 ..........

**b.** Cubi de jus de pomme : 5 ..........

**c.** Bouteille de shampoing : 300 ..........

**d.** Bouteille d'eau : 1,5 ..........

**4** Complète avec la fraction décimale : $\frac{1}{10}$ ou $\frac{1}{100}$ ou $\frac{1}{1\,000}$.

**a.** 1 cm = .......... de m

**b.** 1 mL = .......... de L

**c.** 1 dg = .......... de g

**d.** 1 dm = .......... de m

**e.** 1 cg = .......... de g

**f.** 1 cL = .......... de L

**g.** 1 mg = .......... de g

**h.** 1 dL = .......... de L

**i.** 1 mm = .......... de m

**j.** 1 cent = .......... d'€

**5** Convertis les longueurs.

| | |
|---|---|
| **a.** 84 km | m |
| **b.** 84 dm | m |
| **c.** 84 mm | m |
| **d.** 3,1 hm | km |
| **e.** 3,1 dam | km |
| **f.** 3,1 m | km |

**6** Convertis les masses.

| | |
|---|---|
| **a.** 126 kg | g |
| **b.** 126 dg | g |
| **c.** 126 cg | g |
| **d.** 7,52 g | kg |
| **e.** 7,52 t | kg |
| **f.** 7,52 q | kg |

**7** Convertis les capacités.

| | |
|---|---|
| **a.** 3,57 dL | L |
| **b.** 3,57 cL | L |
| **c.** 3,57 hL | L |
| **d.** 64,9 L | cL |
| **e.** 64,9 mL | cL |
| **f.** 64,9 dL | cL |

**8** Mon chat Pollux boit 400 mL d'eau par jour. Combien boit-il d'hectolitres d'eau en une année ?

..................................................................................

..................................................................................

..................................................................................

..................................................................................

**9** Jean a utilisé 100 000 allumettes pour réaliser une maquette. Calcule la masse de la maquette en kg, sachant qu'une allumette pèse 1,3 dg.

..................................................................................

..................................................................................

..................................................................................

..................................................................................

# Fiche 5 : Repérer des nombres décimaux sur une demi-droite graduée

**1** *Sur une demi-droite graduée*

**a.** Écris l'abscisse de chaque point ci-dessous, sous forme d'une fraction décimale.

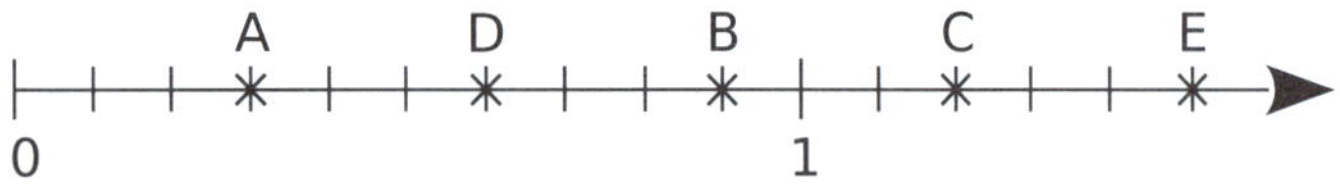


A(……/……) B(……/……) C(……/……) D(……/……) E(……/……)

**b.** Place les points :

M$\left(\frac{4}{10}\right)$ ; N$\left(\frac{13}{10}\right)$ ; P$\left(\frac{20}{10}\right)$ ; Q$\left(\frac{7}{10}\right)$ et R$\left(\frac{1}{10}\right)$.

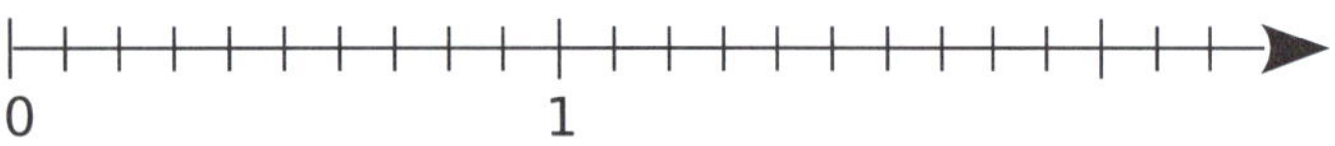


**2** Complète les suites de nombres ci-dessous.

| | | | | | | |
|---|---|---|---|---|---|---|
| **a.** | 2,6 | 2,7 | | | | |
| **b.** | | | 4,98 | 4,99 | | |
| **c.** | 0,5 | 1 | | | | |
| **d.** | | 3 | 3,25 | | | |

**3** Complète les graduations suivantes.

**a.** **b.** **c.** **d.**

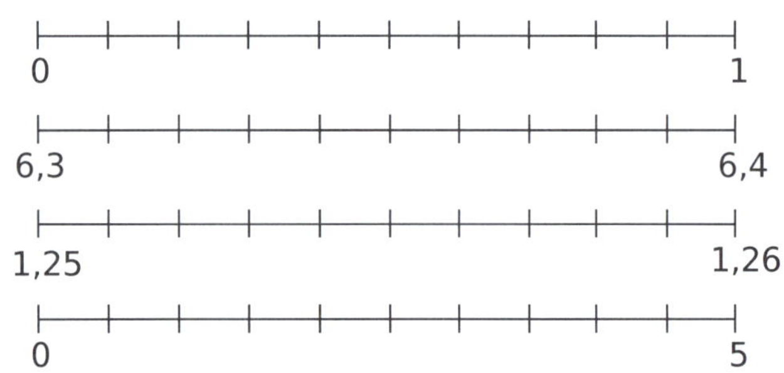


**4** Écris l'abscisse des points de chaque figure.

**a.**

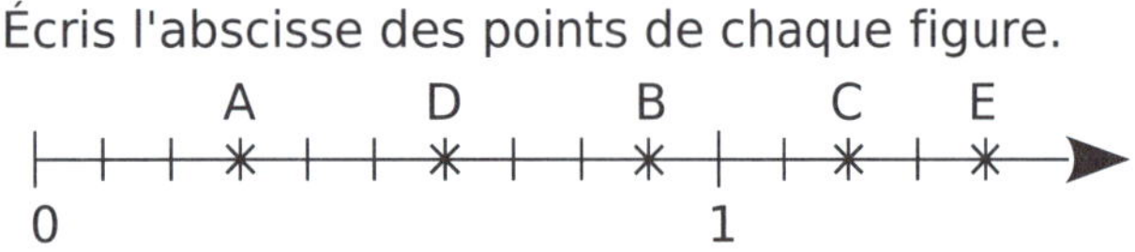


A(……) B(……) C(……) D(……) E(……)

**b.**

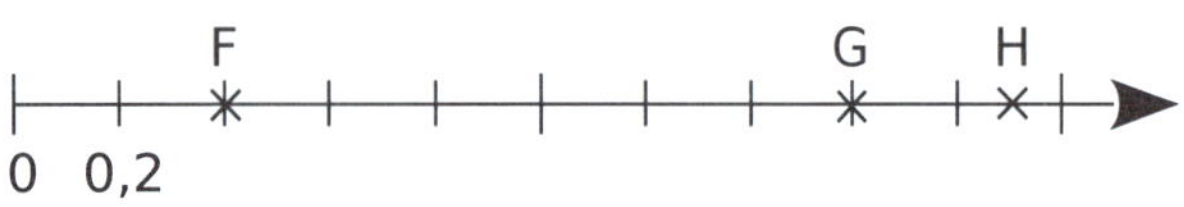


F(……) G(……) H(……)

**c.**

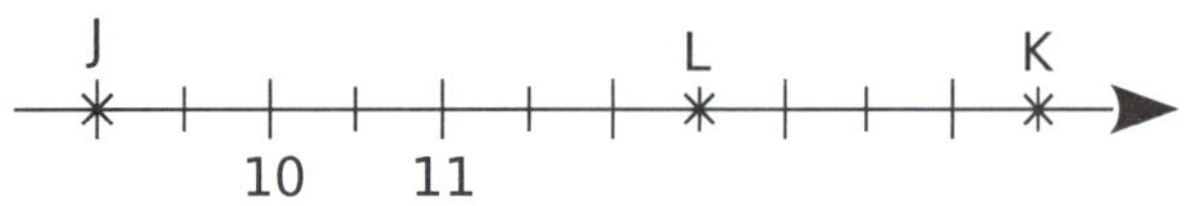


J(……) K(……) L(……)

**d.**

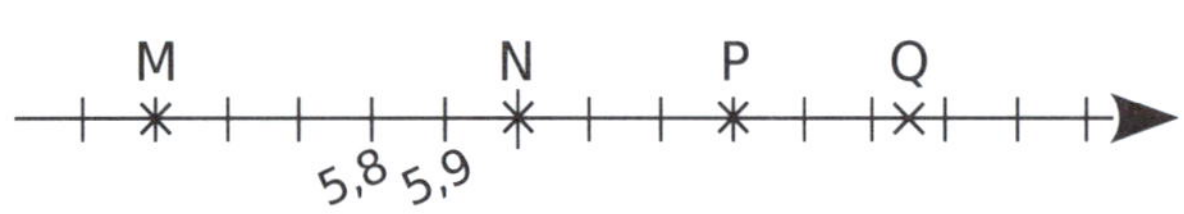


M(……) N(……) P(……) Q(……)

**5** Place les points sur les demi-droites graduées.

**a.** A(0,3) ; B(1,4) ; C(2,1) ; D(1,9) et E(0,8).

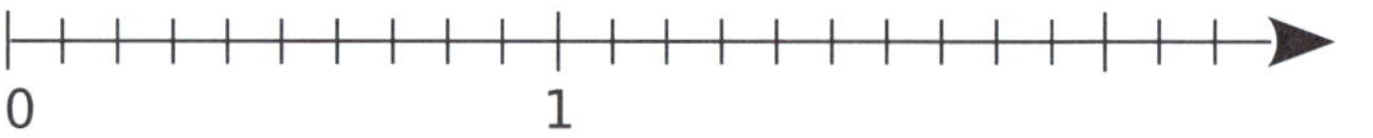


**b.** F(2) ; G(0,4) ; H(2,8) ; J(1,4) et K(3,2).

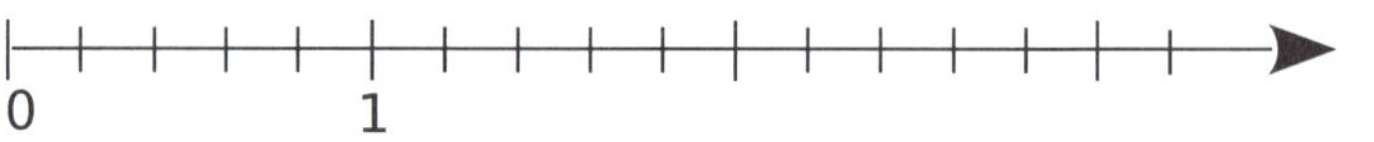


**c.** L(5,45) ; M(5,48) ; N(5,38) et P(5,41).

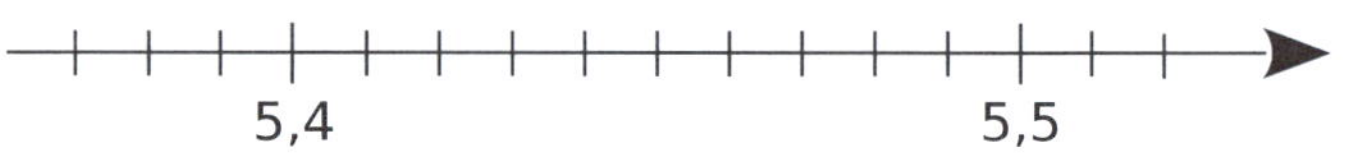


**d.** Q(5,402) ; R(5,407) ; S(5,399) et T(5,412).

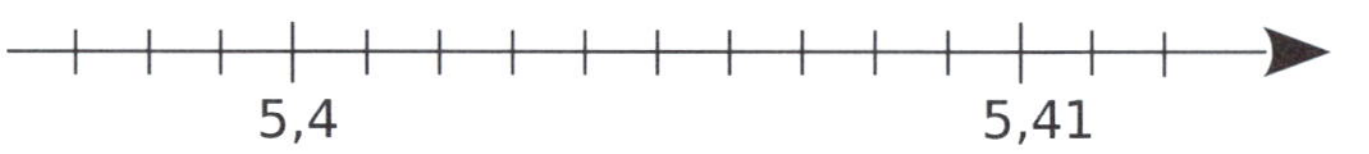


**6** Dans chaque cas, trace une demi-droite graduée, en choisissant au mieux l'unité, pour pouvoir ensuite placer tous les nombres donnés.

**a.** 0 ; 0,5 ; 0,2 ; 0,34 ; 0,67 ; 0,8.

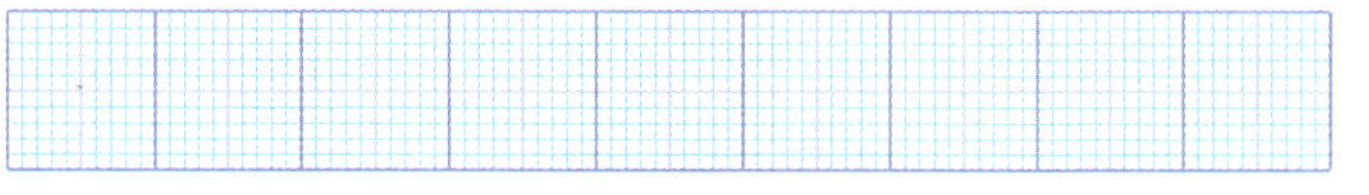

**b.** 12,4 ; 11,2 ; 15,3 ; 17,9 ; 17,3.

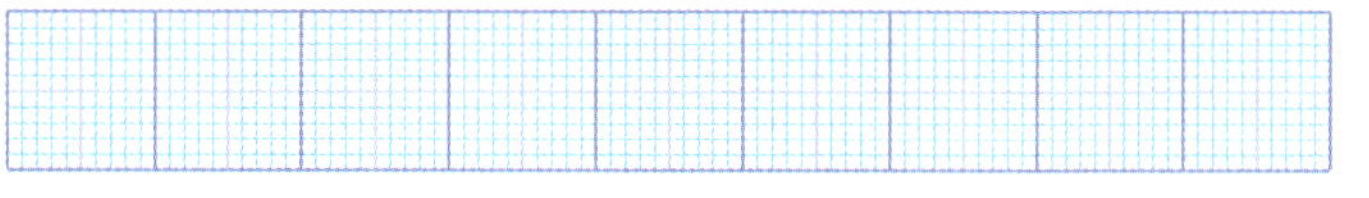

**c.** 7,32 ; 7,29 ; 7,39 ; 7,45 ; 7,36.

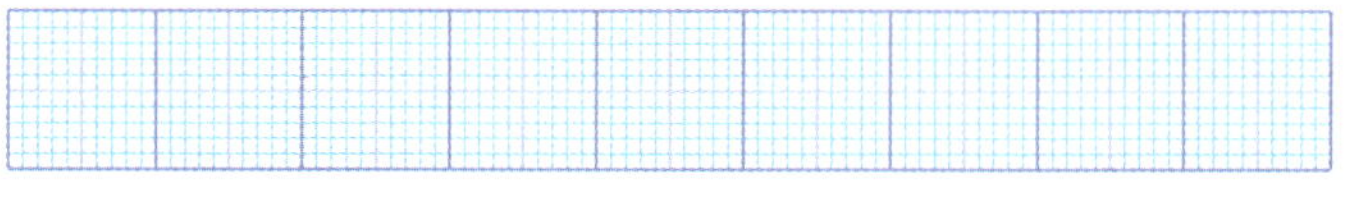

**7** Tu dois placer les points A, B, C... selon les indications du tableau. Par exemple, le point A est sur la première ligne et son abscisse est 6.

| Ligne | (1) | (1) | (2) | (3) | (3) | (4) | (5) | (5) | (5) |
|---|---|---|---|---|---|---|---|---|---|
| Point | A | B | C | D | E | F | G | H | I |
| Abscisse | 6 | 8 | 3,5 | 0,6 | 0,8 | 4,4 | 3,14 | 3,16 | 3,18 |

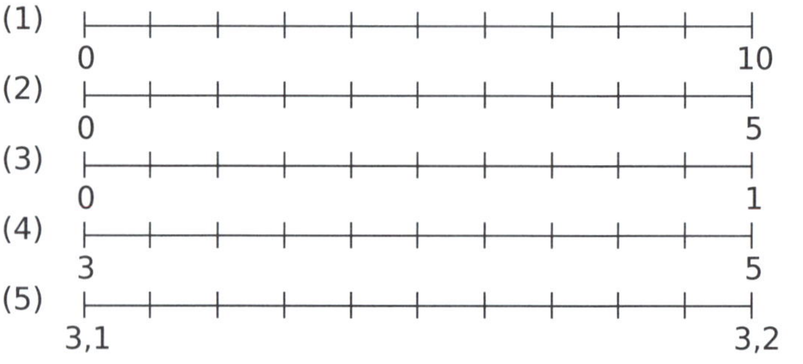


Trace la ligne brisée ABCEIFHGDA.

Ce dessin représente ……………………………… .

# FICHE 6 : COMPARER ET RANGER DES NOMBRES DÉCIMAUX (1)

**1** Complète par <, > ou =.

**a.** $\frac{15}{100}$ ...... $\frac{15}{10}$

**b.** $\frac{20}{100}$ ...... $\frac{2}{10}$

**c.** $\frac{112}{10}$ ...... 11

**d.** $\frac{7}{10}$ ...... $\frac{72}{100}$

**e.** $\frac{282}{10}$ ...... $\frac{28\,200}{1\,000}$

**f.** $\frac{700}{10}$ ...... 7

**2** Complète avec <, > ou =.

**a.** $7 + \frac{3}{10}$ ...... $7 + \frac{15}{100}$

**b.** $5 + \frac{7}{10}$ ...... $5 + \frac{7}{100}$

**c.** $12 + \frac{9}{100}$ ...... 12,9

**d.** $5 + \frac{87}{1\,000}$ ...... 6

**e.** $3 + \frac{12}{100}$ ...... 3,12

**f.** $\frac{7}{10} + \frac{4}{100}$ ...... 0,47

**3** Complète avec Vrai (V) ou Faux (F).

**a.** 1,807 < 2,601 (.....)

**b.** 8,1 > 9,01 (.....)

**c.** 21,15 < 21,9 (.....)

**d.** 13,8 < 13,15 (.....)

**e.** 5,05 > 5,4 (.....)

**f.** 18,8 > 18,12 (.....)

**g.** 2,04 < 2,40 (.....)

**h.** 15,2 > 15,22 (.....)

**i.** 6,91 > 16,1 (.....)

**j.** 0,032 < 0,1 (.....)

**4** Complète avec <, > ou =.

**a.** 8,7 ..... 3,15

**b.** 12,13 ..... 12,9

**c.** 13,21 ..... 13,210

**d.** 0,19 ..... 0,121

**e.** 5,94 ..... 6,88

**f.** 8,04 ..... 8,046

**g.** 12,12 ..... 16,12

**h.** 7,07 ..... 7,007

**i.** 10,022 ..... 10,2

**j.** 5,8 ..... 5,08

**5** Trace le chemin pour aller de 12,5 à 1 en suivant la règle : on peut monter vers une brique qui contient un nombre plus grand ou descendre vers une brique qui contient un nombre plus petit et on ne peut pas se déplacer à l'horizontale.

| | | | | | | | |
|---|---|---|---|---|---|---|---|
| 12,5 | 3 | 6 | 1,6 | 4,9 | 14,5 | 6,9 | |
| 1,3 | 14 | 5,2 | 2,6 | 152 | 8 | 3,1 | 2,5 |
| 0,9 | 1 | 5,3 | 123 | 4,2 | 2,9 | 1,2 | |
| 0,45 | 0,32 | 1,15 | 4,08 | 5,3 | 3,12 | 18 | 0,7 |
| 0,4 | 1,1 | 3,2 | 4,8 | 6 | 2,21 | 13 | |
| 0,2 | 0,14 | 2,1 | 1,9 | 6,4 | 3,6 | 12 | 34,7 |
| 0,19 | 0,2 | 8 | 1,09 | 3 | 7,78 | 1 | |

**6** Sur la demi-droite graduée, place les points :
R(3,3) ; O(1,5) ; S(7,4) ; B(2,6) ; E(5,1) ; M(2,2) ; N(0,4).

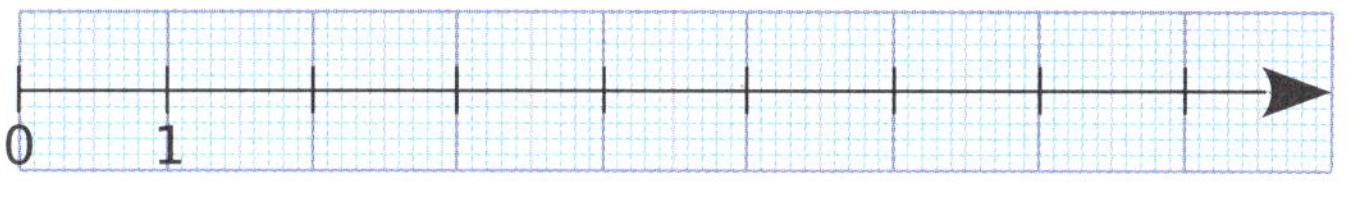


**a.** Quel mot lis-tu au-dessus de la demi-droite graduée ? ..............................

**b.** Range les abscisses des points précédents dans l'ordre croissant, en t'aidant de leur position.

..............................................................................................

**7** Range les listes ci-dessous dans l'ordre croissant.

**a.**

| | | | | | | | |
|---|---|---|---|---|---|---|---|
| 3,6 | 3,005 | 3,15 | 3,05 | 3,2 | 3,015 | 3,315 | 3,01 |
| | | | | | | | |

**b.**

| | | | | | | | |
|---|---|---|---|---|---|---|---|
| 100,01 | 10,099 | 9,99 | 100,1 | 10,1 | 10,01 | 99,99 | 100,099 |
| | | | | | | | |

**8** Range les listes ci-dessous dans l'ordre décroissant.

**a.**

| | | | | | | | |
|---|---|---|---|---|---|---|---|
| 3,14 | 3,014 | 3,144 | 3,1 | 3,414 | 3,11 | 3,41 | 3,2 |
| | | | | | | | |

**b.**

| | | | | | | | |
|---|---|---|---|---|---|---|---|
| 82,7 | 82,17 | 82,71 | 82,817 | 82,718 | 82,017 | 82,78 | 82,8 |
| | | | | | | | |

# FICHE 7 : COMPARER ET RANGER DES NOMBRES DÉCIMAUX (2)

**1** Écris tous les nombres décimaux différents inférieurs à 10 que tu peux former, en juxtaposant ces quatre étiquettes : [ , ] [ 7 ] [ 1 ] [ 3 ]. Range alors ces nombres dans l'ordre croissant.

..........................................................................................................................................

..........................................................................................................................................

**2** **Tableur** Recopie ce tableau qui donne la longueur de dix cours d'eau, en milliers de km.

| | A | B |
|---|---|---|
| 1 | Cours d'eau | Longueur |
| 2 | Tigre | 1,95 |
| 3 | Volga | 3,645 |
| 4 | Loire | 1,012 |
| 5 | Nil | 6,895 |
| 6 | Mississippi | 3,766 |
| 7 | Danube | 3,02 |
| 8 | Elbe | 1,162 |
| 9 | Rio Grande | 3,057 |
| 10 | Amour | 2,874 |
| 11 | Amazone | 6,7 |

| | A | B |
|---|---|---|
| 1 | Cours d'eau | Longueur |
| 2 | | |
| 3 | | |
| 4 | | |
| 5 | | |
| 6 | | |
| 7 | | |
| 8 | | |
| 9 | | |
| 10 | | |
| 11 | | |

| | A | B |
|---|---|---|
| 1 | Cours d'eau | Longueur |
| 2 | | |
| 3 | | |
| 4 | | |
| 5 | | |
| 6 | | |
| 7 | | |
| 8 | | |
| 9 | | |
| 10 | | |
| 11 | | |

Sélectionne la plage de cellules A2:B11.

**a.** Trie la colonne B dans l'ordre décroissant. Recopie alors dans un second tableau. Que fait le tableur ?

..........................................................................................................................................

..........................................................................................................................................

**b.** Trie la colonne A dans l'ordre croissant. Recopie alors dans un troisième tableau. Que fait le tableur ?

..........................................................................................................................................

..........................................................................................................................................

**3** Voici les dimensions de six voitures.

| | V1 | V2 | V3 | V4 | V5 | V6 |
|---|---|---|---|---|---|---|
| L | 4,175 m | 3,962 m | 3,8 m | 3,91 m | 3,9 m | 5,01 m |
| l | 1,7 m | 1,727 m | 1,48 m | 1,66 m | 1,55 m | 1,93 m |
| h | 1,44 m | 1,245 m | 1,6 m | 1,95 m | 1,4 m | 1,86 m |

**a.** Range les longueurs de ces voitures dans l'ordre croissant. Établis-en alors le classement.

..........................................................................................................................................

**b.** Même question avec les largeurs.

..........................................................................................................................................

**c.** Même question avec les hauteurs.

..........................................................................................................................................

**d.** Quelle voiture est à la même place dans chaque classement ? ..........................................

# FICHE 8 : ENCADRER ET APPROCHER DES NOMBRES DÉCIMAUX

**1** Complète avec l'entier qui suit ou qui précède.

**a.** 44,2 < ..........

**b.** 86,67 < ..........

**c.** .......... < 106,8

**d.** .......... < 610,01

**e.** 419 < ..........

**f.** .......... < 58

**g.** 0,126 < ..........

**h.** 916,9 < ..........

**i.** .......... < 313,12

**j.** .......... < 0,5

**2** Complète avec deux entiers consécutifs.

**a.** ...... < 6,2 < ......

**b.** ...... < 12,25 < ......

**c.** ...... < 300,9 < ......

**d.** ...... < 103,789 < ......

**e.** ...... < 101,57 < ......

**f.** ...... < 59,018 < ......

**3** Complète avec un nombre décimal.

**a.** 6,15 < .............. < 6,16

**b.** 28,1 < .............. < 28,11

**c.** 73,1 < .............. < 73,141

**d.** 301,5 < .............. < 301,51

**e.** 91 < .............. < 91,3 < .............. < 91,31

**f.** 0,5 < .............. < 0,51 < .............. < 0,6

**4** Mme Bert souhaite compléter sa commande de jouets pour Noël. Elle peut choisir parmi les six peluches ci-dessous, mais le jouet doit :
- être livré en moins de 5 jours ;
- couter entre 11,50 € et 12 € ;
- peser entre 0,65 kg et 0,75 kg.

Trouve la peluche qui convient. Explique ce choix.

..............................................................................

..............................................................................

..............................................................................

| Zebra (2 jours) | | Folco (6 jours) | | Gigi (3 jours) | |
|---|---|---|---|---|---|
| 11,45 € | 0,658 kg | 11,95 € | 0,725 kg | 11,67 € | 0,645 kg |

| Piggy (7 jours) | | Danaé (4 jours) | | Hippo (2 jours) | |
|---|---|---|---|---|---|
| 11,52 € | 0,752 kg | 11,75 € | 0,67 kg | 11,89 € | 0,79 kg |

**5** Voici une liste de nombres. Place chacun d'eux dans le tableau ci-dessous.

47,23 47,35 47,03 47,403 47,39
48,32 47,304 47,54 47,31 47,1

| Inférieurs à 47,3 | Compris entre 47,3 et 47,4 | Supérieurs à 47,4 |
|---|---|---|
| | | |

**6** Colorie en respectant le code couleur.

| Nombres inférieurs à 6,9 | Nombres compris entre 6,9 et 7,1 | Nombres supérieurs à 7,1 |
|---|---|---|
| | | |

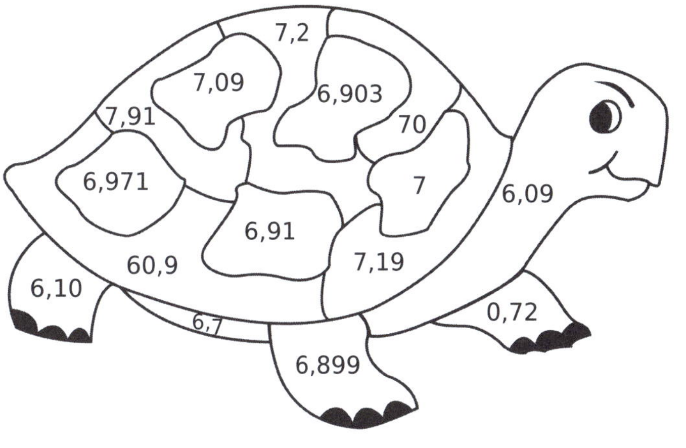


**7** Bruno a besoin de 26,85 m de chaine.
Chez Bricotruc, elle est vendue au mètre.
Chez Bricomag, elle est vendue au décimètre.

**a.** Combien doit-il en commander chez Bricotruc ?

..............................................................................

..............................................................................

**b.** Combien doit-il en commander chez Bricomag ?

..............................................................................

..............................................................................

**8** Complète ce tableau en donnant les valeurs approchées au dixième.

| | Nombre | Valeur approchée par défaut | Valeur approchée par excès |
|---|---|---|---|
| **a.** | 45,37 | | |
| **b.** | 59,69 | | |
| **c.** | 732,999 | | |
| **d.** | 900,001 | | |

# N5 Opérations sur les nombres décimaux

## Fiche 1 : Calculer avec des puissances de 10

**1** Calcule mentalement.

| | | |
|---|---|---|
| **a.** 934 × 10 = | **b.** 2,6 × 10 = | **c.** 0,065 × 10 = |
| **d.** 87 × 100 = | **e.** 8,091 × 100 = | **f.** 0,1 × 100 = |
| **g.** 71,47 × 1 000 = | **h.** 96,52 × 10 000 = | **i.** 0,34 × 1 000 = |

**2** Complète.

| | | ÷ 10 | ÷ 100 | ÷ 1 000 | ÷ 10 000 |
|---|---|---|---|---|---|
| **a.** | 2 574 | | | | |
| **b.** | 752,6 | | | | |
| **c.** | 12,25 | | | | |
| **d.** | 0,7 | | | | |

**3** Complète par 10 ; 100...

**a.** 5,45 × .................. = 5 450
**b.** 2,98 × .................. = 29,8
**c.** 2,34 × .................. = 234
**d.** 0,01 × .................. = 100
**e.** 25 000 ÷ .................. = 25
**f.** 0,32 ÷ .................. = 0,032
**g.** 450 ÷ .................. = 4,5
**h.** 400 ÷ .................. = 0,04
**i.** 17 ÷ .................. = 0,17

**4** Calcule mentalement.

**a.** 34 × 0,001 = ......................
**b.** 335 × 0,01 = ......................
**c.** 300 × 0,001 = ......................
**d.** 2 000 × 0,1 = ......................
**e.** 560 × 0,01 = ......................
**f.** 15,45 × 0,1 = ......................
**g.** 8,4 × 0,001 = ......................
**h.** 35 × 0,0001 = ......................
**i.** 0,79 × 0,01 = ......................

**5** Complète par 0,1 ; 0,01...

**a.** 3,4 × .................... = 0,034
**b.** 12 × .................... = 1,2
**c.** 345 × .................... = 0,0345
**d.** 27 × .................... = 0,027
**e.** .................... × 0,6 = 0,06
**f.** .................... × 98 = 0,98
**g.** .................... × 9,7 = 0,097
**h.** .................... × 800 = 0,08
**i.** .................... × 100 = 1

**6** Calcule mentalement en regroupant astucieusement et en détaillant ta démarche.

**a.** 0,1 × 7 × 1 000

= ..............................................................................

**b.** 56 × 0,01 × 0,1

= ..............................................................................

**7** Sachant que 65 × 132 = 8 580, détermine les résultats des calculs en écrivant ta démarche.

**a.** 650 × 132

= ..............................................................................

**b.** 0,65 × 1 320

= ..............................................................................

## Fiche 2 : Additionner des nombres décimaux

**1** Calcule mentalement les additions.

**a.** 5,6 + 7,2 = ..............
**b.** 2,2 + 6,3 = ..............
**c.** 3,5 + 7,1 = ..............
**d.** 6,3 + 7,6 = ..............
**e.** 9 + 3,5 = ..............
**f.** 7,6 + 7,9 = ..............
**g.** 2,9 + 6,5 = ..............
**h.** 4,6 + 9,4 = ..............
**i.** 5,8 + 9,3 = ..............
**j.** 3,9 + 7,6 = ..............

**2** Complète.

**a.** 2,2 + ........... = 6
**b.** 8,5 + ........... = 10
**c.** 0,9 + ........... = 12
**d.** ........... + 15,8 = 24
**e.** ........... + 30,7 = 31
**f.** ........... + 22,4 = 45

**3** Complète.

**a.** 0,3 + ........... = 11,5
**b.** 3,2 + ........... = 5,9
**c.** 4,4 + ........... = 7,8
**d.** ........... + 7,8 = 10,3
**e.** ........... + 9,2 = 13,1
**f.** ........... + 8,8 = 17,6

**4** Complète les deux carrés ci-dessous pour que les sommes de chaque ligne, de chaque colonne et de chaque diagonale soient égales.

**a.**

| | | |
|---|---|---|
| | | 7,5 |
| | 4,5 | 2,5 |
| 1,5 | | |

**b.**

| | | | |
|---|---|---|---|
| 1,6 | | | 1,3 |
| | | 1,1 | 0,8 |
| 0,9 | 0,6 | | |
| 0,4 | | 1,4 | 0,1 |

**5** Calcule chaque somme en effectuant des regroupements astucieux.

**a.** 8,5 + 12,7 + 1,5

..........................................................................................

**b.** 62,99 + 43,73 + 0,01 + 12,27

..........................................................................................

**c.** 19,25 + 8,4 + 3,6 + 6,75

..........................................................................................

**6** Calcule les sommes.

**a.**
  0, 8 3 9
+ 5, 3 6 2
=

**b.**
  3 5 7
+ 8 2, 6
=

**c.**
  5 1, 6 2
+ 1 5, 2 1
+ 7, 4 9 5
=

**d.**
  3 2, 0 9 4
+ 1 7, 1 9
+ 9, 4 8 3
=

**7** Complète les cases par le chiffre qui convient.

**a.**
□ 3 8, 6
+ 7 □, 7
= 3 □ 0, □

**b.**
6, □ 1 7
+ □, 9 □ 6
= 7, 3 4 □

**c.**
5 2 7, □ 5
+ □ 8
+ 7 □, 2 □
= □ 3 6, 1 4

**8** Pose en colonnes et effectue.

**a.** 84,25 + 32,18

**b.** 5,759 + 18,67

**c.** 731 + 452,76

**d.** 853,56 + 47,85 + 9,24

**e.** 29,4 + 8,328 + 12,72

**f.** 30 + 9,73 + 121,5

## Fiche 3 : Soustraire des nombres décimaux

**1** Calcule mentalement les soustractions.

**a.** 5,5 - 4,3 = ............
**b.** 4,6 - 0,5 = ............
**c.** 2,8 - 2,1 = ............
**d.** 6,7 - 0,5 = ............
**e.** 3,8 - 3,5 = ............
**f.** 5,2 - 4,3 = ............
**g.** 8 - 2,9 = ............
**h.** 4,6 - 2,8 = ............
**i.** 4,1 - 1,4 = ............
**j.** 9,7 - 5,9 = ............

**2** Complète.

**a.** 6 - ............ = 4,5
**b.** 9 - ............ = 3,7
**c.** 5,2 - ............ = 4,6
**d.** 9,7 - ............ = 7,8
**e.** 8,2 - ............ = 2,4
**f.** ............ - 2,4 = 2
**g.** ............ - 0,8 = 6
**h.** ............ - 3,8 = 3,3
**i.** ............ - 6,3 = 9,4
**j.** ............ - 4,1 = 2,8

**3** Calcule les différences.

**a.**
  7, 3 6 2
- 0, 8 3 9
=

**b.**
  3 5 4, 4
-     8 2, 6
=

**c.**
  5 1, 6 2
-   7, 4 9 5
=

**d.**
  5 4
- 2 3, 1 5 8
=

**4** Complète les cases par le chiffre qui convient.

**a.**
  4 □ 8, 5
-     9, □
= □ 5 □, 2

**b.**
  □ □ , □ □
- 1 2, 3 4
=   5, 6 7

**c.**
  3 4, 7 □ □
- 1 □ , 7 3 2
= □ 5, □ 6 8

**5** Pose en colonnes et effectue.

**a.** 78,544 - 20,082
**b.** 751,25 - 38,23
**c.** 676 - 368,41
**d.** 11,1 - 6,536
**e.** 731,875 - 452,76
**f.** 60 - 44,444

**6** **Tableur**

- On part d'un nombre de 4 chiffres différents, avec deux décimales (exemple : 62,91).
- Avec les chiffres de ce nombre, on forme le plus grand nombre de 4 chiffres, avec deux décimales (soit : 96,21).
- Puis on forme le plus petit nombre de 4 chiffres, avec deux décimales (soit : 12,69).

**a.** Dans un tableur, reproduis le tableau qui suit.
Programme la cellule C1 pour qu'elle calcule la différence entre les nombres placés en A1 et B1. (Complète le tableau au fur et à mesure des calculs.)
Puis recommence la procédure depuis le début avec le nombre obtenu en C1. Et ainsi de suite.

| | A | B | C |
|---|---|---|---|
| 1 | 96,21 | 12,69 | |
| 2 | | | |
| 3 | | | |
| 4 | | | |

Que remarques-tu ?

.......................................................................

.......................................................................

**b.** Recommence en partant du nombre 72,18.

| | A | B | C |
|---|---|---|---|
| 1 | | | |
| 2 | | | |
| 3 | | | |
| 4 | | | |
| 5 | | | |

**c.** Essaie un autre nombre. Que peux-tu conclure ?

.......................................................................

.......................................................................

# FICHE 4 : MULTIPLIER DES NOMBRES DÉCIMAUX (1)

**1** Complète chaque tableau.

| | × | 0,5 | 0,2 | 0,3 |
|---|---|---|---|---|
| **a.** | 4 | | | |
| **b.** | 15 | | | |
| **c.** | 22 | | | |
| **d.** | 32 | | | |

| | × | 0,6 | 0,7 | 0,9 |
|---|---|---|---|---|
| **e.** | 80 | | | |
| **f.** | 8 | | | |
| **g.** | 0,8 | | | |
| **h.** | 0,08 | | | |

**2** Coche la bonne réponse.

| | | 1 | 10 | 100 | 1 000 |
|---|---|---|---|---|---|
| **a.** | 5 × 2 = | | | | |
| **b.** | 125 × 8 = | | | | |
| **c.** | 25 × 4 = | | | | |
| **d.** | 1,25 × 8 = | | | | |
| **e.** | 1,25 × 0,8 = | | | | |
| **f.** | 12,5 × 8 = | | | | |
| **g.** | 5 × 0,2 = | | | | |
| **h.** | 2,5 × 4 = | | | | |

**3** Calcule en regroupant astucieusement.

**a.** 25 × 3,567 × 4

..........................................................

..........................................................

**b.** 2,5 × 1,762 × 4

..........................................................

..........................................................

**c.** 1,25 × 2 × 0,8 × 4,139

..........................................................

..........................................................

**4** Complète pour que les produits de chaque ligne, de chaque colonne et de chaque diagonale soient égaux (tu pourras utiliser ta calculatrice).

**a.**

| | | |
|---|---|---|
| 2 | | |
| 6,25 | | |
| 10 | | 12,5 |

**b.**

| | | |
|---|---|---|
| | | 0,16 |
| | 0,2 | 0,125 |
| 0,25 | | |

**5** Relie chaque produit à son ordre de grandeur.

| | |
|---|---|
| 21 × 1,05 • | • 200 |
| 0,011 × 20,1 • | • 20 |
| 1,99 × 0,99 • | • 2 |
| 19,8 × 0,0011 • | • 0,2 |
| 2,1 × 98 • | • 0,02 |

**6** Complète puis calcule mentalement.

**a.** 1,3 × 7 + 1,3 × 3

= 1,3 × (........ + ........)

..........................................

..........................................

**b.** 5,5 × 59 + 5,5 × 41

= ....... × (........ + ........)

..........................................

..........................................

**c.** 6,4 × 12 – 6,4 × 2

= 6,4 × (........ – ........)

..........................................

..........................................

**d.** 0,9 × 208 – 0,9 × 8

= ....... × (........ – ........)

..........................................

..........................................

**7** Complète puis calcule mentalement.

**a.** 1,4 × 101

= 1,4 × (100 + 1)

= 1,4 × ........... + 1,4 × ...........

= ..........................................

**b.** 8,3 × 99

= 8,3 × (100 – 1)

= 8,3 × ........... – 8,3 × ...........

= ..........................................

**c.** 2,7 × 101

= ..........................................

= ..........................................

**d.** 5,6 × 99

= ..........................................

= ..........................................

# FICHE 5 : MULTIPLIER DES NOMBRES DÉCIMAUX (2)

**1** Place la virgule dans le résultat de la multiplication (en ajoutant éventuellement un ou des zéros).

**a.** 1 2, 7 × 2, 4 = 3 0 4 8

**b.** 0, 1 4 × 5, 9 = 8 2 6

**c.** 2 5, 4 × 1, 0 5 = 2 6 6 7 0

**d.** 0, 2 4 5 × 0, 1 2 5 = 3 0 6 2 5

**2** Place la virgule dans le nombre écrit en **caractères gras** pour que l'égalité soit vraie.

**a.** 0, 4 7 × **6 1** = 2, 8 6 7

**b.** 2, 7 × **3 4 5** = 9, 3 1 5

**c.** **1 6 5** × 0, 5 1 = 0, 8 4 1 5

**d.** **6 4 2** × 8 7 4 = 5 6 1, 1 0 8

**3** Colorie la case contenant le résultat juste, sans poser l'opération ni utiliser de calculatrice.

| | | | | | |
|---|---|---|---|---|---|
| **a.** | 2,5 × 4,4 = | 8,444 | 11 | 33,5 | 2,2 |
| **b.** | 10,3 × 7,5 = | 77,29 | 68,412 | 77,25 | 7,25 |
| **c.** | 11,6 × 29,8 = | 354,578 | 321,12 | 512,88 | 345,68 |
| **d.** | 346 × 0,97 = | 3 263,62 | 36,62 | 335,62 | 348,62 |
| **e.** | 1,03 × 698,4 = | 7 233,352 | 719,352 | 687,352 | 68,352 |

**4** Calcule les produits.

**a.** 8, 9 × 3 4

**b.** 1, 4 5 × 8 7

**c.** 4 5, 6 × 2 3

**d.** 0, 5 8 9 × 1 0 2

**5** Calcule les produits.

**a.** 1 3, 7 × 0, 6

**b.** 8, 8 8 × 0, 0 8

**c.** 1 2 3, 4 × 0, 0 0 9

**d.** 4 8, 5 6 × 0, 4

**6** Calcule les produits.

**a.** 1, 3 × 7, 5

**b.** 0, 1 7 × 2, 8

**c.** 3 2, 1 × 1 0, 5

**d.** 6, 0 9 × 6, 0 9

# FICHE 6 : DIVISER UN NOMBRE DÉCIMAL PAR UN NOMBRE ENTIER

**1** Effectue les divisions décimales suivantes pour en trouver le quotient décimal exact.

**a.** 4 9, 8 | 4

**b.** 5, 4 6 | 1 2

**c.** 0, 1 8 9 | 9

**2** Effectue les divisions suivantes jusqu'au millième, puis complète le tableau ci-dessous.

**a.** 1 5 8, 6 | 1 1

**b.** 4 3 2, 2 8 | 1 5

| | | Valeur approchée à l'unité | | Valeur approchée au dixième | | Valeur approchée au centième | |
|---|---|---|---|---|---|---|---|
| | | par défaut | par excès | par défaut | par excès | par défaut | par excès |
| **a.** | 158,6 ÷ 11 | | | | | | |
| **b.** | 432,28 ÷ 15 | | | | | | |

**3** Léa achète des draps de bain sur Internet. Complète sa commande.

| Article | Quantité | Prix unitaire | Prix total |
|---|---|---|---|
| Drap de bain 100×150 | 5 | | 249,50 € |
| Drap de bain 70×140 | 4 | | 147,60 € |
| Serviette 50×100 | 8 | | 135,20 € |

## Fiche 7 : Faire le lien entre pourcentages et opérateurs de partage

**1** Relie pour compléter chaque phrase.

| | |
|---|---|
| Prendre 10 % d'un nombre • | • c'est prendre le quart du nombre. |
| Prendre 25 % d'un nombre • | • c'est prendre 3 fois le quart du nombre. |
| Prendre 50 % d'un nombre • | • c'est prendre 2 fois le dixième du nombre. |
| Prendre 75 % d'un nombre • | • c'est prendre le dixième du nombre. |
| Prendre 20 % d'un nombre • | • c'est prendre la moitié du nombre. |

**2** Relie pour compléter chaque phrase.

| | |
|---|---|
| Prendre 10 % d'un nombre • | • c'est diviser le nombre par 4 puis multiplier par 3. |
| Prendre 25 % d'un nombre • | • c'est diviser le nombre par 4. |
| Prendre 50 % d'un nombre • | • c'est diviser le nombre par 10. |
| Prendre 75 % d'un nombre • | • c'est diviser le nombre par 2. |

**3** Calcule de tête 50 % de chaque nombre.

**a.** 100 → ............
**b.** 70 → ............
**c.** 66 → ............
**d.** 98 → ............
**e.** 111 → ............
**f.** 18,2 → ............
**g.** 25,6 → ............
**h.** 0,7 → ............

**4** Calcule le pourcentage de chaque nombre.

| | Nombre | 25 % | 50 % | 75 % |
|---|---|---|---|---|
| **a.** | 20 | | | |
| **b.** | 32 | | | |
| **c.** | 9,2 | | | |
| **d.** | 44,4 | | | |

**5** Calcule 10 % de chaque nombre.

**a.** 100 → ............
**b.** 70 → ............
**c.** 66 → ............
**d.** 98 → ............
**e.** 111 → ............
**f.** 18,2 → ............
**g.** 25,6 → ............
**h.** 0,7 → ............

**6** Calcule le pourcentage de chaque nombre.

| | Nombre | 10 % | 20 % | 30 % |
|---|---|---|---|---|
| **a.** | 20 | | | |
| **b.** | 32 | | | |
| **c.** | 9,2 | | | |
| **d.** | 44,4 | | | |

**7** Dans un magasin de sport, les articles sont soldés à 20 %. Calcule le nouveau prix de chaque article ci-dessous en complétant le tableau.

| | Ballon | Raquette | VTT | Casque |
|---|---|---|---|---|
| Ancien prix | 30 € | 55 € | 260 € | 134 € |
| Réduction | | | | |
| Nouveau prix | | | | |

**8** Pour remplacer la farine de blé, Mixibio propose ces deux mélanges sans gluten.

Mix 1

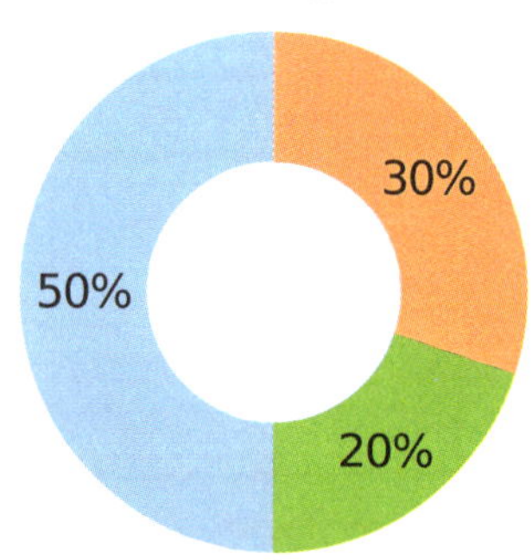


Mix 2

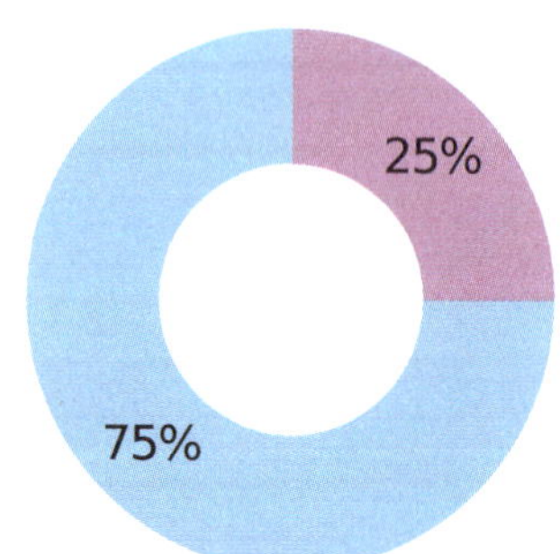


Farine de maïs — Farine de riz — Fécule de pomme de terre — Fécule de maïs

**a.** Donne la masse de chaque ingrédient, pour réaliser 500 g de Mix 1.

..........................................................................................

..........................................................................................

..........................................................................................

..........................................................................................

**b.** Même question pour 500 g de Mix 2.

..........................................................................................

..........................................................................................

## Fiche 8 : Agrandir ou réduire des figures dans un quadrillage

**a.**

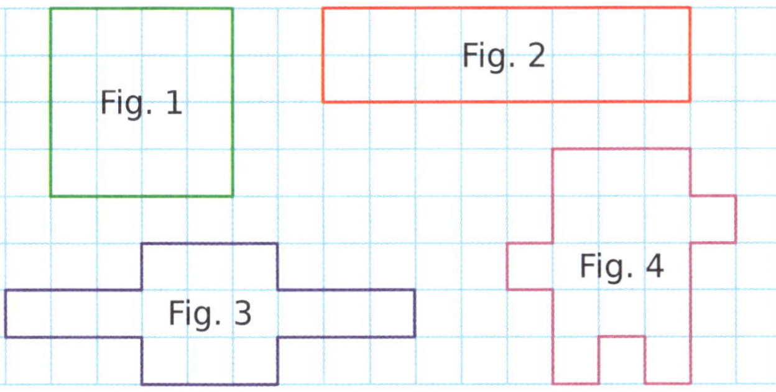


**b.**

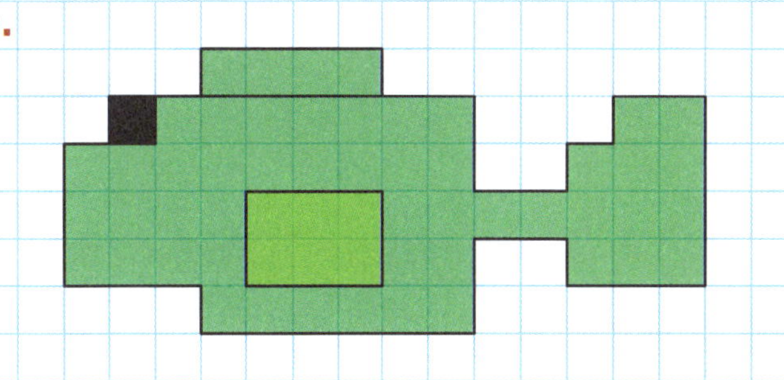

**c.**

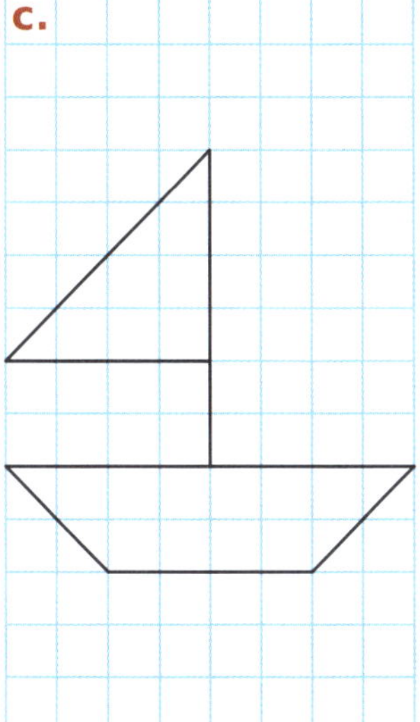

**d.**

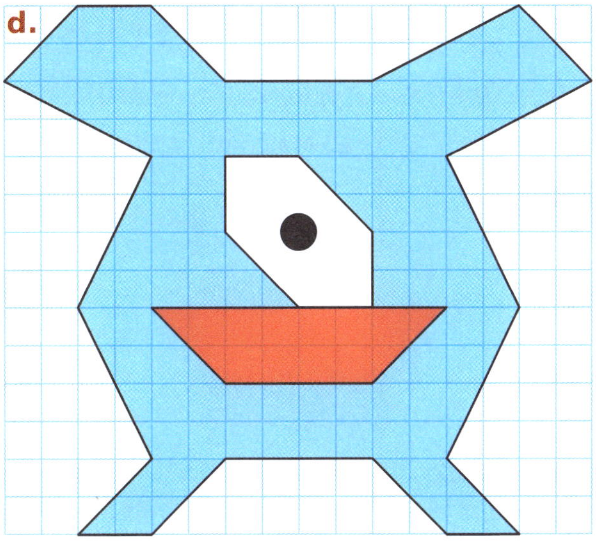

**e.**

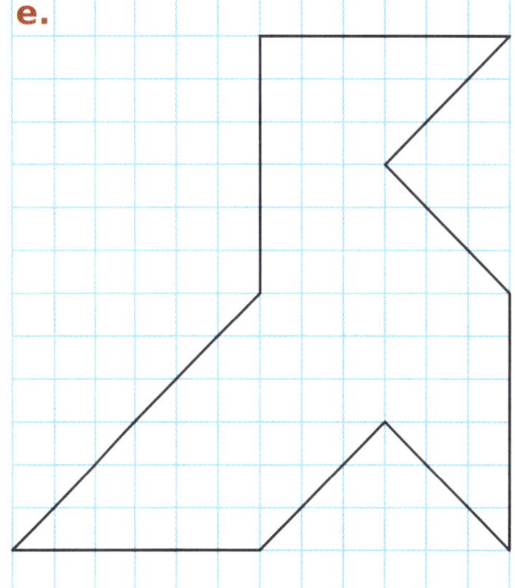

**1** Sur une feuille quadrillée, reproduis chaque figure du **a**, en multipliant toutes les longueurs par 3.

**2** Sur une feuille quadrillée, reproduis la figure **b**, en multipliant toutes les longueurs par 2.

**3** Sur une feuille quadrillée, reproduis la figure **c**, en multipliant toutes les longueurs par 2,5.

**4** Reproduis la figure **d**, en multipliant toutes les longueurs par 0,5 (ci-dessous, dans la grille de gauche), puis par 1,5 (ci-dessous, dans la grille de droite).

**5** Reproduis la figure **e**, en remplaçant un segment de 3 cm par un segment de 2 cm.

# FICHE 9 : RÉSOUDRE DES PROBLÈMES AVEC DES NOMBRES DÉCIMAUX (1)

**1** Coche l'opération qui permet de résoudre chaque problème.

**a.** Combien pèsent neuf pains de 0,340 kg ?

☐ 9 + 0,340 ☐ 9 × 0,340
☐ 9 - 0,340 ☐ 9 ÷ 0,340

**b.** Morad a six notes dont la somme totale est 91,8 points. Quelle est sa moyenne ?

☐ 6 + 91,8 ☐ 6 × 91,8
☐ 6 ÷ 91,8 ☐ 91,8 ÷ 6

**c.** Jérémy achète 3,2 kg d'abricots à 2,70 € le kilogramme. Combien paie-t-il ?

☐ 3,2 + 2,7 ☐ 3,2 - 2,7
☐ 3,2 × 2,7 ☐ 3,2 ÷ 2,7

**d.** Jessica raccourcit de 2,3 cm la longueur de sa jupe qui mesure 48,9 cm. Quelle est la longueur de sa jupe après cette modification ?

☐ 48,9 - 2,3 ☐ 2,3 - 48,9
☐ 2,3 × 48,9 ☐ 48,9 + 2,3

**e.** En 2016, la population mondiale est estimée à 7,4 milliards d'habitants. Dans 10 ans, on prévoit qu'elle augmentera de 0,8 milliard. Quelle serait la population mondiale en 2026 ?

☐ 7,4 - 0,8 ☐ 7,4 ÷ 0,8
☐ 7,4 × 0,8 ☐ 7,4 + 0,8

**2** Coche la question qui peut être résolue.

**a.** Un wagon pèse 5,5 tonnes à vide. On y met 40 quintaux de charbon.

☐ Quel est le prix d'un quintal de charbon ?
☐ Combien de temps faut-il pour charger le wagon ?
☐ Combien pèse le wagon après chargement ?

**b.** Luc achète 5,89 kg de tomates à 1,96 € le kg.

☐ Combien ont couté les tomates ?
☐ Combien de tomates a-t-il achetées ?
☐ Combien pèse une tomate ?

**c.** On partage une ficelle de 2,38 m en quatre morceaux de même longueur.

☐ Combien pèse le mètre de ficelle ?
☐ Quelle est la longueur de chaque morceau ?
☐ Combien coute le mètre de ficelle ?

**d.** Un pouce anglais vaut environ 25,4 mm.

☐ Convertis 78,5 pouces en mètres.
☐ Combien de centimètres mesure ton pouce ?
☐ Convertis 2 pieds en pouces.

**3** Associe le bon calcul à chaque énoncé, effectue-le et réponds à chaque problème.

Calculs :

**A** (2 × 3,70) + 1,50

**B** (3,70 ÷ 2) - 1,50

**C** (2 × 3,70) + (2 × 1,50)

**D** 3,70 - (2 × 1,50)

Énoncés :

**a.** Malcolm achète 2 magazines à 3,70 € pièce et 2 journaux à 1,50 € pièce.

Combien paie-t-il ?

.......................................................................................

.......................................................................................

.......................................................................................

.......................................................................................

**b.** Corinne achète 2 kg de cerises à 3,70 € le kg et un melon à 1,50 € l'unité.

Combien paie-t-elle ?

.......................................................................................

.......................................................................................

.......................................................................................

.......................................................................................

**c.** Nathalie a 3,70 €. Elle achète deux boissons à 1,50 € pièce.

Combien lui reste-t-il ?

.......................................................................................

.......................................................................................

.......................................................................................

.......................................................................................

**d.** Denis partage équitablement entre ses deux filles les 3,70 € de monnaie qu'il possède. L'une d'elle achète une pâtisserie à 1,50 €.

Combien d'argent reste-t-il alors à cette dernière ?

.......................................................................................

.......................................................................................

.......................................................................................

.......................................................................................

# Fiche 10 : Résoudre des problèmes avec des nombres décimaux (2)

**1** À l'agence Louetout, une automobile est louée au tarif de 30 € par jour, auquel s'ajoute 0,40 € par kilomètre parcouru.

**a.** Un agent commercial a loué une voiture pour une journée et a parcouru 350 km. Combien a-t-il payé sa journée de location ?

..............................................................................

..............................................................................

..............................................................................

**b.** Une autre personne vient de régler une facture de 80 € pour une journée de location. Quelle distance a-t-elle parcourue ?

..............................................................................

..............................................................................

..............................................................................

**c.** Une troisième personne règle une facture de 290 € pour trois journées de location. Quelle distance a-t-elle parcourue ?

..............................................................................

..............................................................................

..............................................................................

**2** Au 110 m haies, il y a dix haies de 1,067 m de haut. La première haie est à 13,72 m de la ligne de départ. Les haies sont espacées de 9,14 m. Quelle distance sépare la dernière haie de la ligne d'arrivée ?

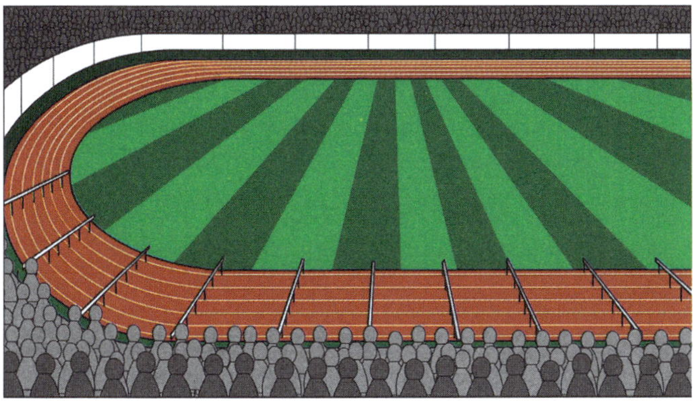

..............................................................................

..............................................................................

..............................................................................

..............................................................................

..............................................................................

**3** Voici la consommation d'électricité, en heures pleines (HP) et en heures creuses (HC), d'une famille au cours des 8 premiers jours de Février.

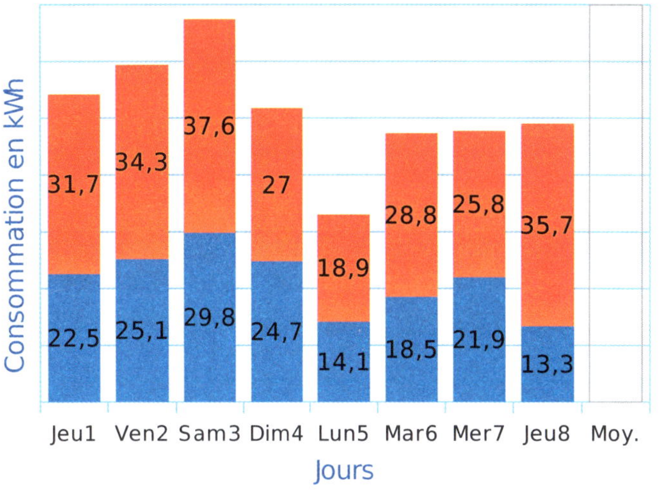


**a.** Durant ces 8 jours, quelle est la consommation de cette famille en heures pleines, puis en heures creuses ?

..............................................................................

..............................................................................

..............................................................................

..............................................................................

..............................................................................

..............................................................................

**b.** Durant ces 8 jours, quelle est sa consommation totale ?

..............................................................................

..............................................................................

**c.** Durant ces 8 jours, quelle est sa consommation journalière moyenne en heures creuses ?

..............................................................................

..............................................................................

**d.** Durant ces 8 jours, quelle est sa consommation journalière moyenne en heures pleines ?

..............................................................................

..............................................................................

**e.** Complète alors le graphique en remplissant la colonne « Moy. »

**f.** Durant ces 8 jours, quelle est sa consommation journalière moyenne totale ?

..............................................................................

..............................................................................

..............................................................................

## FICHE 11 : RÉSOUDRE DES PROBLÈMES AVEC DES NOMBRES DÉCIMAUX (3)

**1** **Tableur** Ursula possède une tirelire dans laquelle se trouvent 19 pièces, les unes de 0,50 € et les autres de 0,20 €. L'ensemble de ces 19 pièces représente une somme de 7,40 €.
Le but est de déterminer le nombre de pièces de 0,50 € et le nombre de pièces de 0,20 € que possède Ursula.
Pour cela, reproduis la feuille de calcul ci-dessous, puis complète-la. Ensuite, conclus.

| | A | B | C |
|---|---|---|---|
| 1 | Nombre de pièces de 0,20 € | Nombre de pièces de 0,50 € | Total en € |
| 2 | 0 | 19 | |
| 3 | | | |
| 4 | | | |
| 5 | | | |
| 6 | | | |
| 7 | | | |
| 8 | | | |
| 9 | | | |
| 10 | | | |
| 11 | | | |
| 12 | | | |
| 13 | | | |
| 14 | | | |
| 15 | | | |
| 16 | | | |
| 17 | | | |
| 18 | | | |
| 19 | | | |
| 20 | | | |
| 21 | | | |

.................................................................................

.................................................................................

.................................................................................

**2** M. Marcel dispose de seaux de capacité 10,2 L et 12,4 L. Combien de seaux de chaque capacité doit-il verser dans une bassine de 164 L pour la remplir, sachant qu'il utilise 15 seaux en tout ?

.................................................................................

.................................................................................

.................................................................................

**3** Les nouvelles cloches de la cathédrale Notre-Dame de Paris ont été exposées au public dans la nef, avant leur installation dans les tours du monument. Du premier plan à l'arrière-plan : Marie (6 t), Gabriel (4,162 t), Anne-Geneviève (3,477 t), Denis (2,502 t), Marcel (1,925 t), Étienne (1,494 t), Benoit-Joseph (1,309 t), Maurice (1,011 t) et Jean-Marie (0,782 t).

**a.** À quelle occasion ces cloches ont-elles été construites ? (Tu pourras effectuer des recherches supplémentaires sur ces cloches.)

.................................................................................

.................................................................................

**b.** Quelle masse totale de bronze (alliage d'étain et de cuivre) a été nécessaire pour la fabrication de ces 9 cloches ?

.................................................................................

.................................................................................

.................................................................................

.................................................................................

.................................................................................

**c.** Sachant que 4,98564 t d'étain ont été utilisées, quelle masse de cuivre a été nécessaire pour la fabrication de ces cloches ?

.................................................................................

.................................................................................

.................................................................................

**d.** Pour fabriquer une cloche, on coule du métal en fusion (alliage d'étain et de cuivre) dans un moule. Un litre de cuivre pèse presque 9 kg.
De combien de litres de cuivre en fusion a-t-on eu besoin pour fabriquer ces 9 cloches ?

.................................................................................

.................................................................................

.................................................................................

.................................................................................

## Fiche 12 : Résoudre des problèmes avec des nombres décimaux (4)

**1** Au supermarché, on trouve :

2,79 €
le pot

12,60 €
le kg

2,99 € le filet
de 3 kg

5,67 € la
bouteille

3,28 €
le kg

4,25 € la boite
13 € par lot de 3

8,50 €
le kg

**a.** Sébastien achète un pot de confiture et 5 bouteilles de vin. Combien paie-t-il ?

**b.** Suzanne achète 300 g de jambon et 1,5 kg de raisin. Elle paie avec un billet de 10 €. Combien la caissière lui rend-elle ?

**c.** Marion doit acheter 3 boites de sardines. La solution la moins chère est-elle de choisir le lot ou de prendre 3 boites individuelles ?

**d.** Brandon paie 46 € pour 450 g de jambon, 2 filets d'oranges, 2 boites de sardines, 240 g de fromage, 3 bouteilles de vin et un poulet rôti. Quel est le prix du poulet rôti ?

**e.** Le supermarché fait une promotion sur le vin : « 6 bouteilles achetées, 3 gratuites. ». Calcule alors le prix de revient d'une bouteille de vin.

**2** Voici les tarifs du courrier au départ de la France métropolitaine, au 1er janvier 2017.

| Poids jusqu'à | Tarifs nets (€) *lettre prioritaire* | | |
|---|---|---|---|
| | Vers France métropolitaine | Vers zone outre-mer 1[1] | Vers zone outre-mer 2[2] |
| 20 g | 1,05 € | 1,05 € | 1,05 € |
| 100 g | 2,10 € | Tarif lettre prioritaire France métropolitaine + 0,05 € par tranche de 10 g. <u>Exemple</u> lettre prioritaire de 30 g : 2,10 €+3×0,05 € = 2,25 € | Tarif lettre prioritaire France métropolitaine + 0,11 € par tranche de 10 g. <u>Exemple</u> lettre prioritaire de 30 g : 2,10 €+3×0,11 € = 2,43 € |
| 250 g | 4,20 € | | |
| 500 g | 6,30 € | | |
| 3 kg | 8,40 € | | |

(1) Zone outre-mer 1 : Guyane, Guadeloupe, Martinique, La Réunion, Saint-Pierre-et-Miquelon, Saint-Barthélémy, Saint-Martin et Mayotte.
(2) Zone outre-mer 2 : Nouvelle-Calédonie, Polynésie française, Wallis-et-Futuna, Terres Australes et Antarctiques Françaises (T.A.A.F.)

**a.** Stéphane envoie 22 faire-part de naissance (de moins de 20 g) en France métropolitaine. Combien va-t-il payer ?

**b.** Younès envoie en France métropolitaine 4 lettres de 72 g, 3 lettres de 300 g et 4 lettres de 1,5 kg. Combien va-t-on lui rendre s'il paie avec deux billets de 50 € ?

**c.** Bonnie envoie une lettre de 120 g à sa cousine habitant à La Réunion. Combien va-t-elle payer ?

**d.** Paul envoie deux lettres : une de 850 g à sa tante de Guadeloupe, et une autre de 490 g à son parrain de Polynésie française. Pour laquelle des deux va-t-il payer le plus cher ?

# N6 Résolution de problèmes

## Fiche 1 : Résoudre des problèmes relevant de la proportionnalité (1)

**1** Dans les situations énoncées ci-dessous, les deux grandeurs sont-elles proportionnelles ?

**a.** La consommation de carburant d'une moto en fonction du nombre de kilomètres parcourus, sachant qu'elle roule à vitesse constante.

**b.** L'âge du père en fonction de l'âge du fils.

**c.** Le poids de Théo en fonction de son âge.

**d.** Le prix des pommes en fonction de leur masse, sachant que le kilogramme coute 1,50 €.

**e.** La quantité d'eau coulant d'un robinet en fonction du temps, sachant que l'eau s'écoule à vitesse constante.

**f.** Le prix d'un trajet de bus en fonction du nombre de passagers, sachant que le ticket coute 1,20 €.

**2** Les tableaux suivants sont-ils des tableaux de proportionnalité ? Justifie.

**a.**

| | | |
|---|---|---|
| 3 | 5 | 8 |
| 12 | 20 | 32 |

**b.**

| | | |
|---|---|---|
| 1,5 | 4,5 | 6 |
| 4,5 | 7,5 | 9,5 |

**a.**

**b.**

**3** Sur le graphique, on a représenté la distance parcourue par un cycliste en fonction de la durée de son trajet.

**a.** Complète le tableau à l'aide du graphique.

| Durée en min | 10 | 20 | | 35 | | | 60 |
|---|---|---|---|---|---|---|---|
| Distance en km | | | 12 | | 20 | 22 | |

**b.** Ce tableau représente-t-il une situation de proportionnalité ? Justifie puis conclus.

# Fiche 2 : Résoudre des problèmes relevant de la proportionnalité (2)

**1** Ludo boit 2 L d'eau par jour.
Combien boit-il d'eau en 4 jours ?

**2** Le film *Le Hobbit* a été tourné à 48 images par seconde.

**a.** Combien d'images compte 1 minute de film ?

**b.** Même question pour 1 heure.

**c.** Le film dure 2 h 49 min.
De combien d'images est-il constitué ?

**3** Trois beignets pèsent 315 g.
Combien pèsent neuf beignets ?

**4** Alain récolte 74 tonnes de blé sur 10 hectares.
Combien de tonnes récolte-t-il sur 5 hectares ?

**5** Complète les tableaux de proportionnalité.

**a.** $\times 7$

| | | | |
|---|---|---|---|
| 5 | 8 | 9 | |
| | | | 70 |

**b.** $\times 1{,}5$

| | | | |
|---|---|---|---|
| 4 | 7 | | 12 |
| | | 15 | |

**c.** $\times$ ....

| | | | |
|---|---|---|---|
| | 6 | 8 | 10,5 |
| 18 | | 32 | |

**d.** $\times$ ....

| | | | |
|---|---|---|---|
| 4 | 5,5 | | 7,2 |
| 2,4 | | 3,9 | |

**6** Avec 2,5 L de peinture, Luc peint 30 m².

**a.** Quelle surface peint Luc avec 8 L de peinture ?

**b.** Quelle quantité de peinture faut-il à Luc pour peindre 84 m² ?

**7** Le prix de 5 kg de girolles est de 32 €.

**a.** Combien coutent 3 kg de girolles ?

**b.** Quelle quantité de girolles peut-on acheter avec 40 € ?

**8** Une photo a une taille de 10 cm × 15 cm.
On procède à des retirages de cette photo en réduction et en agrandissement.

**a.** Complète le tableau.

| Tirage | $T_0$ | $T_1$ | $T_2$ | $T_3$ | $T_4$ | $T_5$ |
|---|---|---|---|---|---|---|
| Largeur en cm | 10 | 6 | | 30 | | 24 |
| Longueur en cm | 15 | | 30 | | 13,5 | |

**b.** Quels tirages correspondent à une réduction ?
À un agrandissement ?

**c.** Le photographe propose des photos d'identité au format 3,5 × 5. Ce format respecte-t-il les proportions de départ ? Justifie.

# Fiche 3 : Résoudre des problèmes relevant de la proportionnalité (3)

**1** Complète cette étiquette figurant sur une boite de gâteaux.

| Valeur nutritionnelle moyenne | Pour 100 g | Par gâteau (30 g) |
|---|---|---|
| Valeur énergétique | 1 770 kJ | |
| Protéines | | 1,29 g |
| Glucides<br>dont sucres | 57 g<br>28 g | |
| Lipides<br>dont saturés | | 5,7 g<br>2,58 g |
| Fibres alimentaires | 1,7 g | |
| Sodium | | 0,036 g |

**2** **Tableur**

Reproduis ce tableau qui donne les ingrédients (en grammes) pour réaliser un tiramisu aux fraises.

| | A | B | C | D | E | F |
|---|---|---|---|---|---|---|
| 1 | Nombre de personnes | 4 | 2 | 3 | 5 | 23 |
| 2 | Fraises (en g) | 500 | | | | |
| 3 | Œufs | 4 | | | | |
| 4 | Mascarpone (en g) | 250 | | | | |
| 5 | Sucre (en g) | 180 | | | | |
| 6 | Boudoirs | 12 | | | | |

**a.** Programme les cellules C2 à C6 pour qu'elles calculent les ingrédients nécessaires à la fabrication d'un tiramisu aux fraises pour 2 personnes, puis complète le tableau.

**b.** Même question pour réaliser ce tiramisu pour 3, pour 5 et pour 23 personnes aux colonnes D, E et F.

**c.** Pour combien de personnes au maximum pourra-t-on préparer ce dessert avec 2 kg de fraises, 15 œufs et les quantités nécessaires pour les autres ingrédients ?

.................................................................................

.................................................................................

.................................................................................

.................................................................................

.................................................................................

**3** **Tableur**

Pour les montagnes russes, on peut acheter des tickets à l'unité ou par lot de 7.

**TURBO SPEED**
Ticket à l'unité
3,50 €

**TURBO SPEED**
Lot de 7 tickets
20,50 €

| | A | B | C | D | E | F |
|---|---|---|---|---|---|---|
| 1 | Nombre de tickets | Prix | | Nombre de lots de 7 tickets | Nombre de tickets | Prix |
| 2 | 1 | 3,50 € | | 1 | 7 | 20,50 € |
| 3 | 2 | | | 2 | | |
| 4 | 3 | | | 3 | | |
| 5 | 4 | | | 4 | | |
| 6 | 5 | | | 5 | | |

**a.** Reproduis ce tableau, en allant jusqu'à 70 pour la colonne A, et jusqu'à 10 pour la colonne D.

Programme les cellules B3 à B71 pour qu'elles calculent le prix payé en fonction du nombre de tickets achetés.

**b.** Programme les cellules E3 à E11 pour qu'elles calculent le nombre de tickets en fonction du nombre de lots achetés.

**c.** Programme les cellules F3 à F11 pour qu'elles calculent le prix payé en fonction du nombre de lots achetés.

**d.** Compare le prix pour 70 tickets.
Quelle est l'économie réalisée ?

.................................................................................

.................................................................................

.................................................................................

.................................................................................

**e.** Léo et ses copains ont réuni 100 €. Combien de tickets au maximum peuvent-ils acheter ?

.................................................................................

.................................................................................

.................................................................................

.................................................................................

## Fiche 4 : Appliquer un pourcentage

**1** Calcule en détaillant les étapes.

**a.** 29 % de 93 = ..........................................

**b.** 35 % de 400 = ..........................................

**c.** 3 % de 5 000 = ..........................................

**d.** 87 % de 625 = ..........................................

**e.** 12 % de 500 = ..........................................

**f.** 7 % de 2 000 = ..........................................

**g.** 20 % de 720 = ..........................................

**h.** 151 % de 80 = ..........................................

**2** Calcule 12 % de chaque nombre.

**a.** 40 → ...........

**b.** 60 → ...........

**c.** 200 → ...........

**d.** 150 → ...........

**e.** 12 → ...........

**f.** 2,5 → ...........

**3** Anaïs a mangé une tablette entière de chocolat de 200 g. Sur l'emballage, elle lit 55 % de sucre. Quelle masse de sucre a-t-elle avalée ?

..........................................

..........................................

..........................................

..........................................

**4** Au collège Sissatroy, 65 % des 840 élèves sont demi-pensionnaires (DP).

**a.** Quel est le pourcentage d'élèves externes ?

..........................................

..........................................

**b.** Calcule le nombre d'élèves DP et externes.

..........................................

..........................................

..........................................

..........................................

**5** 160 élèves du collège de Pourcenty ont été admis au DNB. Voici leur répartition suivant la mention obtenue.

Admis sans mention

Admis mention AB

Admis mention B

Admis mention TB

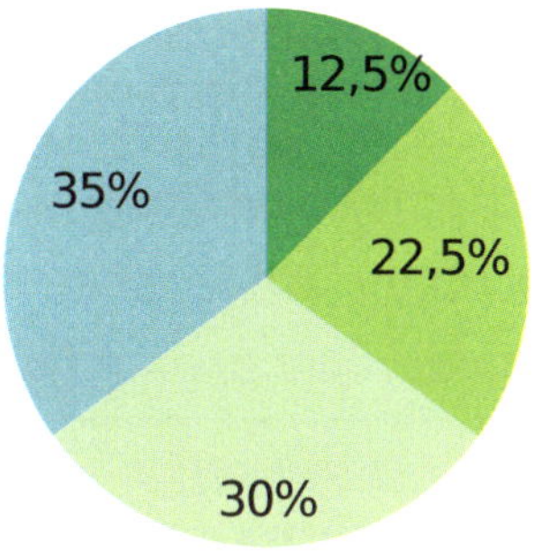


| | Pourcentage | Nombre d'élèves |
|---|---|---|
| Admis sans mention | | |
| Admis mention AB | | |
| Admis mention B | | |
| Admis mention TB | | |

**6** Une poubelle contenant des ordures ménagères d'un foyer avant tri est composée de :

- 29 % de matières biodégradables ;
- 25 % de journaux, papiers, cartons ;
- 13 % de verre ;
- 11 % de plastique ;
- 4 % de métaux ;
- 18 % autres (textile, déchets dangereux...).

Sachant que le poids des déchets ménagers par an et par habitant est estimé à 360 kg, calcule la part de chaque composant par an et par habitant.

matières biodégradables ..........................................

journaux, papiers, cartons ..........................................

verre ..........................................

plastique ..........................................

métaux ..........................................

autres ..........................................

**7** Dans un magasin de multimédia, les articles sont soldés à 15 %. Complète le tableau.

| | | | | |
|---|---|---|---|---|
| Ancien prix | 189 € | 39 € | 549 € | 79 € |
| Réduction | | | | |
| Nouveau prix | | | | |

## FICHE 5 : ORGANISER ET EXPLOITER DES DONNÉES (1)

**1** Dans les classes de 6ᵉA et 6ᵉB d'un collège, 32 élèves sont demi-pensionnaires (DP) dont 14 sont en 6ᵉB. Les 11 autres élèves de la classe sont externes, comme 9 élèves de la classe de 6ᵉA.

**a.** Complète le tableau.

| | 6ᵉA | 6ᵉB | Total |
|---|---|---|---|
| Externes | | | |
| DP | | | |
| Total | | | |

**b.** Combien y a-t-il d'élèves en 6ᵉA ?

..........................................................................................

**c.** Combien y a-t-il d'élèves externes ?

..........................................................................................

**d.** Combien y a-t-il d'élèves au total ?

..........................................................................................

**2** Ces graphiques indiquent l'ensoleillement par mois à Lille au cours des années 2016 et 2017.

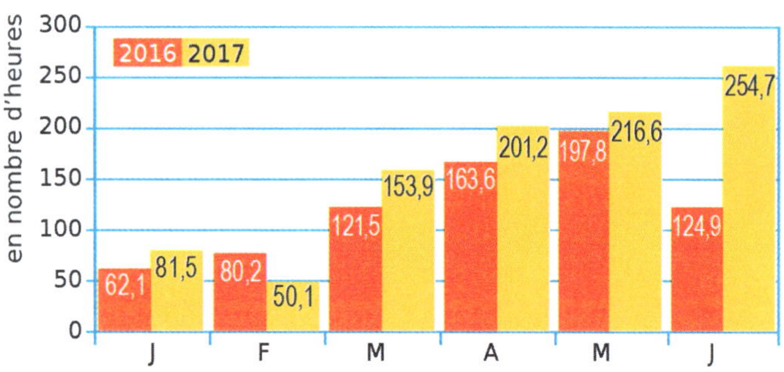


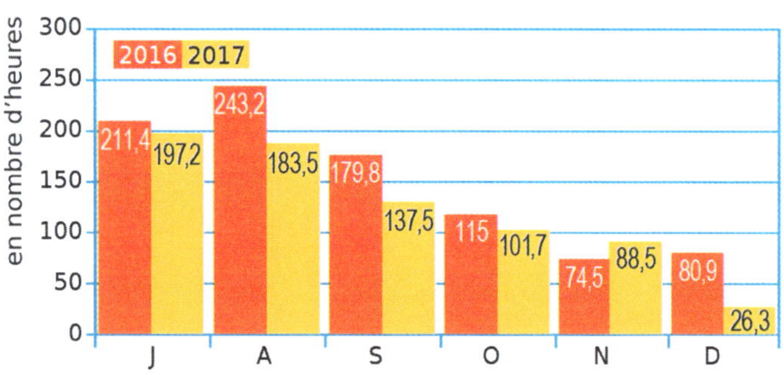


**a.** Complète le tableau en calculant le nombre d'heures d'ensoleillement.

| | 1ᵉʳ trimestre | 2ᵉ trimestre | 3ᵉ trimestre | 4ᵉ trimestre | Total annuel |
|---|---|---|---|---|---|
| 2016 | | | | | |
| 2017 | | | | | |

**b.** Que remarques-tu ?

..........................................................................................

..........................................................................................

**3** On a demandé aux élèves d'une classe le nombre de frères, puis le nombre de sœurs, qu'ils ont. Voici les résultats.

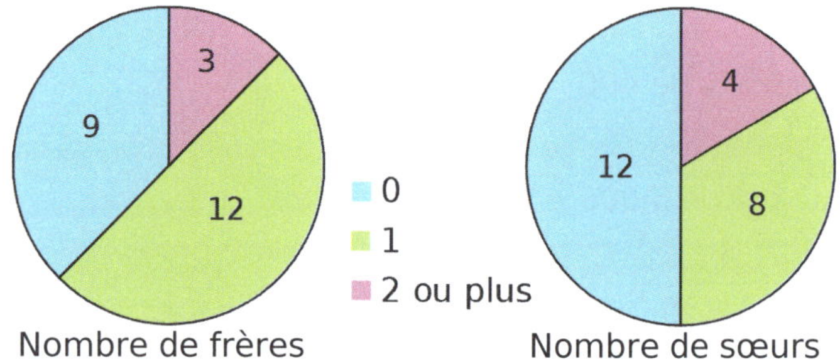

**a.** Complète le tableau 1 en indiquant le nombre d'élèves ayant *0*, *1* ou *2 ou plus* frères ou sœurs.

| **Tableau 1** | Frères | Sœurs |
|---|---|---|
| 0 | | |
| 1 | | |
| 2 ou plus | | |

**b.** Complète le tableau 2 avec le nombre d'élèves vérifiant les conditions données.

| **Tableau 2** | | Au moins un frère | |
|---|---|---|---|
| | | OUI | NON |
| Au moins une sœur | OUI | | |
| | NON | | 4 |

**c.** Pour chaque question, donne la réponse en indiquant quel tableau te permet de répondre.

Combien d'élèves...

- n'ont ni frère ni sœur ? .............. Tableau ..........
- ont un frère ? .............. Tableau ..........
- ont au moins un frère et une sœur ? .............. Tableau ..........
- ont 2 sœurs ou plus ? .............. Tableau ..........
- n'ont que des frères ? .............. Tableau ..........
- n'ont pas de sœur ? .............. Tableau ..........
- ont des frères ? .............. Tableau ..........

## Fiche 6 : Organiser et exploiter des données (2)

**1** Ce graphique donne le poids de Jérôme (en kg). Les courbes en pointillés représentent les poids minimum et maximum conseillés.

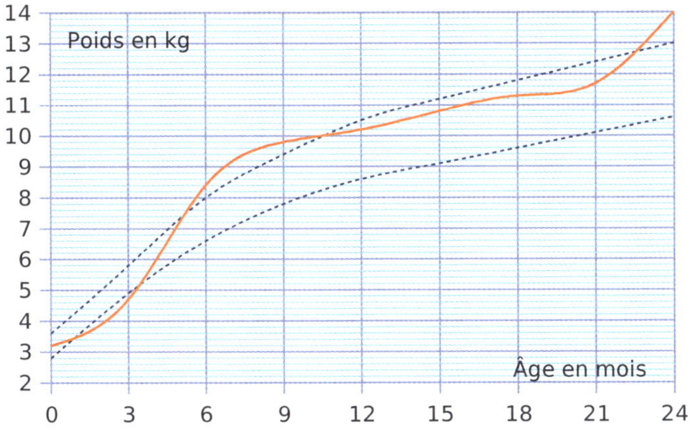


**a.** Que dire du poids de Jérôme entre 6 et 9 mois ?

……………………………………………………

……………………………………………………

**b.** Que dire du poids de Jérôme à 3 mois ?

……………………………………………………

……………………………………………………

**c.** Complète le tableau à l'aide du graphique.

| Âge en mois | 0 | 3 | 6 | 9 | 12 | 15 | 18 | 21 | 24 |
|---|---|---|---|---|---|---|---|---|---|
| Poids en kg | | | | | | | | | |

**d.** De combien de kilogrammes son poids a-t-il augmenté entre ses deux anniversaires ?

……………………………………………………

……………………………………………………

**2** Le diagramme en bâtons ci-dessous nous renseigne sur le nombre de buts marqués lors de la seconde édition de la coupe de l'Outre-Mer de football.

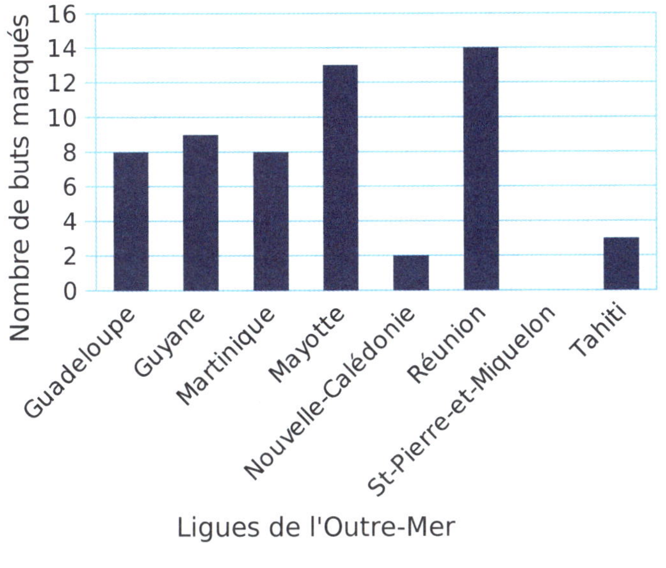


**a.** Combien de buts a marqué l'équipe de Mayotte ?

……………………………………………………

**b.** Quelle est l'équipe qui a marqué le plus de buts ?

……………………………………………………

**c.** Quelle(s) équipe(s) a(ont) marqué strictement moins de 8 buts ?

……………………………………………………

**d.** Quelle(s) équipe(s) a(ont) marqué au moins 10 buts ?

……………………………………………………

**e.** Quel est le nombre total de buts marqués lors de cette édition de la coupe de l'Outre-Mer ?

……………………………………………………

**f.** Calcule la moyenne par équipe de buts marqués lors de cette coupe de l'Outre-Mer.

……………………………………………………

**g.** **Tableur** Complète les cellules B2 à B9 dans le tableau ci-dessous, puis recopie ce tableau dans une feuille de calcul.

| | A | B |
|---|---|---|
| 1 | Ligues de l'Outre-Mer | Nbre de buts marqués |
| 2 | Guadeloupe | |
| 3 | Guyane | |
| 4 | Martinique | |
| 5 | Mayotte | |
| 6 | Nouvelle-Calédonie | |
| 7 | Réunion | |
| 8 | Saint-Pierre-et-Miquelon | |
| 9 | Tahiti | |
| 10 | TOTAL | |
| 11 | Moyenne | |

**h.** Parmi les propositions suivantes, entoure la formule que l'on doit écrire dans la cellule B10 du tableau pour retrouver le résultat du nombre total de buts marqués.

| | | |
|---|---|---|
| 8+9+8+13+2+14+0+3 | =TOTAL(B2:B9) | =SOMME(B2:B9) |

Vérifie en programmant la cellule.

**i.** Écris, dans la cellule B11 du tableau précédent, une formule donnant la moyenne des buts marqués.
Vérifie en programmant la cellule.

Quelle est cette moyenne ?

……………………………………………………

## Fiche 7 : Organiser et exploiter des données (3)

**1** Le tableau ci-dessous donne le nombre d'espèces de vertébrés menacées en Europe.

| Espèces | Gravement menacées | Menacées | Vulnérables |
|---|---|---|---|
| Mammifères | 7 | 19 | 56 |
| Oiseaux | 6 | 8 | 40 |
| Reptiles | 8 | 12 | 11 |
| Amphibiens | 2 | 1 | 7 |
| Poissons | 13 | 23 | 47 |

Complète le graphique correspondant à ces données.

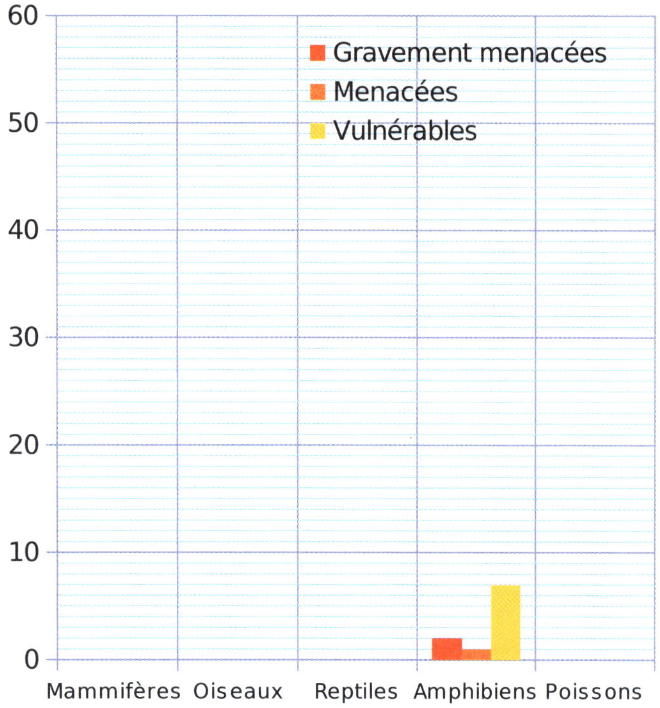


**2** **Tableur**

Les tableaux suivants donnent le nombre de livres lus en 2009 par les Français (*Source : Insee*).

| | Femmes |
|---|---|
| aucun | 34 % |
| de 1 à 5 | 29 % |
| de 6 à 11 | 19 % |
| de 12 à 24 | 10 % |
| plus de 24 | 8 % |

| | Hommes |
|---|---|
| aucun | 56 % |
| de 1 à 5 | 23 % |
| de 6 à 11 | 12 % |
| de 12 à 24 | 5 % |
| plus de 24 | 4 % |

**a.** Recopie ces tableaux dans un tableur.

**b.** Construis un diagramme circulaire pour chaque tableau (diagramme *secteur*).

**c.** Sur le diagramme des hommes, comment vois-tu rapidement qu'il y en a plus de 50 % qui ne lisent aucun livre ?

........................................................................................................

........................................................................................................

**d.** Sur le diagramme des femmes, comment vois-tu rapidement les catégories qui représentent plus d'un quart ? Donne ces catégories.

........................................................................................................

........................................................................................................

........................................................................................................

........................................................................................................

**3** À partir des cotations du Napoléon 20 Francs en décembre 2018, trace le graphique correspondant en reliant les points.

| Décembre | 3 | 4 | 5 | 6 | 7 | 10 | 11 |
|---|---|---|---|---|---|---|---|
| Cotation | 206 | 209,7 | 209,7 | 212 | 212,7 | 212,7 | 211,9 |

| Décembre | 12 | 13 | 14 | 17 | 18 | 19 | 20 |
|---|---|---|---|---|---|---|---|
| Cotation | 211,9 | 211,9 | 213,7 | 213,7 | 211,9 | 212,9 | 207,2 |

| Décembre | 21 | 24 | 26 | 27 | 28 | 31 |
|---|---|---|---|---|---|---|
| Cotation | 207,8 | 215,7 | 216,1 | 217,2 | 220,8 | 221,7 |

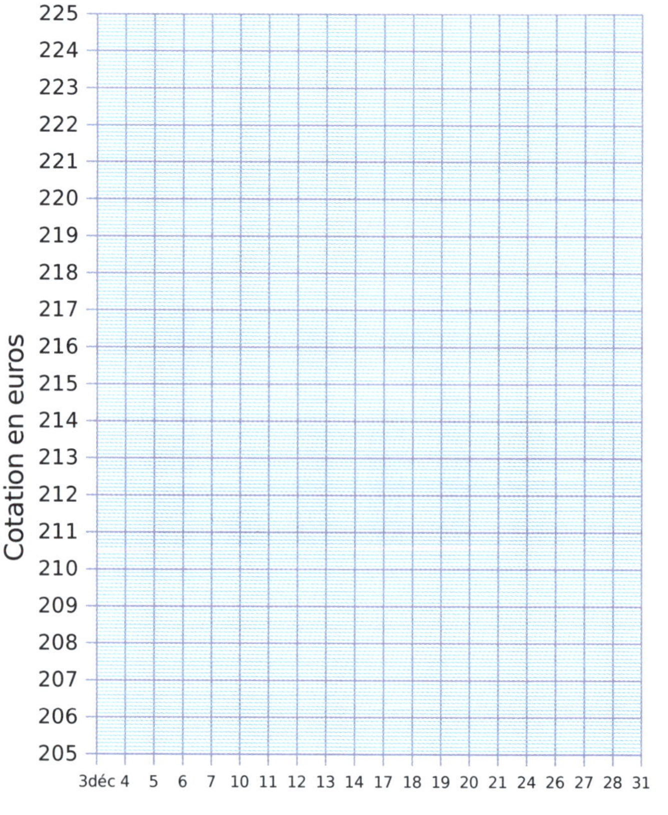

## Fiche 8 : Résoudre des problèmes thématiques (1)

**1** Le tableau et le graphique ci-dessous indiquent les données climatiques de la Guadeloupe en 2018.

| Mois | J | F | M | A | M | J | J | A | S | O | N | D | Année |
|---|---|---|---|---|---|---|---|---|---|---|---|---|---|
| Température minimale moyenne (°C) | | | | | | | | | | | | | |
| Température maximale moyenne (°C) | | | | | | | | | | | | | |
| Précipitations (mm) | 65 | 70 | 50 | 75 | 105 | 85 | 90 | 133 | 90 | 95 | 330 | 65 | |

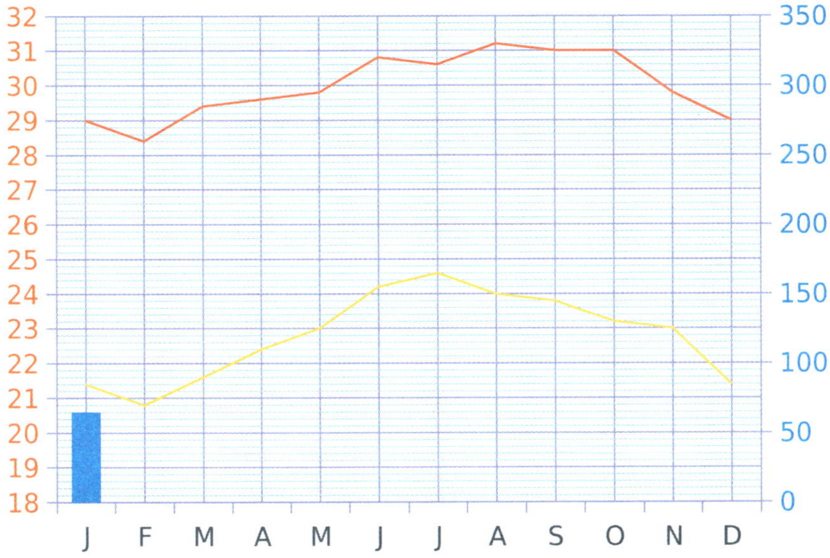


**a.** Complète le tableau (sauf la dernière colonne) en lisant les données sur le graphique.

**b.** Poursuis la construction de l'histogramme des précipitations.

**c.** Calcule la température minimale moyenne annuelle et la température maximale moyenne annuelle, puis complète le tableau.

**d.** Calcule le total des précipitations sur l'année 2018, puis complète le tableau.

Température minimale moyenne (°C)
Température maximale moyenne (°C)
Précipitations (mm)

**2** Chama et Zolan reçoivent des invités et souhaitent leur servir deux desserts antillais.

Voici la liste des ingrédients nécessaires pour réaliser chacun de ces plats.

**a.** Indique la quantité des ingrédients nécessaires pour réaliser chaque recette pour 36 personnes.

............................................................

............................................................

............................................................

............................................................

............................................................

En cuisine, ils constatent qu'ils ont tout, sauf les fruits : ils n'ont que 4 ananas et 14 mangues.

**b.** Pour combien de personnes pourront-ils réaliser chaque recette ?

............................................................

............................................................

............................................................

**c.** Indique alors la quantité de sucre nécessaire pour réaliser ces deux desserts.

............................................................

............................................................

............................................................

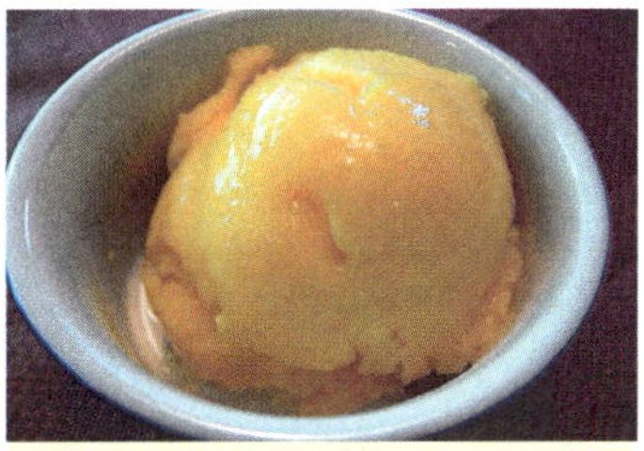

**SORBET à la MANGUE**
*pour 4 personnes*
2 mangues mures
¼ L d'eau
250 g de sucre
le jus d'½ citron vert

**MOUSSE à L'ANANAS**
*pour 6 personnes*
1 ananas
3 œufs
100 g de sucre
50 g de farine

## Fiche 9 : Résoudre des problèmes thématiques (2)

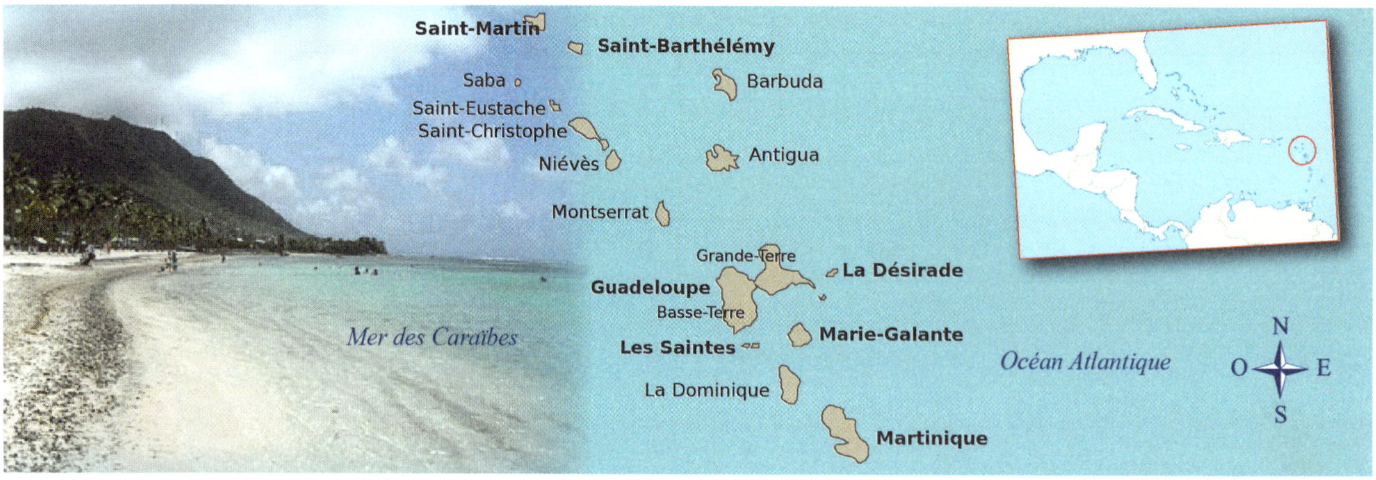


**1** Les **Antilles françaises** sont composées de plusieurs iles qui ont les caractéristiques suivantes.

| Ile | Nom caraïbe | Population | Superficie | Densité |
|---|---|---|---|---|
| **Basse-Terre** | Calaoucaëra | 187 782 | 848 | |
| **La Désirade** | Oüaliri | 1 587 | 23 | |
| **Grande-Terre** | Couchâalaoüa | 197 681 | 587 | |
| **Marie-Galante** | Aïchi | 11 872 | 158 | |
| **Martinique** | Jouanacaëra | 397 693 | 1 128 | |
| **Saint-Barthélemy** | Oüanalao | 8 673 | 25 | |
| **Les Saintes** | Caaroucaëra | 2 862 | 13 | |
| **Saint-Martin** | Oüalichi | 36 661 | 53 | |

**a.** Range ces iles dans l'ordre croissant de leur population.

**b.** Range ces iles dans l'ordre décroissant de leur superficie.

**c.** Complète la colonne *Densité* en arrondissant à l'unité.

**d.** Range ces iles dans l'ordre croissant de leur densité.

**2** La **montagne Pelée** est un volcan actif situé dans le Nord de la Martinique. Elle est notamment connue pour son éruption de 1902 qui a détruit la ville de Saint-Pierre située à ses pieds, et tué près de 30 000 personnes.

Depuis l'implantation des colons en 1635, cinq éruptions ont été observées :

① Éruption magmatique : peu avant 1635
② Éruption phréatique : 1792
③ Éruption phréatique : 1851-1852 (avec un pic d'activité le 5 aout 1851)
④ Éruption péléenne : 1902-1905 (avec l'éruption majeure du 8 mai 1902)
⑤ Éruption magmatique : 1929-1932 (avec un pic d'activité le 18 octobre 1929)

**a.** Calcule le nombre d'années écoulées entre chaque éruption.

**b.** Sur un axe gradué de 1600 à 2000, place chacune de ces éruptions majeures en prenant 5 cm pour 1 siècle.

**c.** Tu pourras effectuer des recherches supplémentaires sur l'éruption de 1902.

*Photographie de l'éruption de la montagne Pelée par Angelo Heilprin, 1902*

## Fiche 10 : Résoudre des problèmes thématiques (3)

**1** Zolan prend sa tension matin et soir pendant une semaine : il mesure ainsi sa pression artérielle. Les résultats, qu'il reporte dans le tableau ci-dessous, sont constitués de deux chiffres :

- le premier exprime la pression systolique (en mmHg) :
  c'est la pression maximale du sang, mesurée quand le cœur se contracte.
- le second exprime la pression diastolique (en mmHg) :
  c'est la pression minimale du sang, mesurée quand le cœur se relâche.

Zolan mesure également son pouls (en battements par minute).

| DATE | MATIN | | | SOIR | | |
|---|---|---|---|---|---|---|
| | Systolique | Diastolique | Pouls | Systolique | Diastolique | Pouls |
| lundi | 80 | 120 | 70 | 85 | 125 | 72 |
| mardi | 98 | 130 | 78 | 92 | 135 | 80 |
| mercredi | 88 | 125 | 74 | 82 | 130 | 86 |
| jeudi | 84 | 134 | 78 | 98 | 144 | 70 |
| vendredi | 88 | 140 | 72 | 83 | 138 | 78 |
| samedi | 78 | 128 | 80 | 80 | 118 | 74 |
| dimanche | 82 | 124 | 78 | 86 | 133 | 80 |
| Moyenne | | | | | | |

**a.** Complète le tableau de Zolan, en calculant les moyennes de chaque donnée (arrondies à l'unité pour la pression artérielle, et au dixième pour le pouls).

**b.** Trace ci-dessous le diagramme cartésien de la valeur du pouls, en battements par minute.

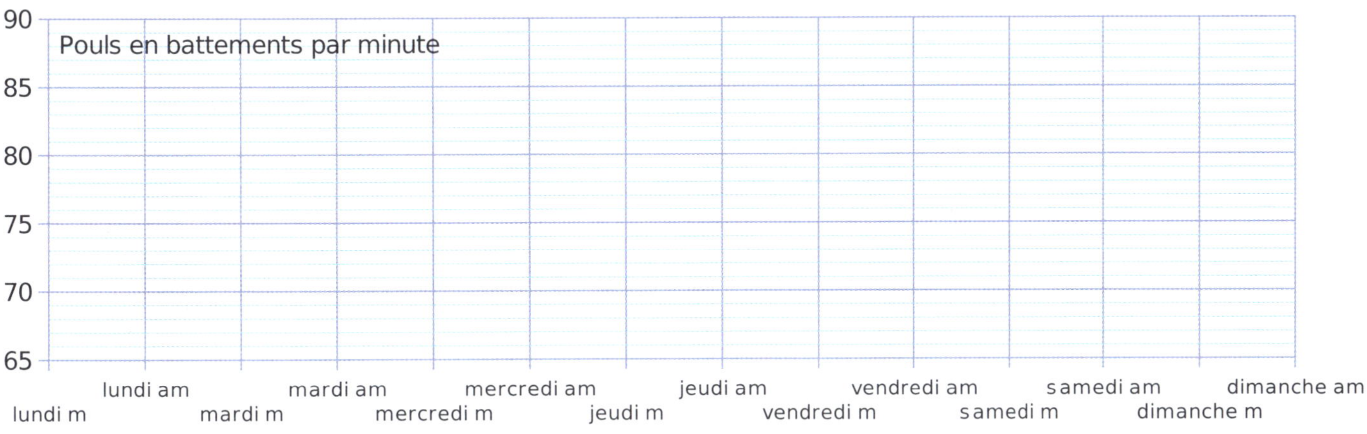


**2** La petite Ruby, pesant 8 kg, a de la fièvre. Pour la faire baisser, ses parents hésitent entre deux médicaments : l'ibuprofène ou le paracétamol.

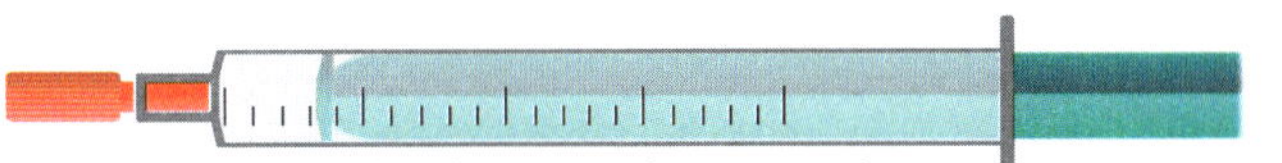

*Posologie : 4 prises par jour*

Chaque médicament se distribue à l'aide d'une pipette, graduée selon le poids de l'enfant (en kg).

- Ibuprofène : 1 graduation de 1 kg correspond à 0,375 mL de suspension buvable ;
- Paracétamol : 1 graduation de 1 kg correspond à 0,625 mL de suspension buvable.

**a.** Combien de millilitres de suspension contient une prise de chaque médicament pour Ruby ?

.......................................................................................................

.......................................................................................................

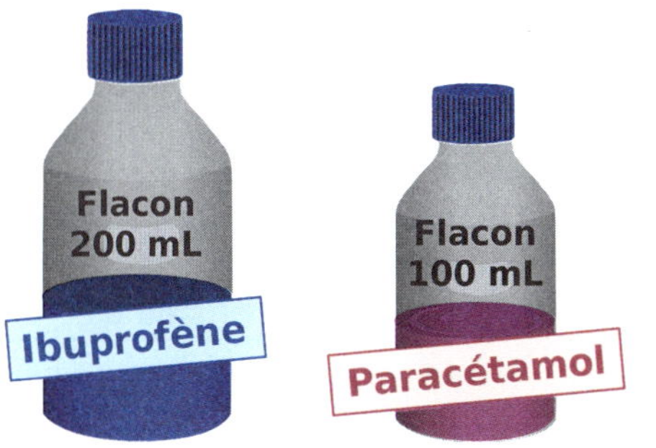


**b.** Quelle quantité d'ibuprofène est nécessaire pour soigner Ruby pendant 4 jours ? Même question avec le paracétamol.

.......................................................................................................

.......................................................................................................

**c.** Combien de jours peut-on traiter Ruby au paracétamol avec un flacon plein ?

.......................................................................................................

## Fiche 11 : Résoudre des problèmes thématiques (4)

**1** **Tableur** Le tableau ci-dessous indique le chiffre d'affaires du marché des **jeux vidéo physiques**, selon la nationalité et le support de lecture, en millions d'euros (M€).

*Source : CNC-GfK*

| | A | B | C | D | E | F | G |
|---|---|---|---|---|---|---|---|
| 1 | | 2012 | 2013 | 2014 | 2015 | 2016 | 2017 |
| 2 | **Total pour les jeux français** | | | | | | |
| 3 | Jeux français pour console de salon | 59,0 | 42,0 | 29,8 | 26,0 | 35,4 | 61,9 |
| 4 | Jeux français pour console portable | 5,5 | 3,3 | 2,2 | 1,6 | 0,8 | 0,6 |
| 5 | Jeux français pour ordinateur | 3,1 | 2,0 | 1,5 | 1,5 | 1,6 | 0,7 |
| 6 | **Total pour les jeux étrangers** | | | | | | |
| 7 | Jeux étrangers pour console de salon | 723,3 | 688,2 | 613,9 | 644,9 | 580,7 | 491,1 |
| 8 | Jeux étrangers pour console portable | 200,0 | 205,4 | 174,7 | 130,8 | 136,9 | 98,6 |
| 9 | Jeux étrangers pour ordinateur | 110,1 | 73,2 | 61,0 | 48,6 | 37,2 | 19,5 |
| 10 | **Total** | | | | | | |

**a.** Recopie ce tableau dans un tableur.

**b.** Complète la ligne 2 en programmant les cellules.

**c.** Complète de la même façon la ligne 6, puis la ligne 10.

**d.** Combien ont rapporté...

- les jeux vidéo français en 2015 ?
- les jeux vidéo étrangers en 2012 ?
- les jeux vidéo de toutes nationalités en 2017 ?

**2** *Les principaux réseaux sociaux*

À partir des informations données ci-dessous, complète le tableau.

| **Nombre d'utilisateurs en France *novembre 2014*** | | |
|---|---|---|
| **Facebook** 26 millions | **Twitter** 6,8 millions | **Instagram** 4 millions |
| **YouTube** 24 millions | **LinkedIn** 7,7 millions | **Pinterest** 1,9 millions |
| **Google+** 5,3 millions | **Snapchat** 3,2 millions | **Viadeo** 4,4 millions |

| **Nombre d'utilisateurs dans le Monde *novembre 2014*** | | |
|---|---|---|
| **Facebook** 1,35 milliard | **Twitter** 284 millions | **Instagram** 200 millions |
| **YouTube** 1 milliard | **LinkedIn** 90 millions | **Pinterest** 60 millions |
| **Google+** 300 millions | **Snapchat** 60 millions | **Viadeo** 60 millions |

| **Nombre d'utilisateurs en France *mars 2015*** | | |
|---|---|---|
| **Facebook** 27 millions | **Twitter** 6,6 millions | **Instagram** 5 millions |
| **YouTube** 22 millions | **LinkedIn** 6 millions | **Pinterest** 2,7 millions |
| **Google+** 10 millions | **Snapchat** 5,3 millions | **Viadeo** 3,5 millions |

| **Nombre d'utilisateurs dans le Monde *mars 2015*** | | |
|---|---|---|
| **Facebook** 1,39 milliard | **Twitter** 288 millions | **Instagram** 300 millions |
| **YouTube** 1 milliard | **LinkedIn** 93 millions | **Pinterest** 60 millions |
| **Google+** 300 millions | **Snapchat** 100 millions | **Viadeo** 65 millions |

| **Nombre d'utilisateurs de...** | | Facebook | Google+ | Instagram | LinkedIn | Pinterest | Snapchat | Twitter | Viadeo | YouTube |
|---|---|---|---|---|---|---|---|---|---|---|
| novembre 2014 | en France | | | | | | | | | |
| | dans le Monde | | | | | | | | | |
| mars 2015 | en France | | | | | | | | | |
| | dans le Monde | | | | | | | | | |

# Éléments de géométrie

# G1

## Fiche 1 : Utiliser le vocabulaire de la géométrie

**1** Complète les phrases à l'aide de la figure.

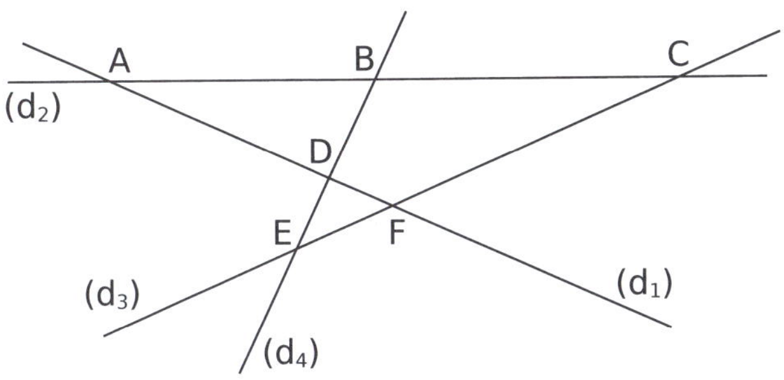


**a.** Les droites $(d_1)$ et $(d_2)$ se coupent en ..... .

**b.** Le point d'intersection de $(d_1)$ et $(d_3)$ est ..... .

**c.** C est le point d'intersection de ........ et ........ .

**d.** Le point B est à l'intersection de ........ et ....... .

**e.** D est ..........................................................................

..........................................................................................

**2** Complète la figure ou la consigne, à l'aide des phrases ci-dessous.

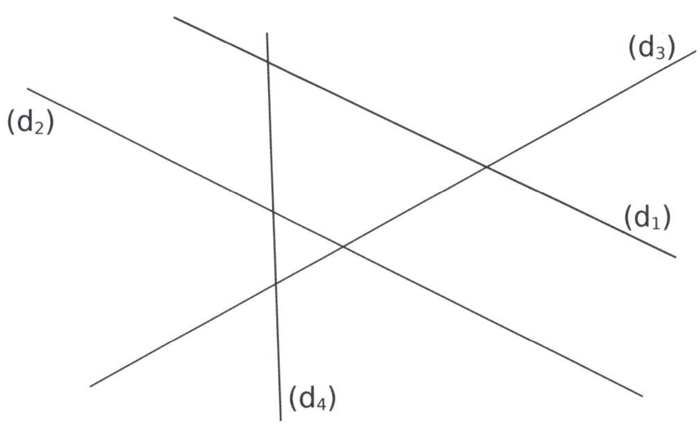


**a.** A est le point d'intersection de $(d_2)$ et $(d_4)$.

**b.** $(d_1)$ et $(d_3)$ sont sécantes en T.

**c.** Le point d'intersection de $(d_3)$ et $(d_4)$ est H.

**d.** M est le point d'intersection de $(d_4)$ et de $(d_1)$.

**e.** Le seul point d'intersection qui n'est pas nommé est celui de ......... et .......... .

**3** Voici une carte de la Guyane.

**a.** Les villes et monts ci-dessous sont-ils alignés ? Réponds par « Oui » ou « Non ».

- Saint-Jean, Saül et le Mont Itoupé ...........
- Apatou, Saint-Élie et Kaw ...........
- Anapaike, Saint-Élie et Sinnamary ...........
- Ouanary, Camopi et le Mont Saint-Marcel ...........

**b.** Quelles sont les villes alignées avec Mana et le Massif Decou Decou ?

..........................................................................................

..........................................................................................

**c.** En quelle ville se coupent la droite passant par les Monts Itoupé et Saint-Marcel, et celle passant par le Massif Decou Decou et Montsinéry ?

..........................................................................................

## Fiche 2 : Reproduire des figures dans un quadrillage

**1** Complète les quatre carrés formés des quatre pièces de ce puzzle, à partir de la pièce déjà placée.

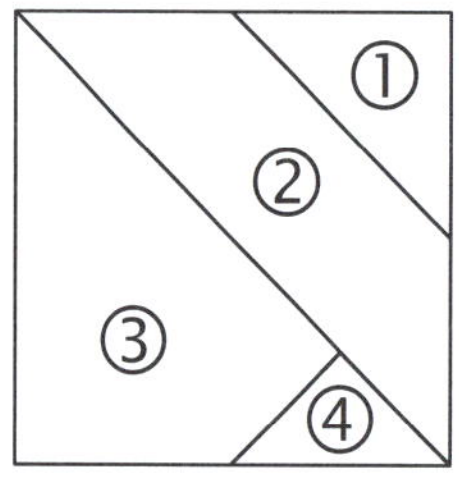


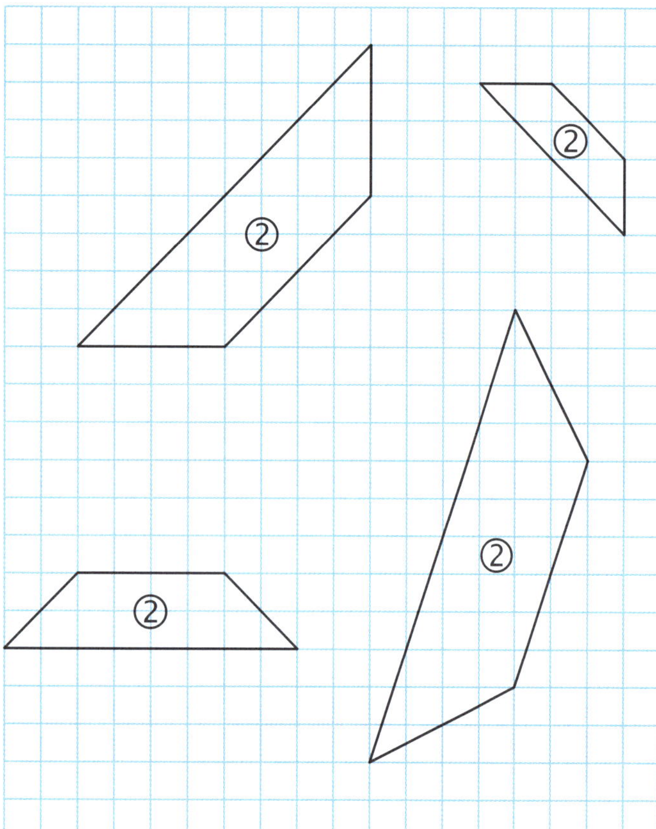


**2** En te repérant sur le premier quadrillage, dessine cette tête sur les autres réseaux.

**3** Reproduis ce motif dans le quadrillage ci-dessous, en doublant les longueurs.

**4** Poursuis chaque frise en reproduisant le motif.

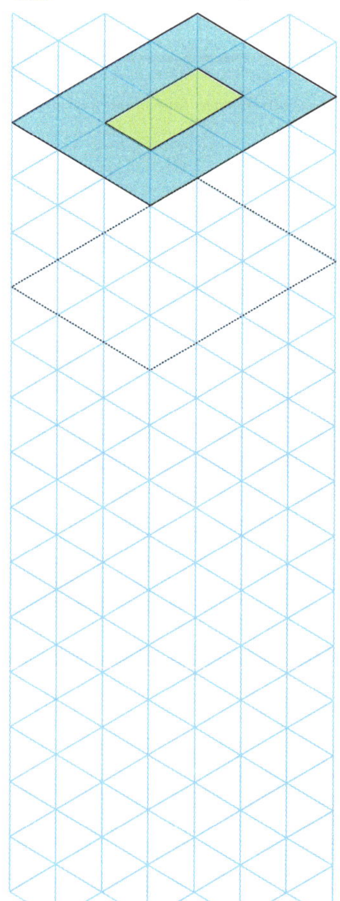

## Fiche 3 : Construire et reproduire des figures (1)

**1** *Théorème de Pappus*

**a.** Place 3 points distincts A, B et C, alignés dans cet ordre sur la droite (d), et 3 points distincts A', B' et C', alignés dans le même ordre sur la droite (d'). Construis les points d'intersection...

- J de [AB'] et [A'B] ;
- K de [AC'] et [A'C] ;
- L de [BC'] et [B'C].

**b.** Que remarques-tu ?

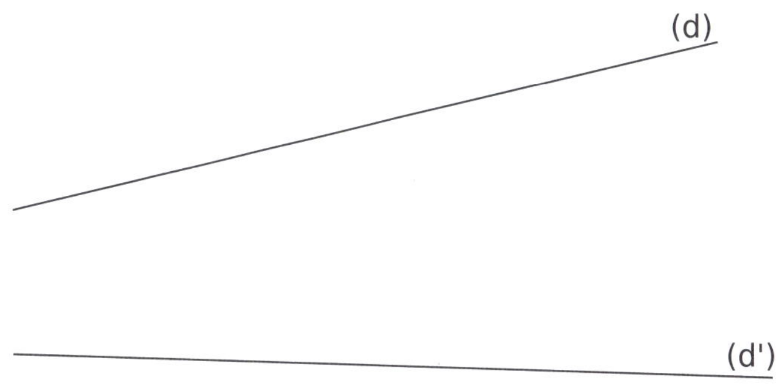


.................................................................................................

**2** Reproduis chaque figure ci-dessous à partir du rectangle et du carré correspondants, puis colorie.

**a.**

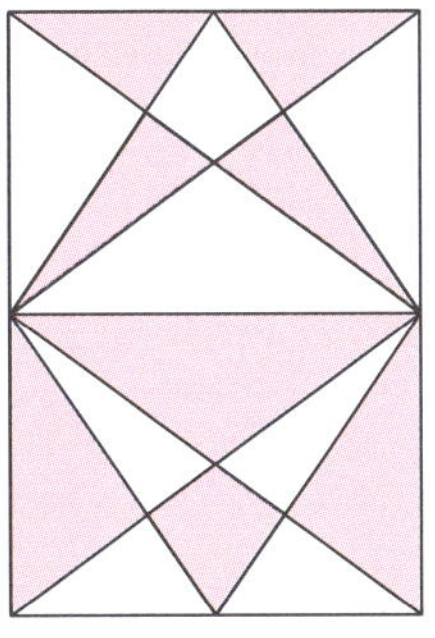

**b.**

**3** Joins le point 1 au point 2, le point 2 au point 4, le point 3 au point 6 (on double le numéro), etc. Recommence avec les numéros bleus.

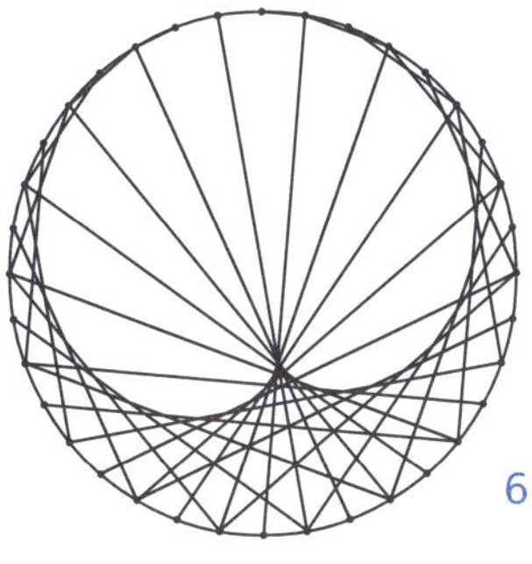

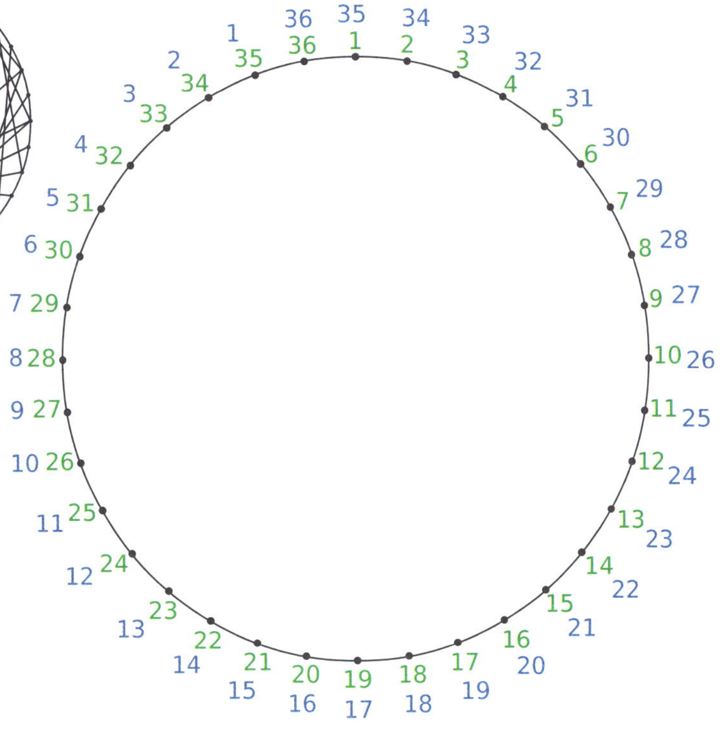


**4** **Géométrie Dynamique**

Reproduis la première figure, puis complète-la comme la deuxième.

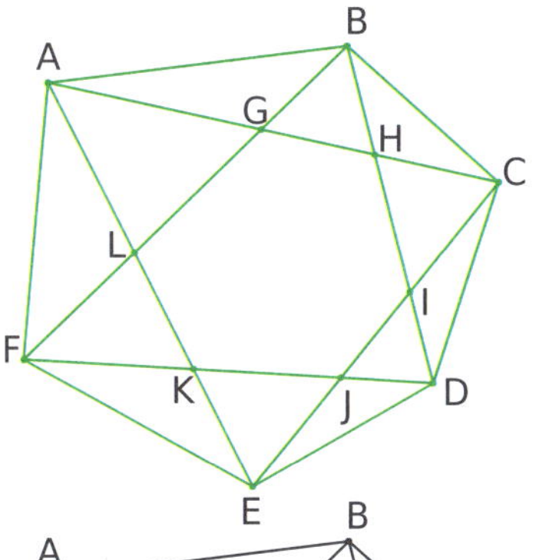


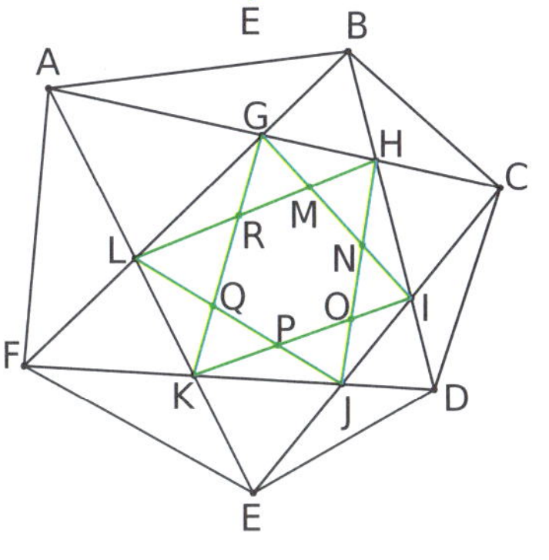

**1** Reproduis cette figure formée de lettres en perspective, dans un quadrillage.

**2** Reproduis chaque figure ci-dessous, sur papier Seyès, puis colorie à ta convenance.

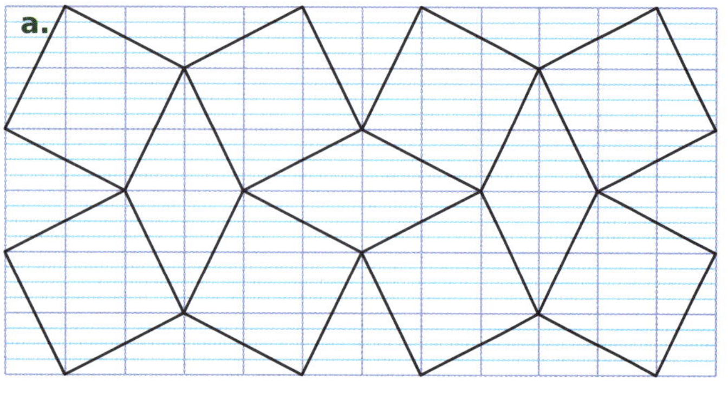


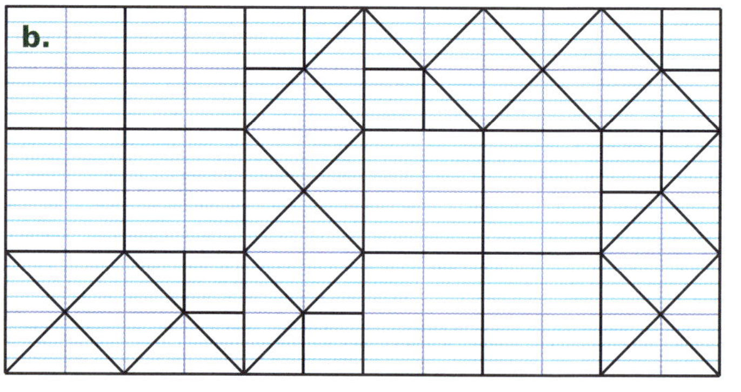


**3** **Géométrie Dynamique**

- Trace un carré ABCD (polygone régulier).
- Place un point E sur le segment [BC].
- Trace le carré EBFG à l'extérieur du premier carré.
- Trace les segments [AG] et [DF].
- Nomme H leur point d'intersection.
- Déplace le point E sur le segment [BC] et observe une particularité de cette figure.

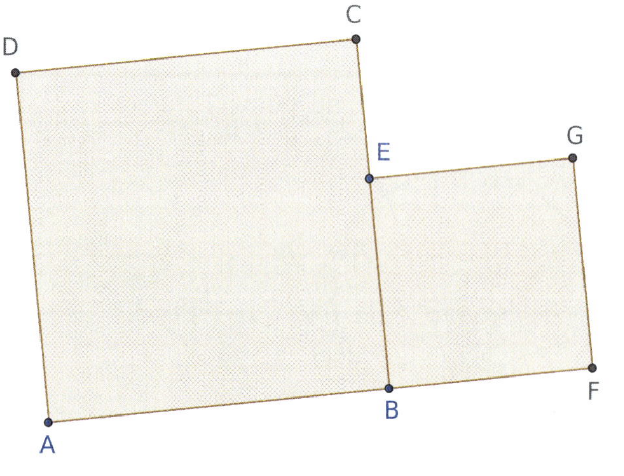


**4** **Géométrie Dynamique**

- Trace trois droites sécantes en S : (AS), (BS) et (CS).
- Trace le triangle ABC.
- Place un point D sur le segment [AS], un point E sur le segment [BS], et un point F sur le segment [CS].
- Trace le triangle DEF.
- Construis le point G intersection des droites (AB) et (DE), le point H intersection des droites (BC) et (EF) et le point I, intersection des droites (AC) et (DF).
- Déplace des points de la figure.

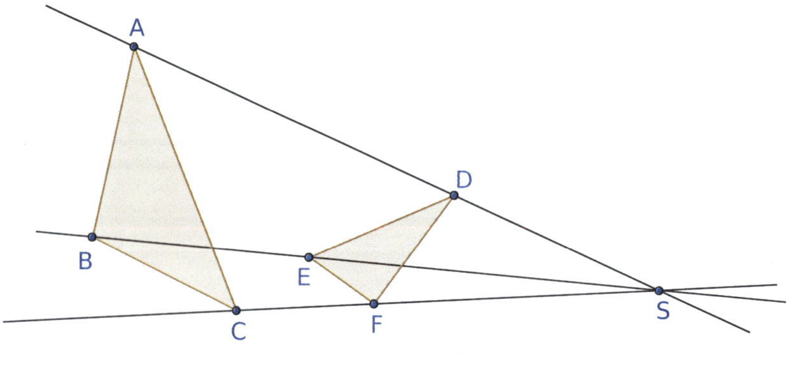


Que dire des points G, H et I ?

.................................................................................................

# Distances et cercles

# G2

## Fiche 1 : Construire le milieu d'un segment

**1** Construis le milieu de chaque segment, sans utiliser d'instrument de mesure, puis code les longueurs égales.

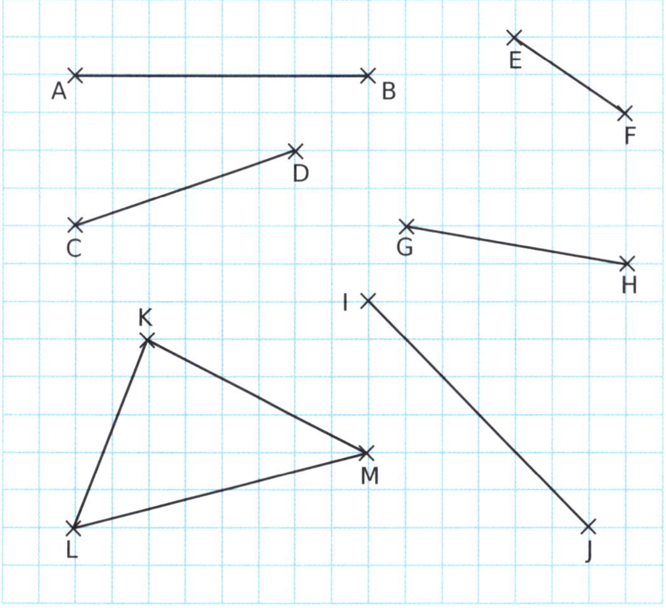


**2** *Longueurs et milieux*

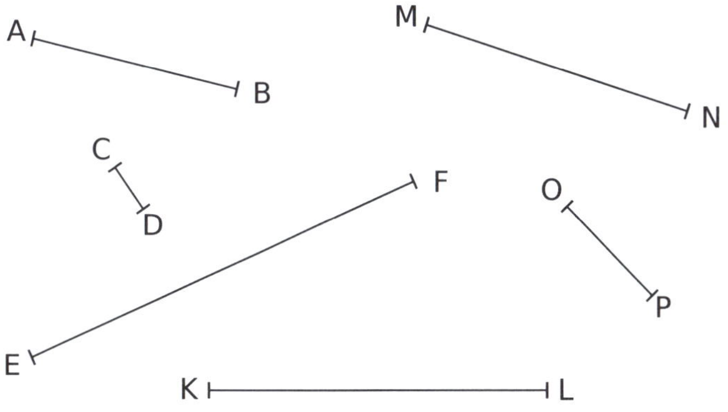


**a.** Mesure les segments ci-dessus.

| | |
|---|---|
| AB = ......... cm | ......... = ......... cm |
| CD = ......... cm | ......... = ......... cm |
| ......... = ......... cm | ......... = ......... cm |

**b.** Construis le milieu de chaque segment et code les longueurs égales.

**3** **Géométrie Dynamique**

Reproduis cette figure à partir d'un quadrilatère ABCD, sachant que E, F, G, H, I, J, K et L sont des milieux.

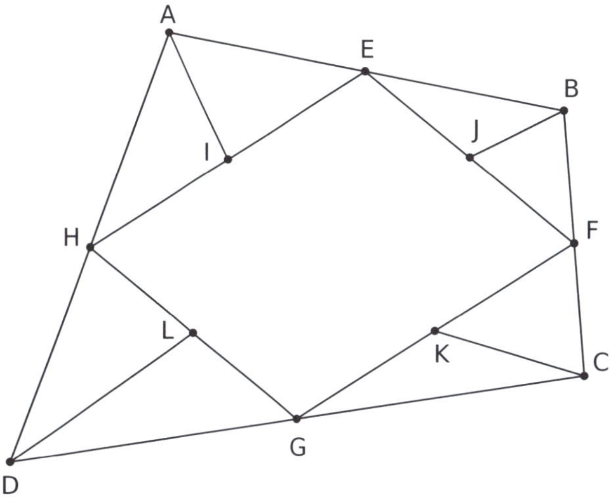


**4** Observe bien cette figure. Reproduis-la dans le carré ci-dessous (des traits utiles à la construction ont été effacés). Puis colorie.

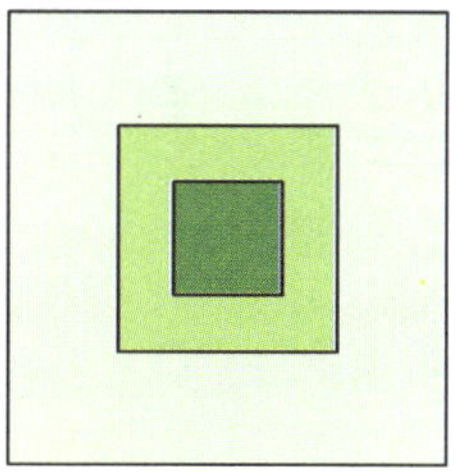

## Fiche 2 : Utiliser le vocabulaire du cercle

### 1 *Vocabulaire*

**a.** Complète les phrases suivantes en utilisant les mots :

cercle | corde | rayon | centre | diamètre | milieu

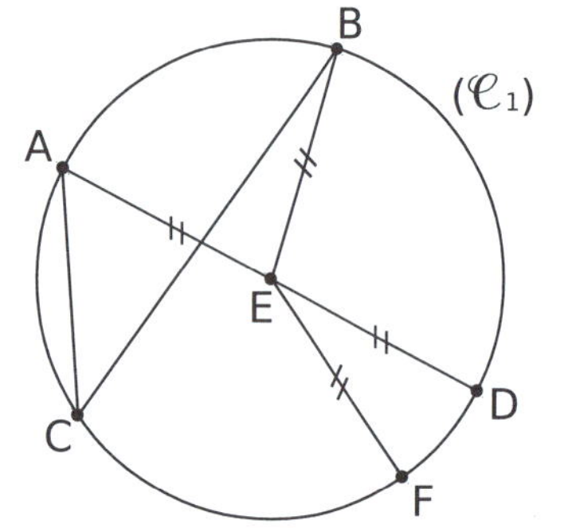


- Le .................... ($\mathscr{C}_1$) de .................... E passe par les points A, B, C, D et F.
- Le segment [EF] est un ...................... de ce cercle.
- Le segment [AC] est une ...................... de ce cercle.
- E est le .......................... du .......................... [AD].

**b.** Écris trois phrases similaires, en utilisant les mots de la liste précédente et les lettres de la figure.

..........................................................................................

..........................................................................................

..........................................................................................

### 2 Complète par Vrai (V) ou Faux (F).

Les points M, N et O sont les centres respectifs des cercles ($\mathscr{C}_1$), ($\mathscr{C}_2$) et ($\mathscr{C}_3$).

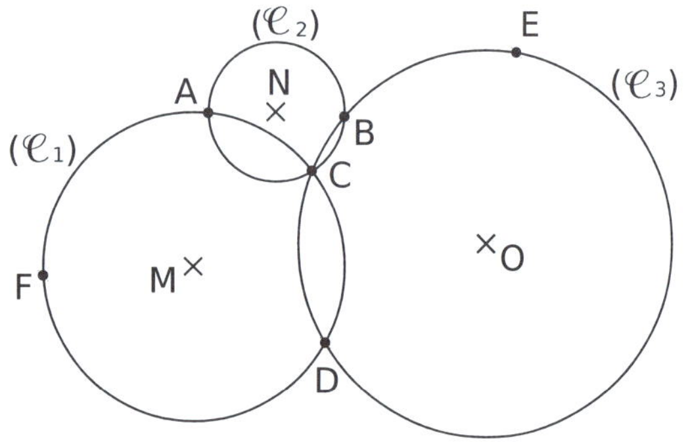


**a.** [AC] est un diamètre du cercle ($\mathscr{C}_2$). ........

**b.** A et C sont les points d'intersection des cercles ($\mathscr{C}_1$) et ($\mathscr{C}_2$). ........

**c.** [CD] est une corde de deux cercles. ........

**d.** EO = OD ........

**e.** MC est le rayon du cercle ($\mathscr{C}_1$). ........

**f.** Le cercle ($\mathscr{C}_2$) passe par les points A, B et C. ........

### 3 Complète chaque phrase.

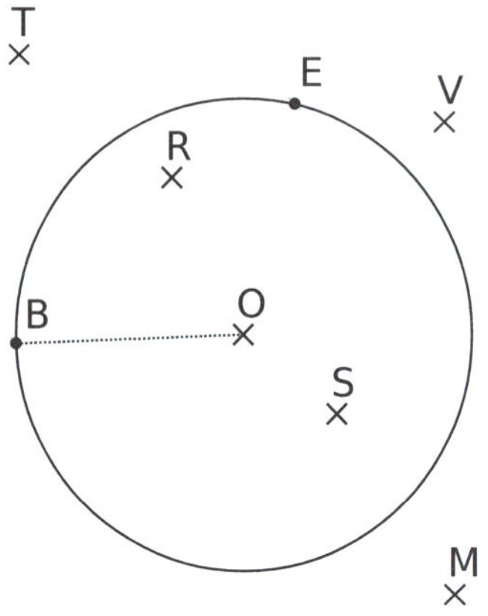


**a.** Les points .............. appartiennent au cercle de centre O et de rayon [OB].

**b.** Les points .............. appartiennent au disque de centre O et de rayon [OB].

**c.** Les points .............. n'appartiennent ni au disque ni au cercle de centre O et de rayon [OB].

### 4 Voici le logo d'une télévision russe. Mesure le diamètre de chacun des sept cercles, du plus petit au plus grand, puis complète le tableau en calculant le rayon correspondant.

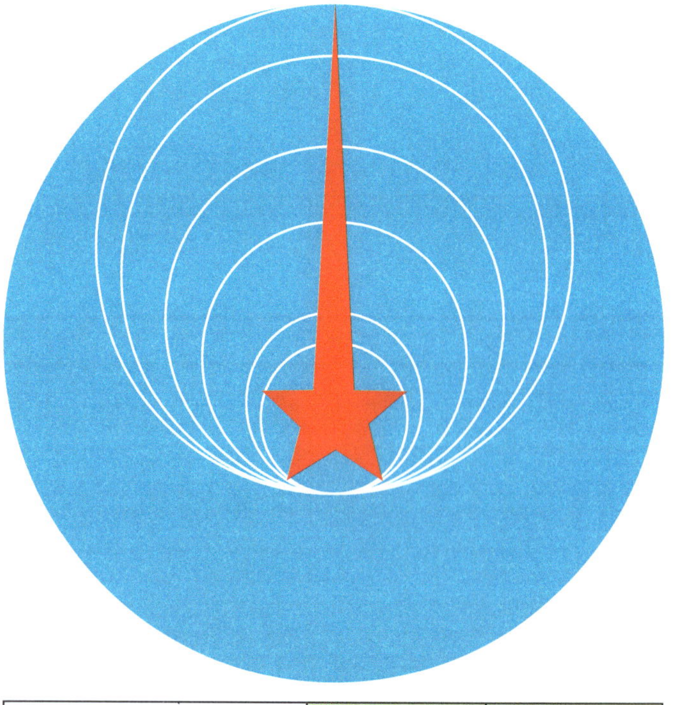

| | diamètre | rayon |
|---|---|---|
| 1er cercle | | |
| 2e cercle | | |
| 3e cercle | | |
| 4e cercle | | |
| 5e cercle | | |
| 6e cercle | | |
| grand cercle bleu | | |

## FICHE 3 : ELABORER DES PROGRAMMES DE CONSTRUCTION

**1** Écris un programme de construction pour chaque figure.

**a.**

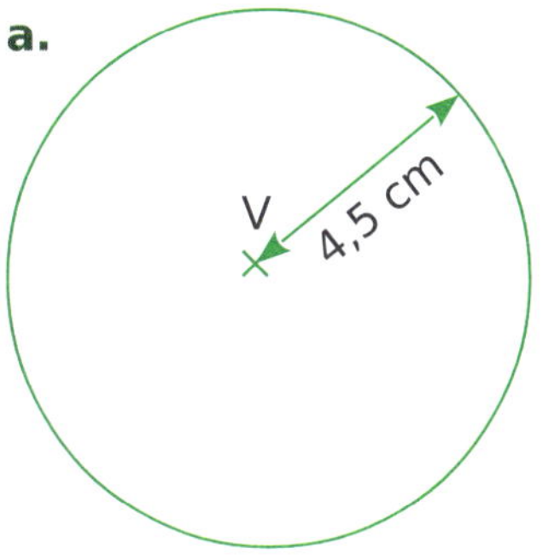


**b.**

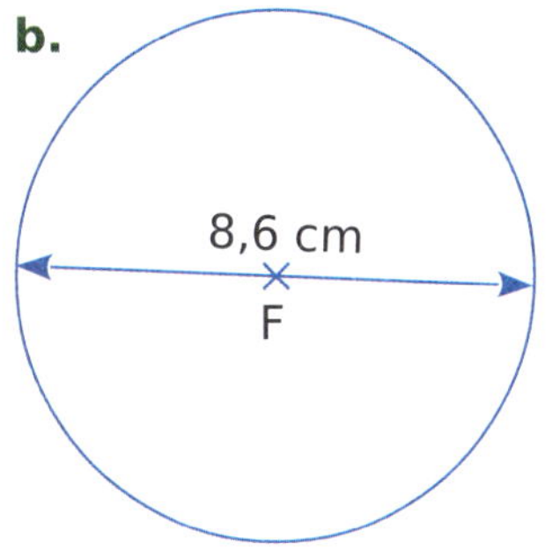


**c.**

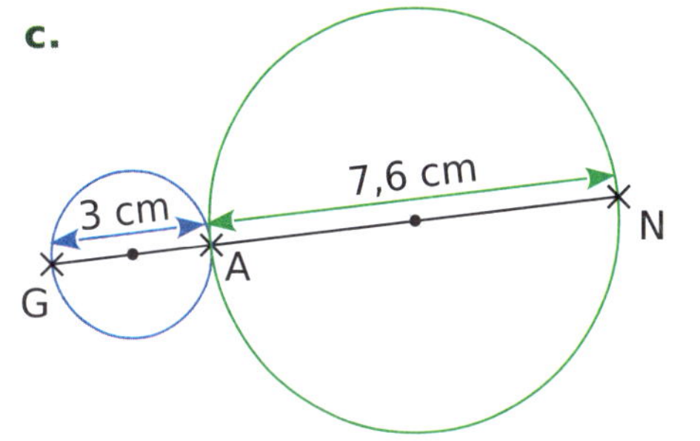


**a.** ..........

**b.** ..........

**c.** ..........

..........

..........

**2** Poursuis le programme de construction de la figure ci-contre.

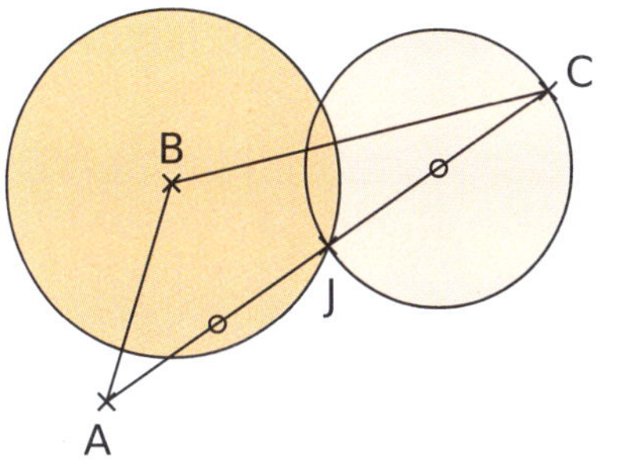


Construis un triangle ABC. ..........

..........

..........

..........

**3** Décris chaque étape de ce programme de construction sachant que CARE est un carré de côté 4 cm.

Étape 1

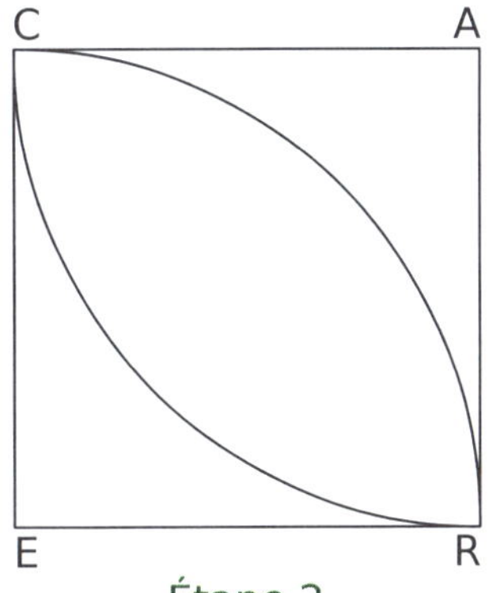


Étape 2

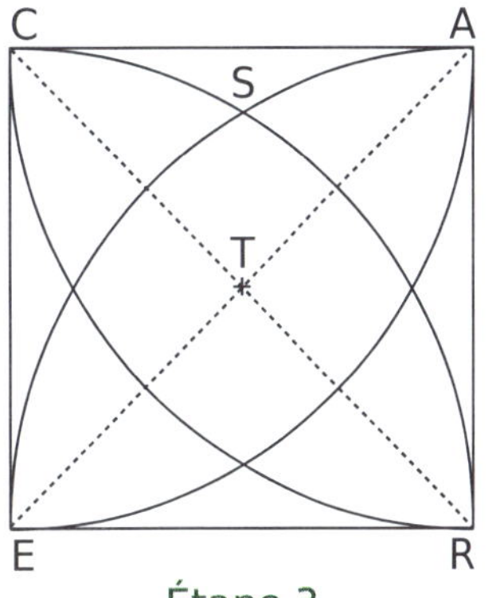


Étape 3

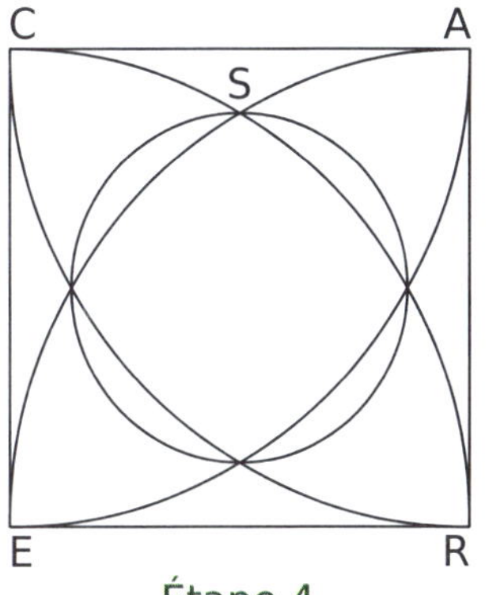


Étape 4

Étape 1 : ..........

..........

Étape 2 : ..........

..........

Étape 3 : ..........

..........

..........

Étape 4 : ..........

# FICHE 4 : CONSTRUIRE DES CERCLES (1)

**1** Poursuis chacune des frises ci-dessous, en reproduisant le motif.

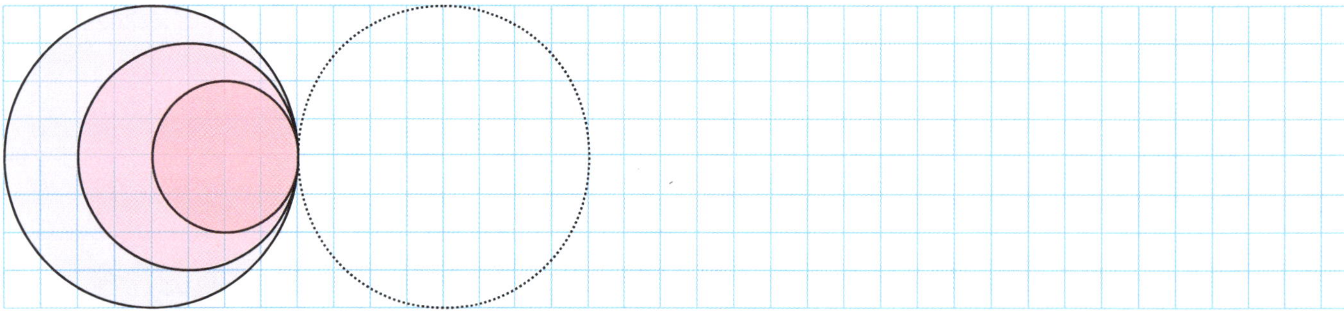

**2** Reproduis cette figure dans le quadrillage.

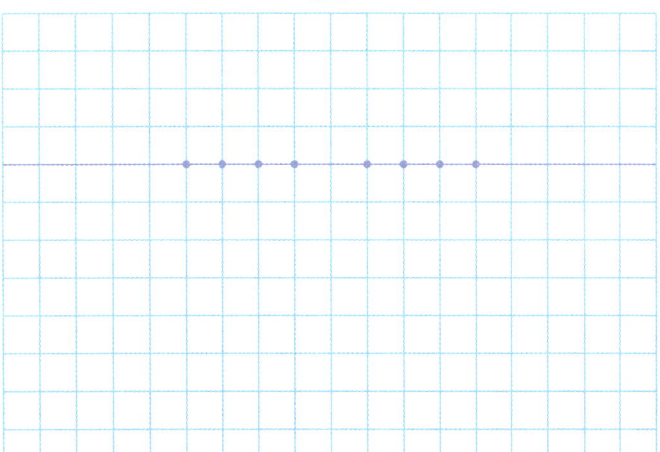

**3** Les figures ci-dessous ne sont constituées que de quarts, de demis et de trois-quarts de cercle. Reproduis-les sur les quadrillages ci-contre, en doublant le nombre de carreaux.

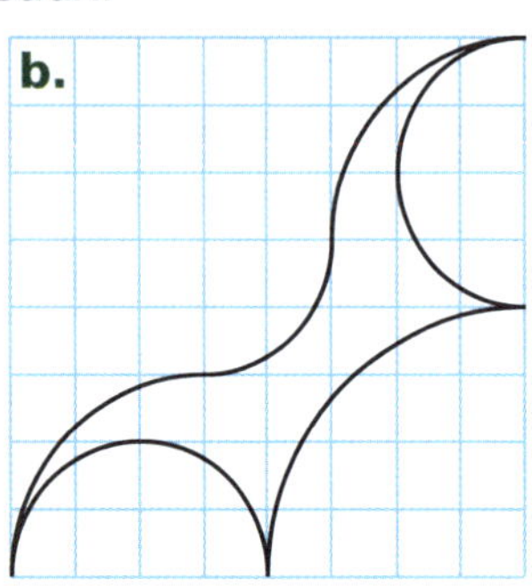


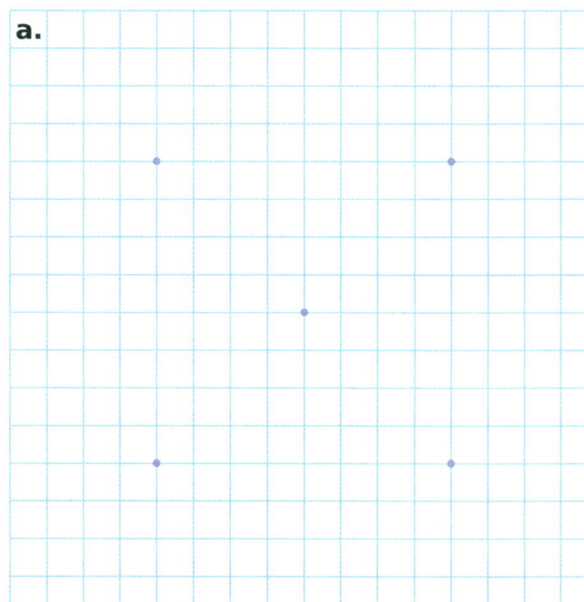


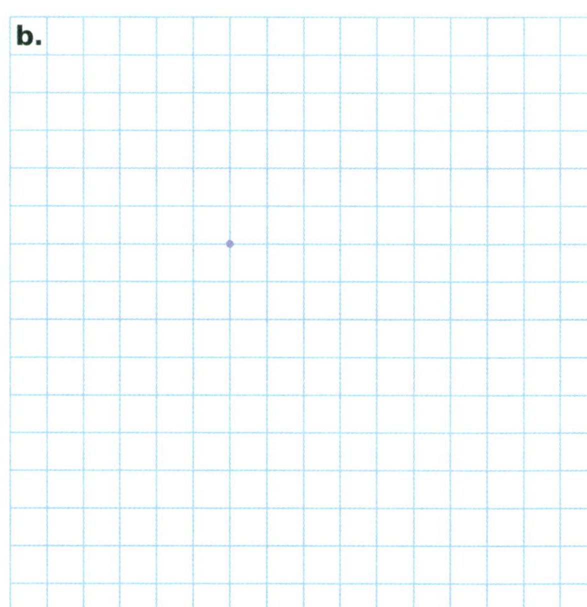

## Fiche 5 : Construire des cercles (2)

**1** Sur la figure ci-contre, trace...

- **en bleu**, le cercle de centre A et de rayon 2 cm ;
- **en rouge**, le cercle de centre K et de rayon [KB] ;
- **en noir**, le cercle de centre L et de diamètre 4 cm ;
- **en jaune**, le cercle de diamètre [NT] ;
- **en vert**, le cercle de centre Y et de rayon KB.

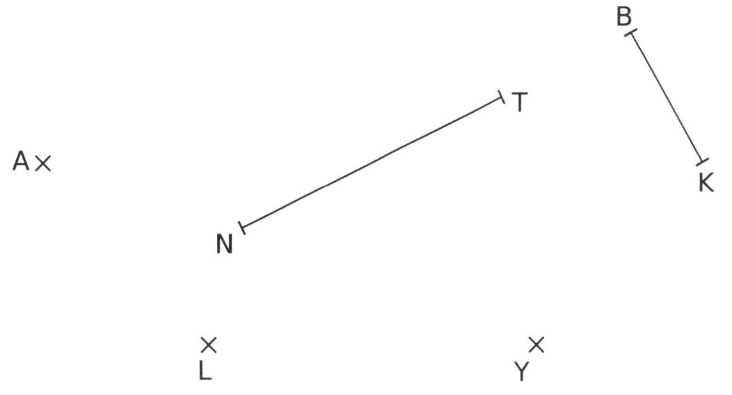


**2** À partir de la figure ci-dessous, construis...

- le cercle de centre A passant par I ;
- le cercle de diamètre [IB].

**3** Trace ci-dessous...

**a.** le cercle ($\mathscr{C}_1$) de centre O et passant par A ;
**b.** le cercle ($\mathscr{C}_2$) de centre B et de rayon 1,6 cm ;
**c.** le cercle ($\mathscr{C}_3$) de centre C et de rayon CO ;
**d.** le cercle ($\mathscr{C}_4$) de diamètre [AD].

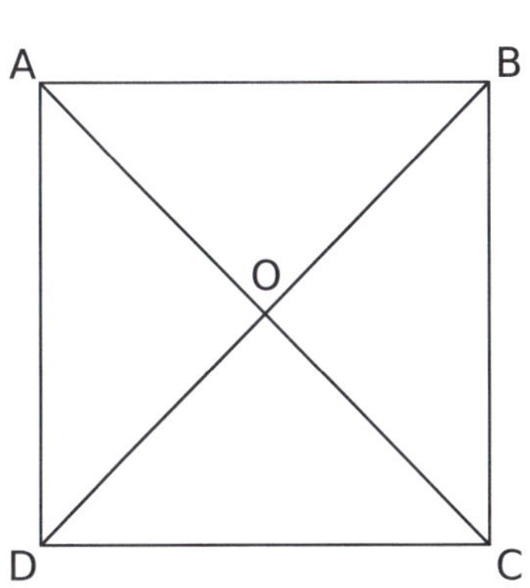


**4** Reproduis cette figure à partir du segment [AE] déjà tracé.

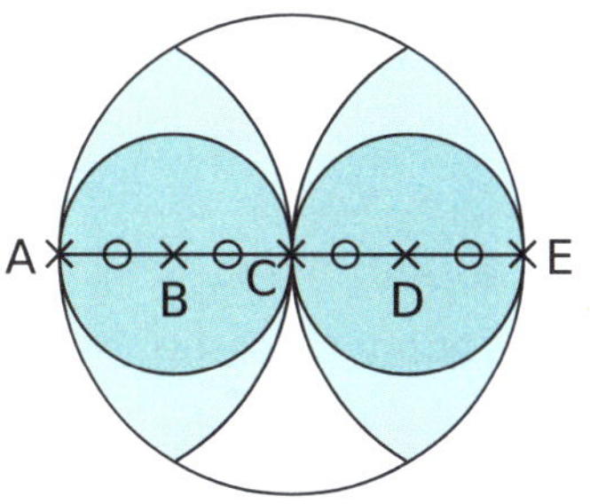

**5** **Géométrie Dynamique**

**a.** Construis la figure de l'exercice 2, à partir d'un segment [AB] et d'un point I sur [AB].

**b.** Où faut-il placer le point I pour que les deux cercles aient le même rayon ?

.............................................................................

.............................................................................

**6** **Géométrie Dynamique**

Reproduis la figure de l'exercice 4.

## Fiche 6 : Construire des cercles (3)

**1** Reproduis la figure de gauche en partant du cercle de droite.

**2** *Figure cible*

Reproduis cette figure ci-dessous.

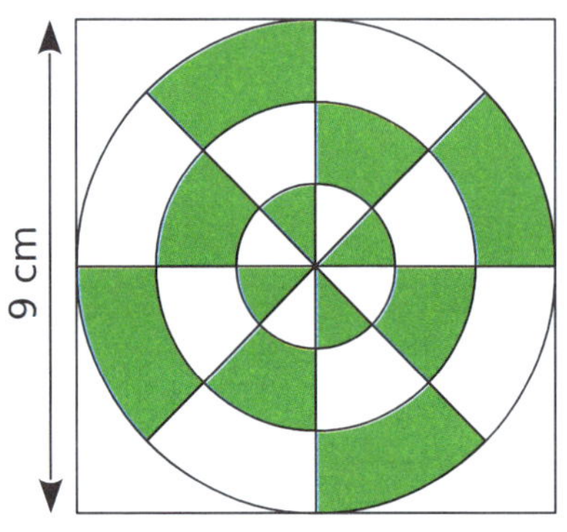

**3** **Géométrie Dynamique**

**a.** Trace un cercle de centre A. Place un point B en dehors de ce cercle. Place 16 points répartis sur ce cercle (ou plus...). Trace ensuite les cercles de centre chacun de ces points et passant par B.

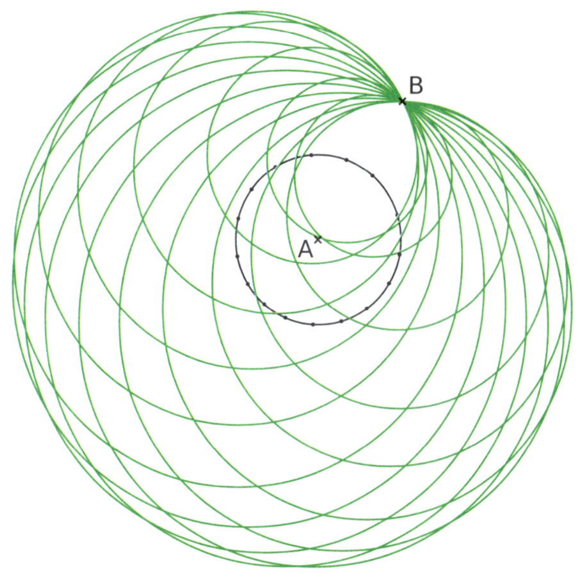


**b.** Bouge le point B en le plaçant sur le cercle de départ puis à l'intérieur. Regarde l'évolution de la figure.

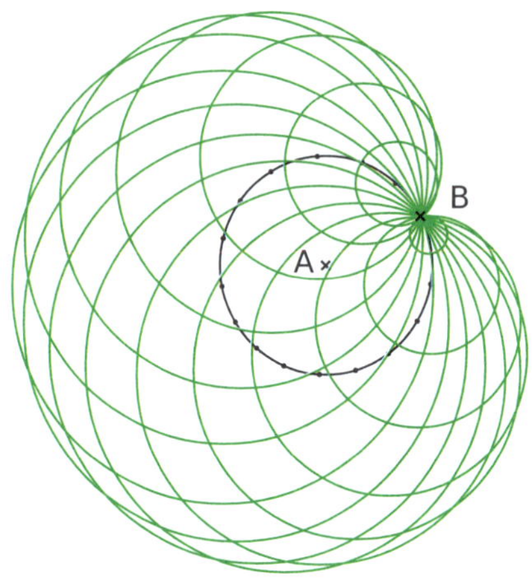

## Fiche 7 : Construire et reproduire des figures

**1** Sur une feuille, reproduis à partir d'un segment de longueur 18 cm partagé en 9 segments de même longueur.

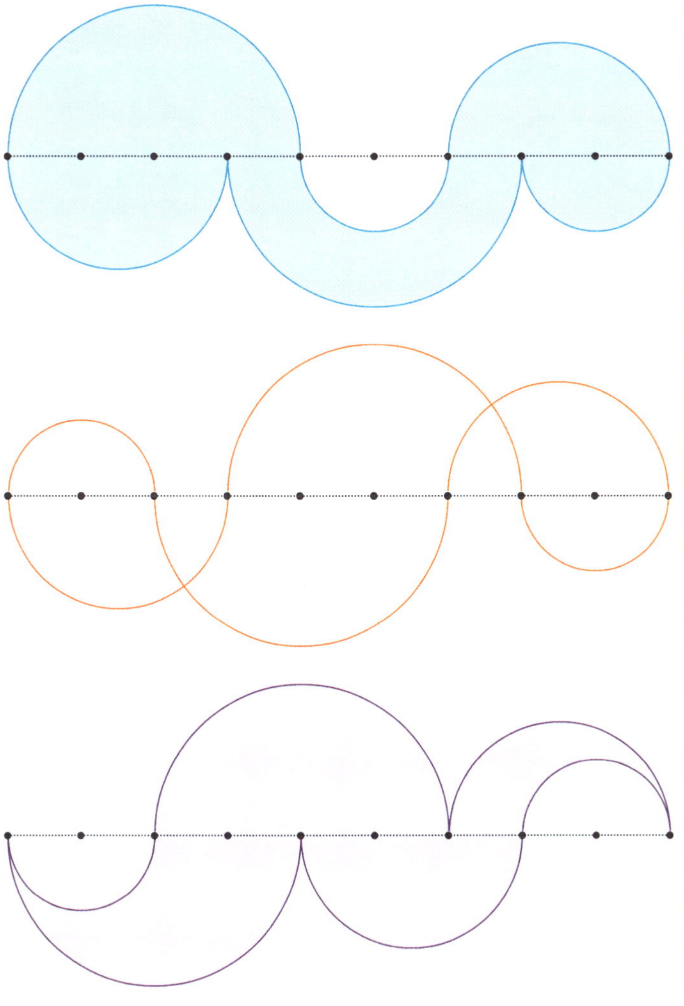

**2** **Géométrie Dynamique**

*Lemniscate de Booth*

**a.** *Effectue la construction suivante.*

- Trace un segment [AB] et place son milieu C.
- Place un point D sur ce segment.
- Trace le cercle de diamètre [AB]. Place un point E sur ce cercle.
- Trace le cercle de centre B passant par D.
- Trace la droite (AE). Elle coupe ce cercle en F et G (au besoin bouge le point E pour que ce soit le cas).
- Repasse en rouge le segment [EF].
- Trace le cercle de centre A et de rayon EF.
- Ce cercle coupe la droite (AE) en H et I.
- Active la trace des points H et I puis anime E.

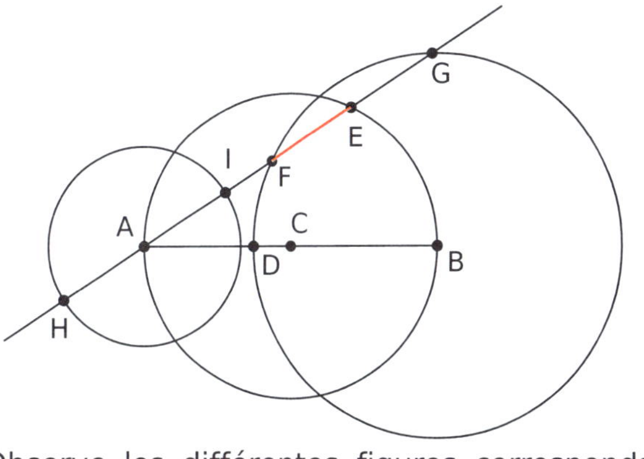


**b.** Observe les différentes figures correspondant aux différentes positions du point D sur le segment [AB].

**3** Sur une feuille, reproduis cette figure des trois lunes. Suis les différentes étapes de construction ci-dessous, en prenant 6 cm pour rayon du cercle de l'étape 1 et sachant que ABCDEF est un hexagone régulier.

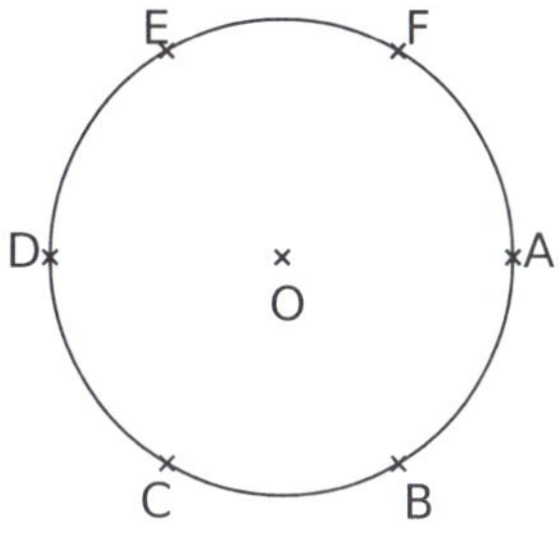

Étape 1

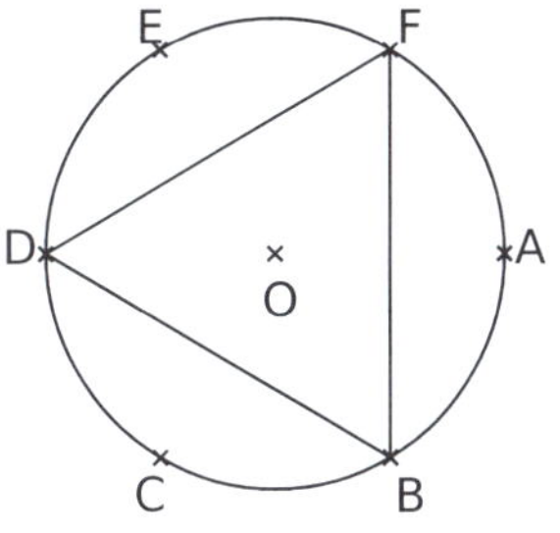

Étape 2

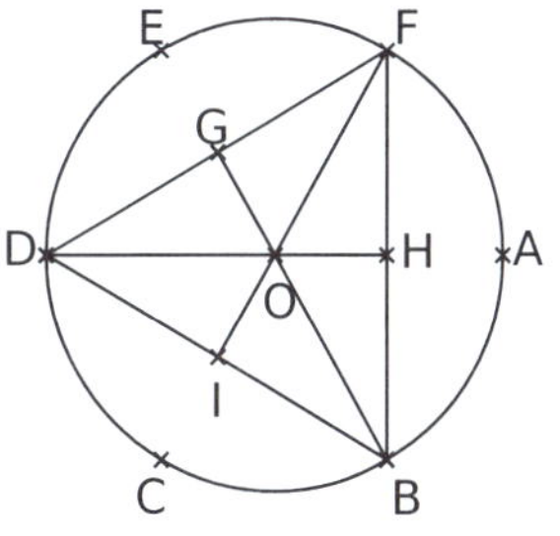

Étape 3

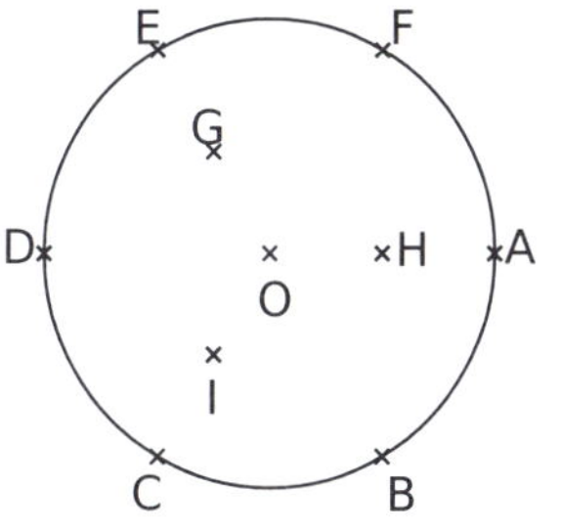

Étape 4

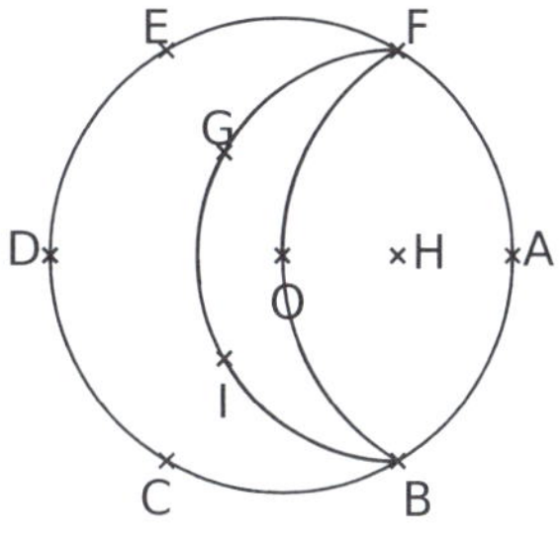

Étape 5

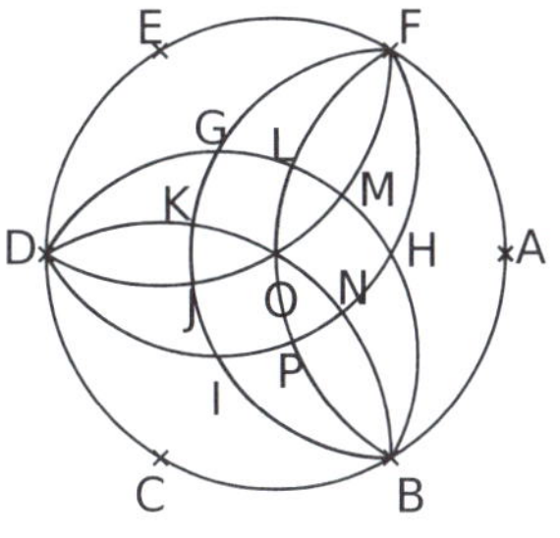

Étape 6

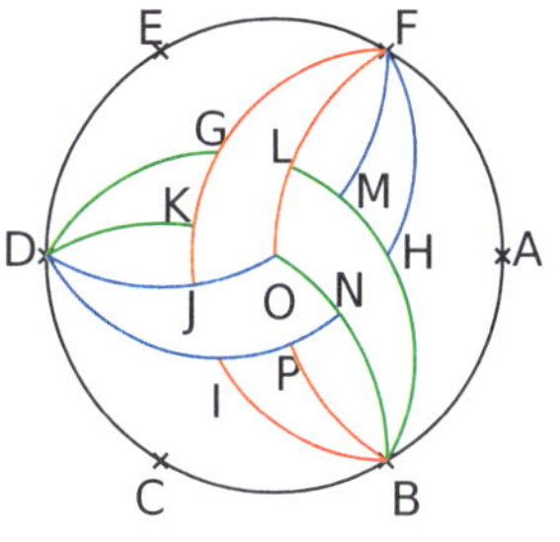

Étape 7

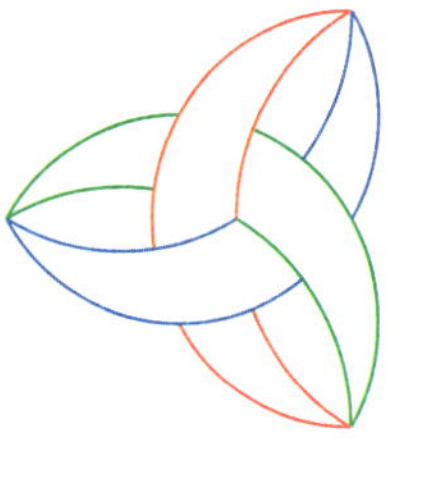
Étape 8

# G3 Droites parallèles et perpendiculaires

## Fiche 1 : Définir la position relative de deux droites

**1** Entoure les lettres des figures où les deux droites semblent perpendiculaires.

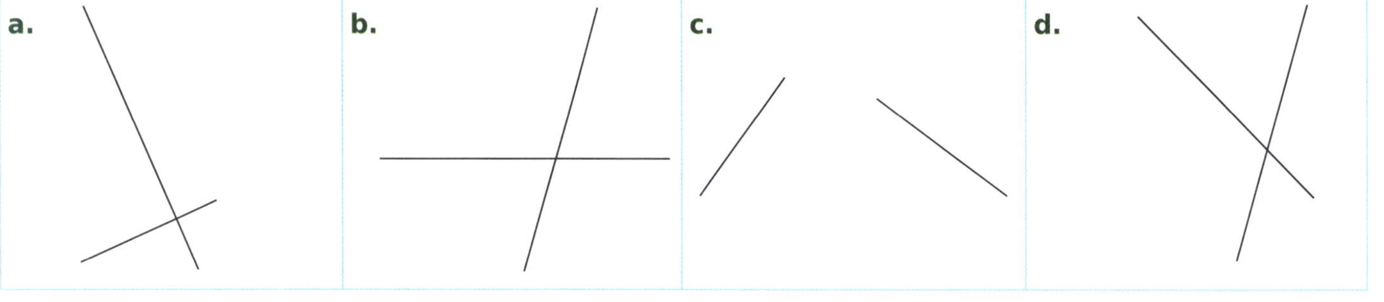


**2** Entoure les lettres des figures où les deux droites semblent parallèles.

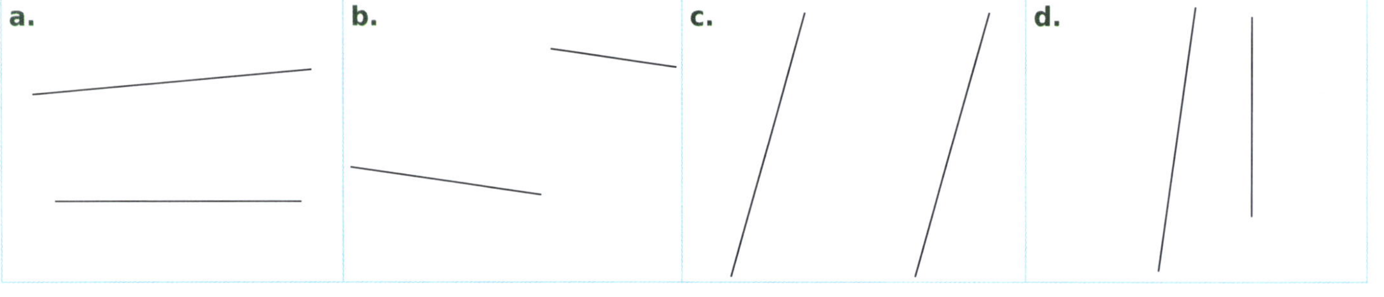


**3** En utilisant le quadrillage, complète le tableau et code la figure.

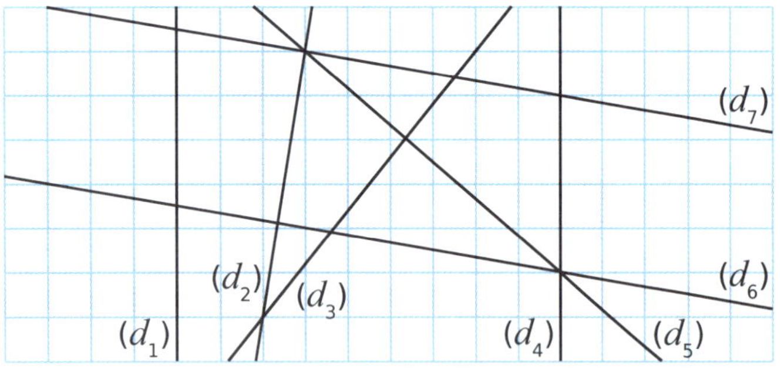


| Droites perpendiculaires | Droites parallèles |
| --- | --- |
| | |

**4** Dans cette figure, les droites qui semblent perpendiculaires ou parallèles le sont réellement.

**a.** La droite perpendiculaire à (HK) passant par H est la droite ......... .

**b.** La droite perpendiculaire à (CE) passant par N est la droite ......... .

**c.** La droite parallèle à (HP) passant par N est la droite ......... .

**d.** La droite parallèle à (CF) passant par S est la droite ......... .

**e.** La droite parallèle à (PN) passant par R est la droite ......... .

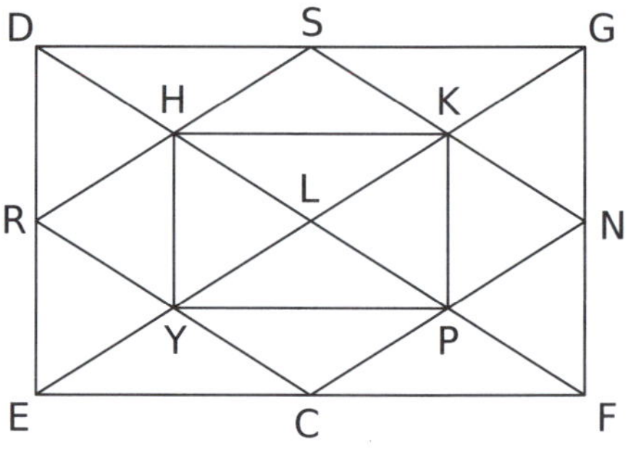

## Fiche 2 : Élaborer des programmes de construction

**1** Pour chaque étape de la construction, choisis, parmi les phrases suivantes, celle qui convient.

**1.** Trace la parallèle $(d_1)$ à la droite (AB) passant par le point C.

**2.** Trace la droite (AB).

**3.** Place un point C non aligné avec A et B.

**4.** Place deux points A et B.

Phrase n°.... | Phrase n°.... | Phrase n°.... | Phrase n°....

**2** Pour chaque étape de la construction, écris une phrase qui la décrit.

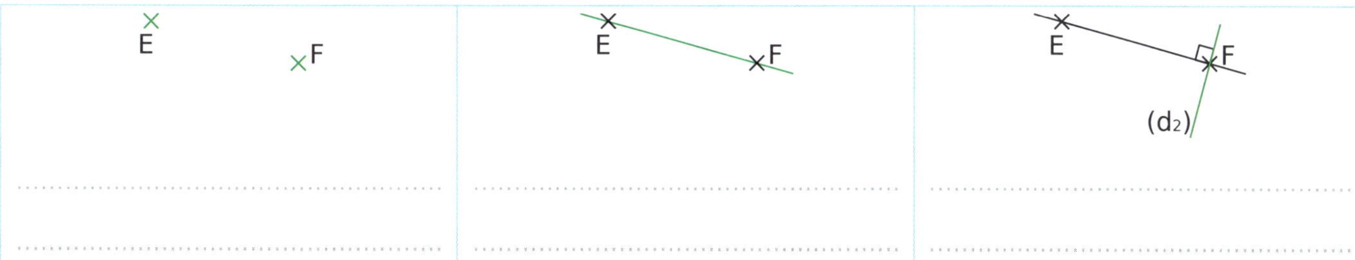


**3** Écris les différentes étapes de la construction.

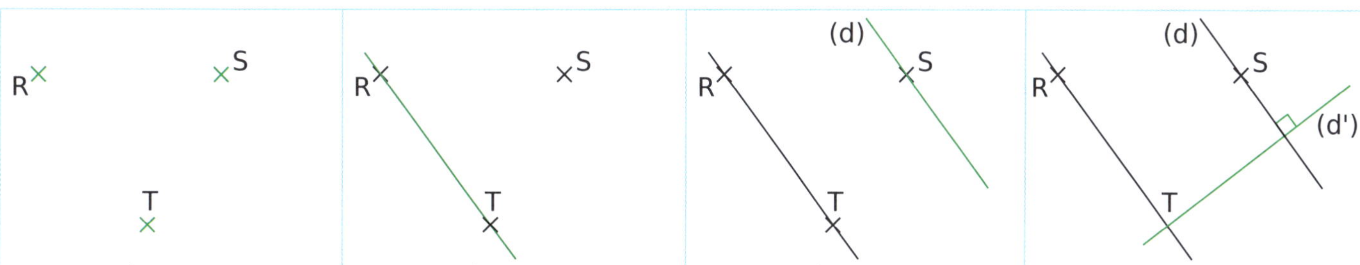


Étape 1 | Étape 2 | Étape 3 | Étape 4

..........................................................................................................

..........................................................................................................

..........................................................................................................

..........................................................................................................

**4** Quelle figure correspond à l'énoncé ci-dessous ? Explique pourquoi les deux autres ne correspondent pas.

<u>Énoncé</u> : Trace un triangle RAT. Place le point O milieu de [RT]. Trace la droite $(d_1)$ parallèle à (AT) et passant par R, et la droite $(d_2)$ perpendiculaire à (AT) et passant par O.

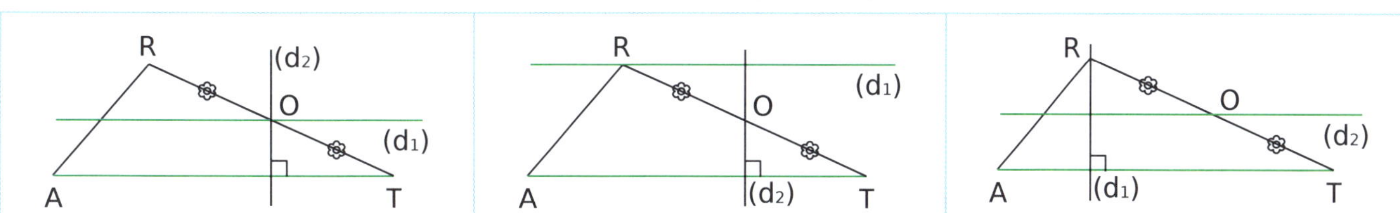


Figure 1 | Figure 2 | Figure 3

..........................................................................................................

..........................................................................................................

..........................................................................................................

## FICHE 3 : CONSTRUIRE DES PARALLÈLES ET DES PERPENDICULAIRES (1)

**1** Sur chaque dessin, trace la droite $(d_1)$ perpendiculaire à la droite (d) et passant par A, et la droite $(d_2)$ perpendiculaire à la droite (d) et passant par B.

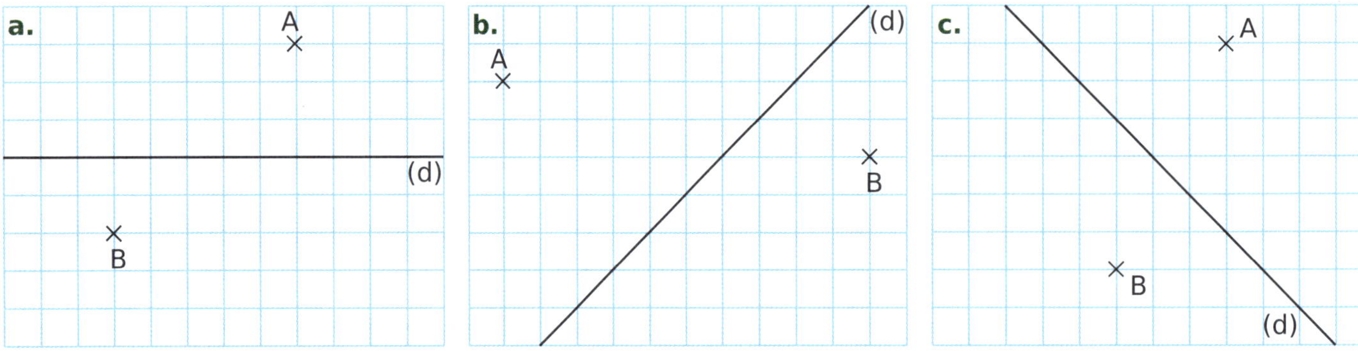


**2** Dans chaque cas, construis la droite $(d_1)$ perpendiculaire à la droite (d) et passant par le point M, puis la droite $(d_2)$ perpendiculaire à la droite (d) et passant par le point N.

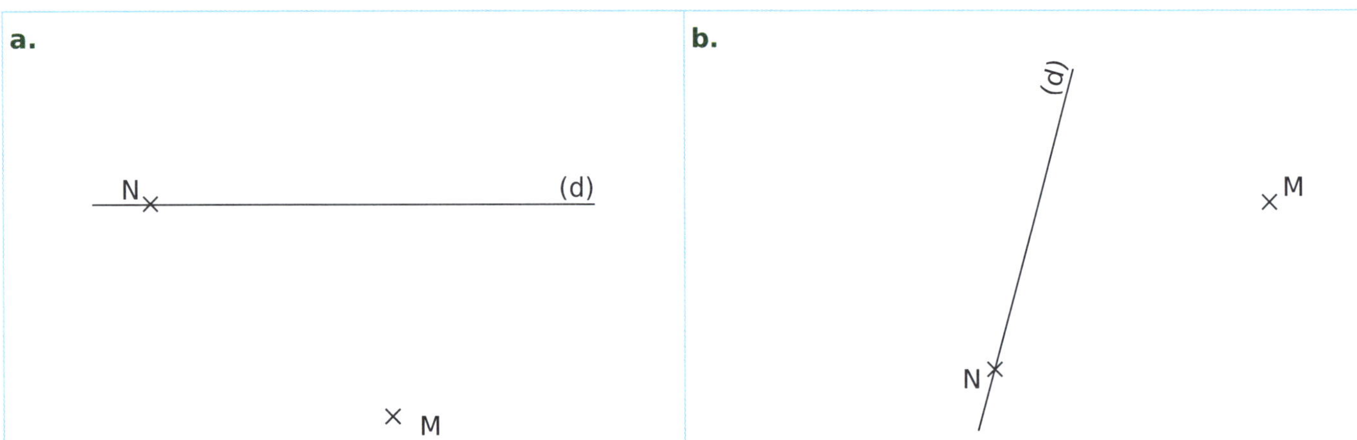


**3** Sur chaque dessin, trace la droite $(d_1)$ parallèle à la droite (d) et passant par le point A, et la droite $(d_2)$ parallèle à la droite (d) et passant par le point B.

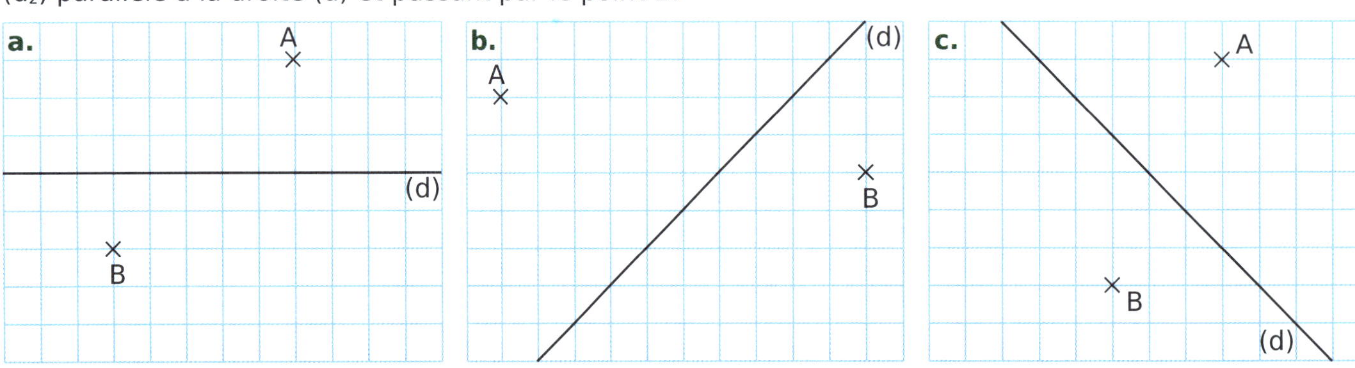


**4** Dans chaque cas, construis la droite $(d_1)$ parallèle à la droite (d) et passant par le point M, et la droite $(d_2)$ parallèle à la droite (d) et passant par le point N.

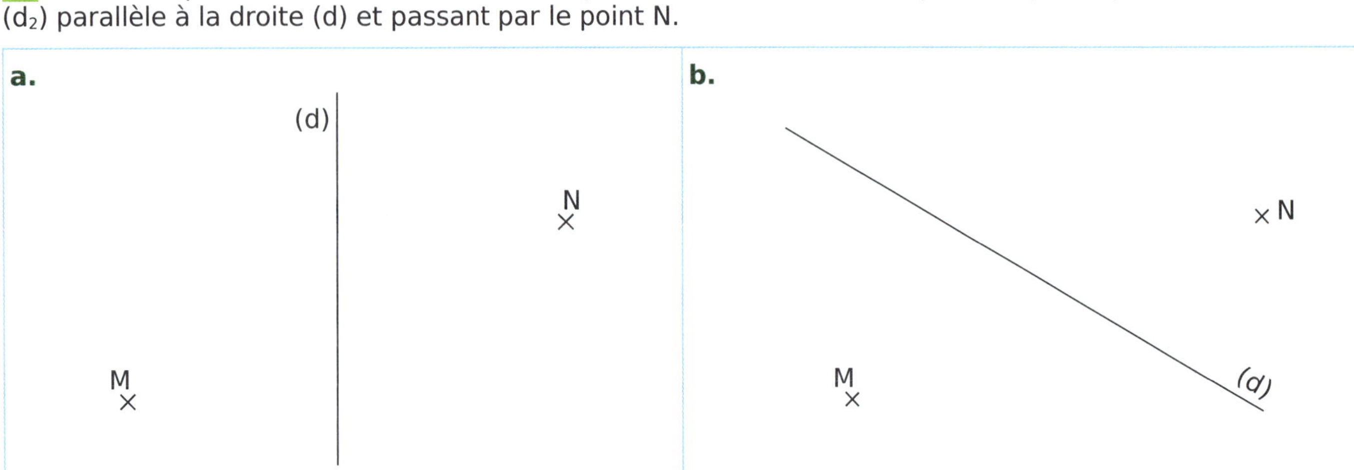

## FICHE 4 : CONSTRUIRE DES PARALLÈLES ET DES PERPENDICULAIRES (2)

**1** Sur chaque dessin, trace : en vert, la droite $(d_1)$ **perpendiculaire** à la droite (d) et passant par A, puis en rouge, la droite $(d_2)$ **parallèle** à la droite (d) et passant par B.

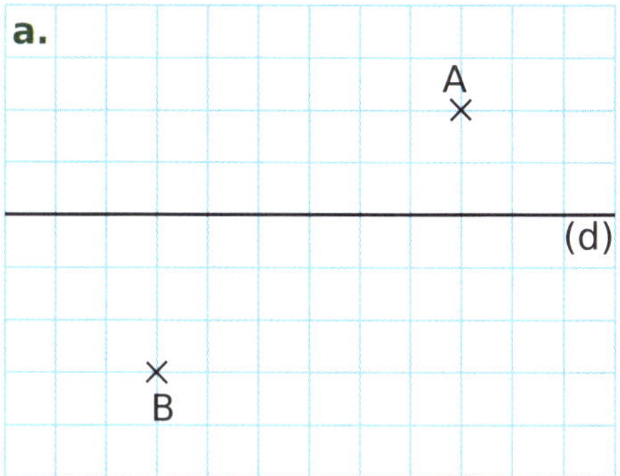


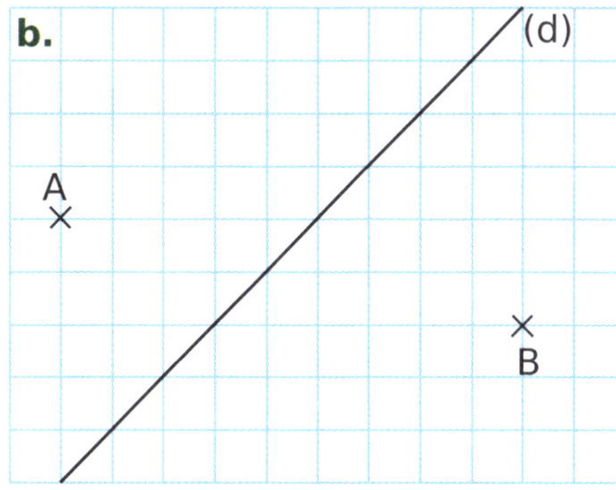


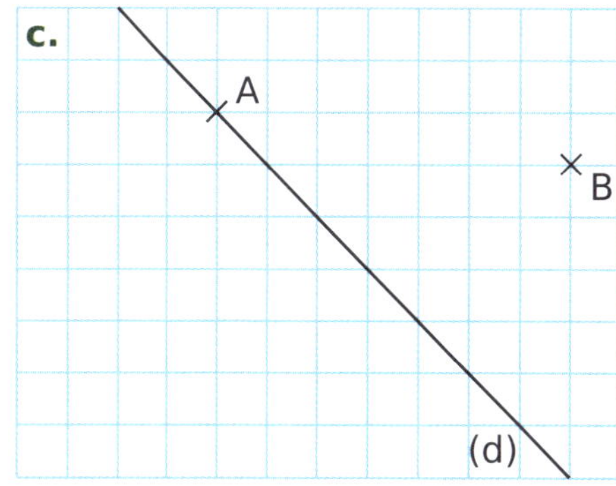


**2** Dans chaque cas, construis la droite $(d_1)$ **perpendiculaire** à la droite (d) et passant par le point M, puis la droite $(d_2)$ **parallèle** à la droite (d) et passant par le point N.

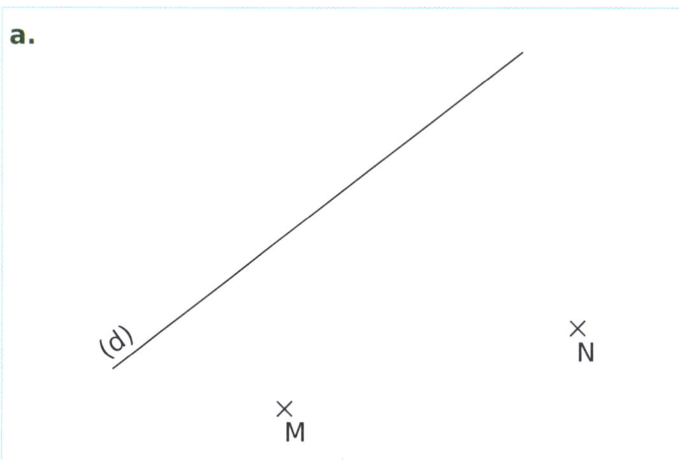


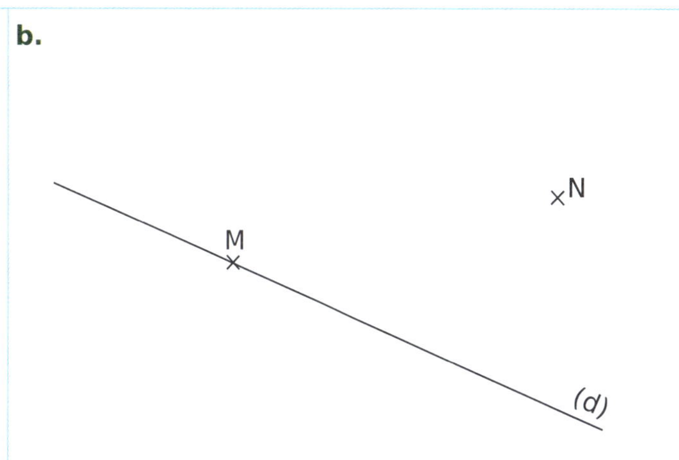


**3** A, B et C sont trois points non alignés.

**a.** Trace la droite $(d_1)$ perpendiculaire à (AB) et passant par C.

**b.** Trace la droite $(d_2)$ perpendiculaire à (BC) et passant par A.

**c.** Trace la droite $(d_3)$ perpendiculaire à (AC) et passant par B.

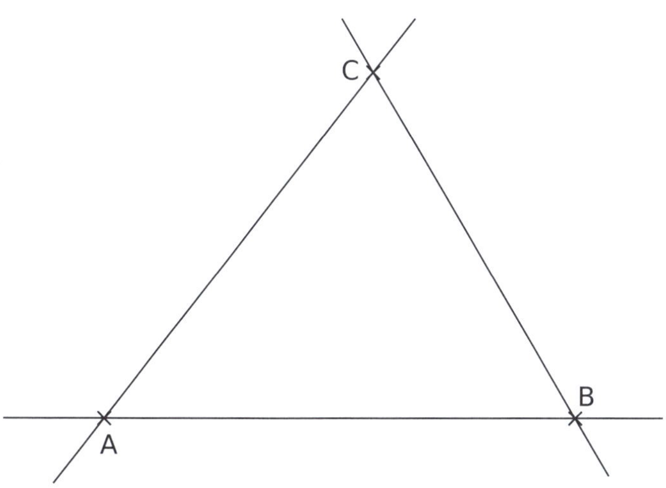


**d.** Comment sont les droites $(d_1)$, $(d_2)$ et $(d_3)$ ?

..................................................................................

..................................................................................

**4** A, B, C et D sont quatre points non alignés.

**a.** Place les points R, S et T, milieux respectifs des segments [AB], [BC] et [CD].

**b.** Trace les droites (RS) et (ST).

**c.** Trace la droite $(d_1)$ parallèle à (RS) et passant par le point T.

**d.** Trace la droite $(d_2)$ parallèle à (ST) et passant par le point R.

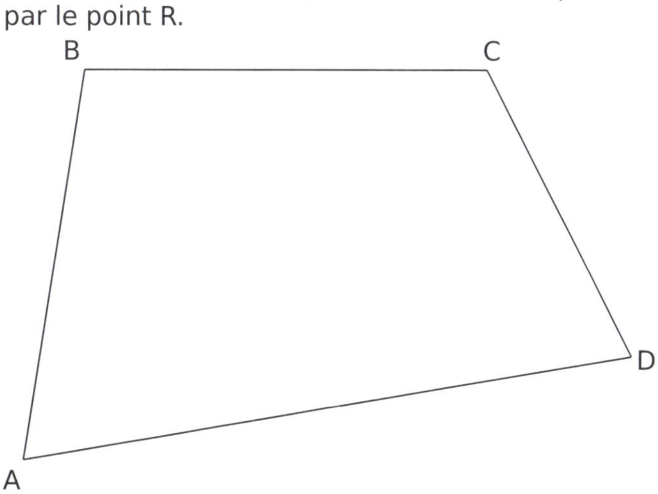


**e.** Où se coupent les droites $(d_1)$ et $(d_2)$ ?

..................................................................................

..................................................................................

## Fiche 5 : Construire la médiatrice d'un segment

**1** *Médiatrices ?*

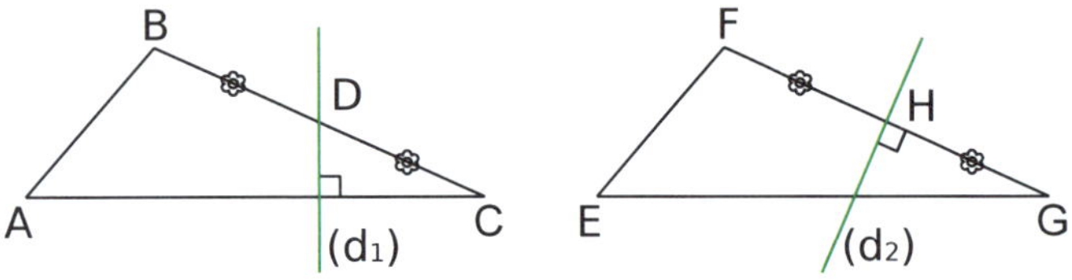


**a.** La droite ($d_1$) est-elle la médiatrice du segment [BC] ? Justifie.

**b.** La droite ($d_1$) est-elle la médiatrice du segment [AC] ? Justifie.

**c.** La droite ($d_2$) est-elle la médiatrice du segment [FG] ? Justifie.

**2** Observe le codage de la figure. Écris le plus de phrases possible de la forme : « La droite ... est la médiatrice du segment ... . »

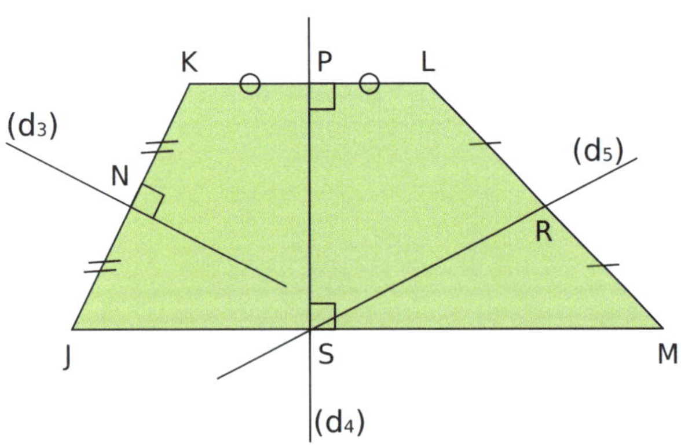


**3** Construis la médiatrice de chaque segment en utilisant le quadrillage.

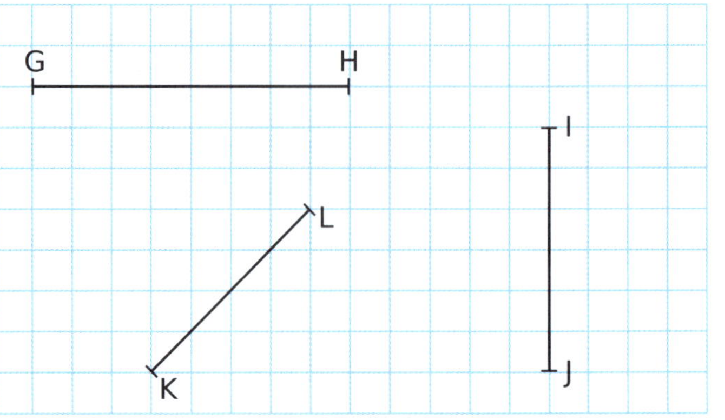


**4** Construis la médiatrice de chaque segment à l'aide de la règle graduée et de l'équerre.

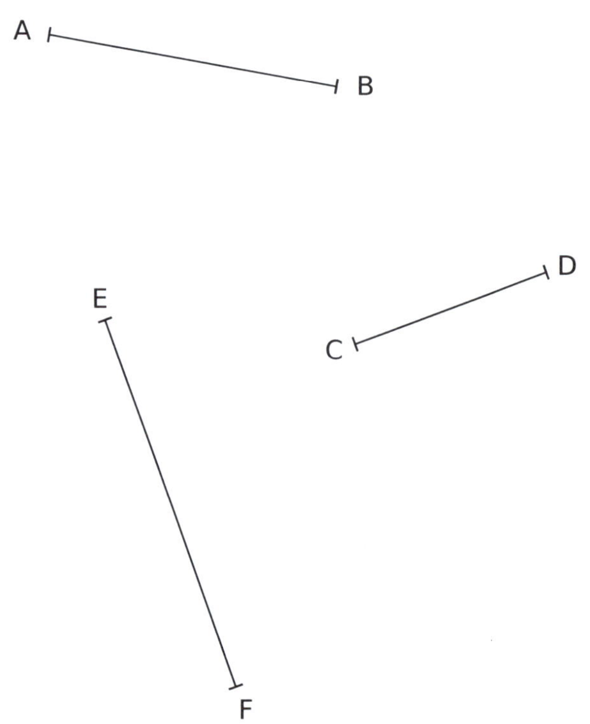


**5** Construis les médiatrices des trois côtés du triangle, en utilisant ta règle et ton équerre.

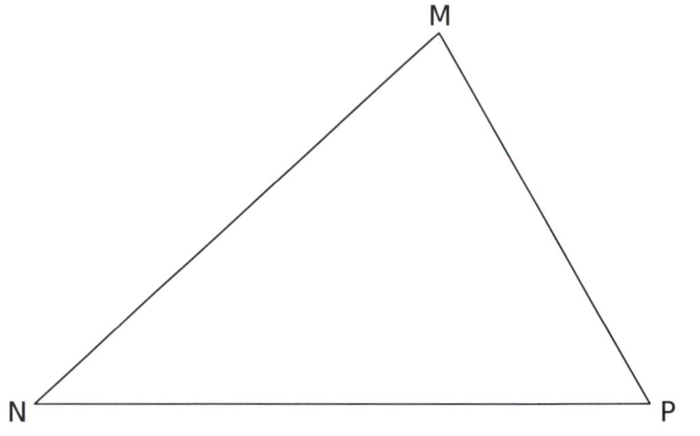

## Fiche 6 : Déterminer la distance d'un point à une droite

**1** *Dans un quadrillage*

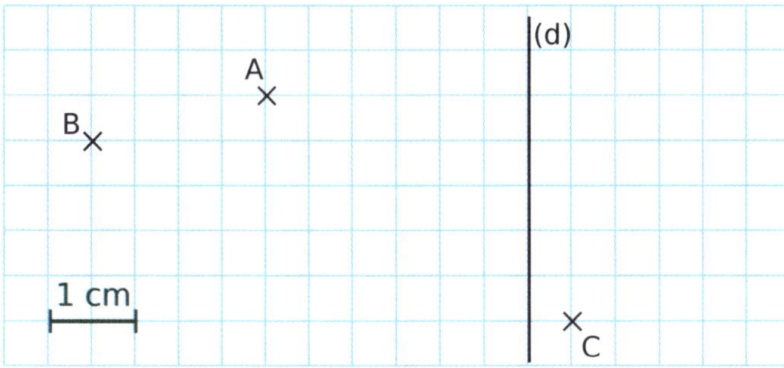


Le point A est situé à ....... cm de la droite (d).

La distance du point B à la droite (d) vaut ........ cm.

La distance du point C à la droite (d) vaut ........ cm.

**2** Effectue les tracés nécessaires, puis mesure les longueurs demandées.

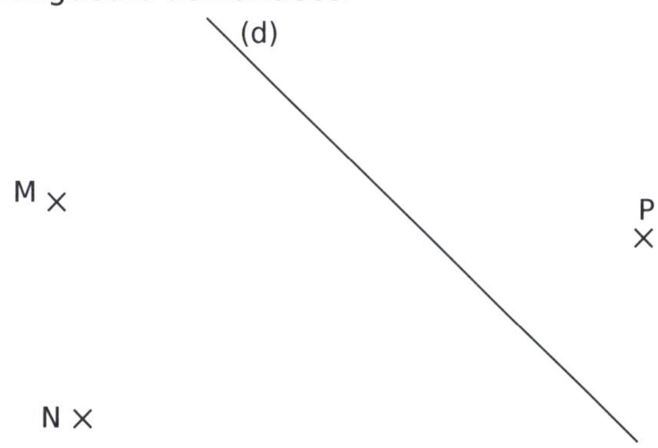


| Point | M | N | P |
|---|---|---|---|
| Distance à (d) | | | |

**3** ABC est un triangle rectangle en A, et H est le pied de la hauteur issue de A.

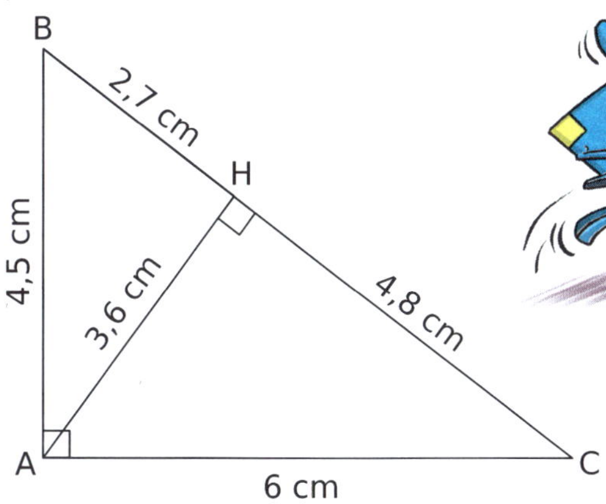

Quelle est la distance en centimètres...

**a.** du point A à la droite (BC) ? ..................

**b.** du point B à la droite (AC) ? ..................

**c.** du point B à la droite (AH) ? ..................

**d.** du point C à la droite (AB) ? ..................

**e.** du point C à la droite (AH) ? ..................

**4** Mesure la distance du point A à la droite (BC). Effectue des tracés si nécessaire.

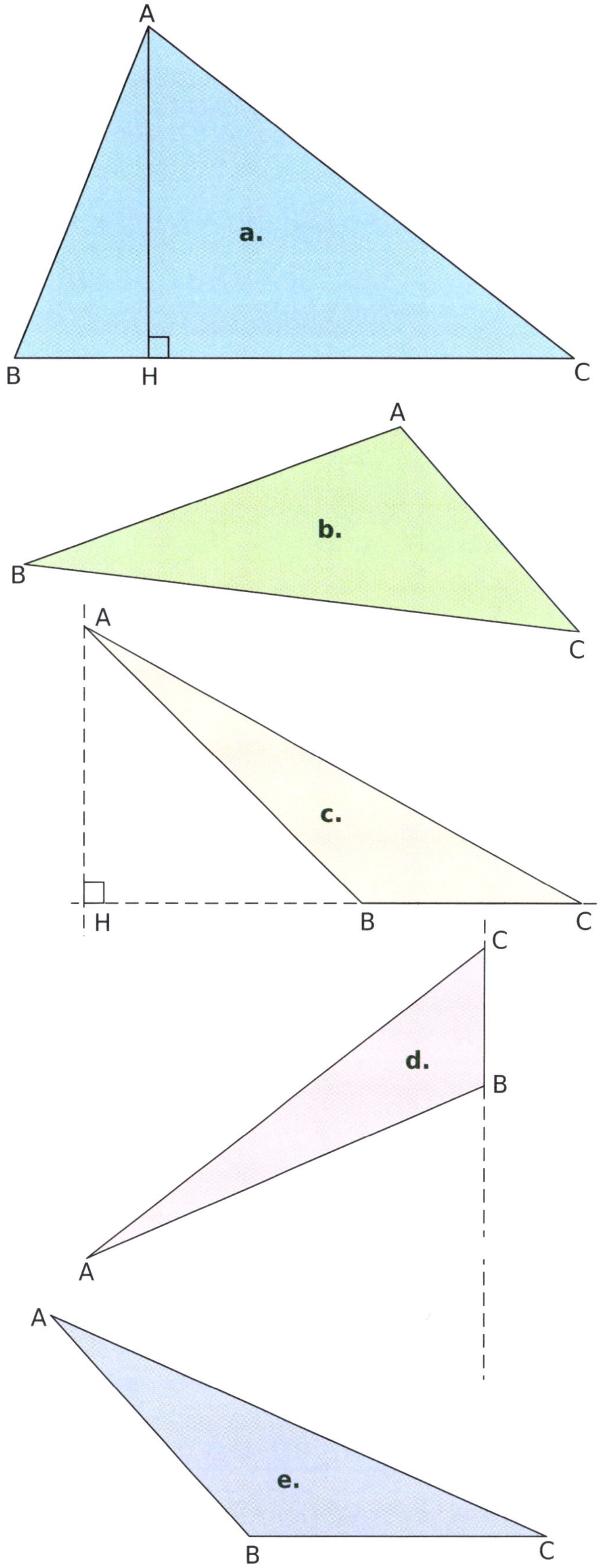


| Point | a. | b. | c. | d. | e. |
|---|---|---|---|---|---|
| Distance de A à (BC) | | | | | |

## Fiche 7 : Construire et reproduire des figures (1)

### 1 Géométrie Dynamique

**a.** Commence par construire un carré ABCD, puis place un point E sur [BC]. Trace le segment [DE]. En observant le codage de la figure, construis le quadrilatère EFGH. Trace les droites parallèles aux côtés du quadrilatère EFGH, passant par les points A, B, C et D. Puis place les points I, J, K et L.

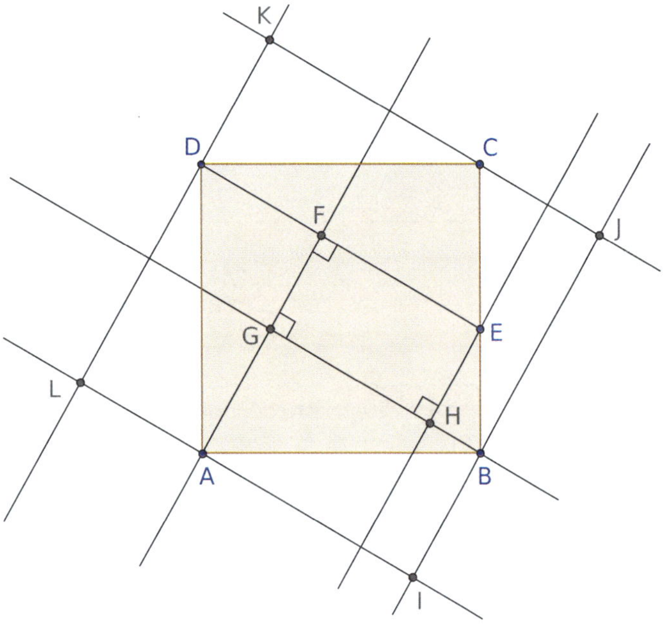


Déplace le point E sur le segment [BC].

**b.** Quelle est la nature du quadrilatère EFGH ?

..........................................................................................

**c.** Quelle semble être la nature du quadrilatère IJKL ?

..........................................................................................

### 2 Géométrie Dynamique

Reproduis cette figure, sachant que les droites sont les médiatrices des côtés du quadrilatère ABCD.

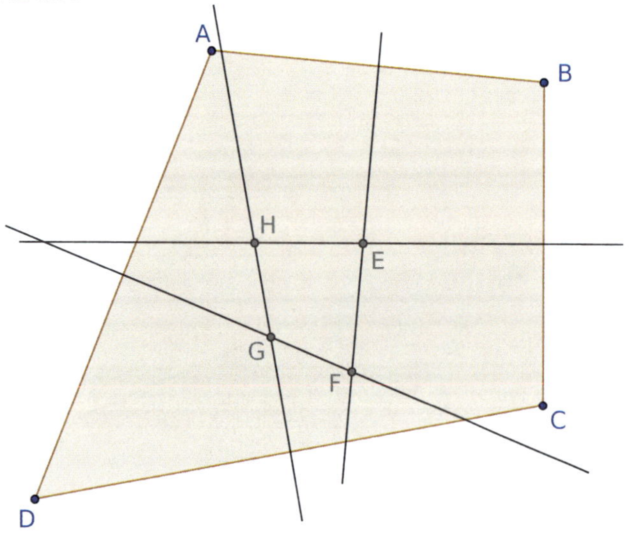


Déplace les points A, B, C et D et observe le quadrilatère EFGH.

### 3 Géométrie Dynamique

*Oreilles de lapin*

**a.** Effectue la construction suivante.

- Trace un segment vertical [AB]. Place un point C sur ce segment.
- Trace le cercle de diamètre [AB]. Tu nommeras D le milieu de [AB].
- Trace le cercle de diamètre [AC]. Tu nommeras E le milieu de [AC]. Place un point F sur ce cercle.
- Construis la perpendiculaire à la droite (AB) passant par F. Elle coupe le grand cercle en G et H.
- Construis les points I milieu de [FG] et J milieu de [FH].

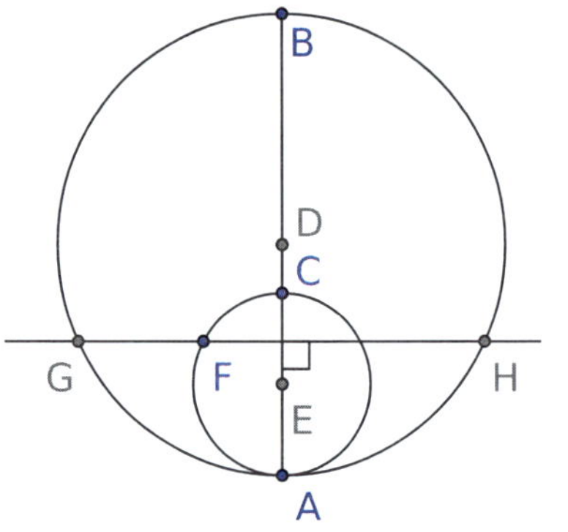


**b.** Active la trace des points I et J et anime le point F.

### 4 Géométrie Dynamique

*Courbe de Rosillo*

**a.** Effectue la construction suivante.

- Trace une droite (AB).
- Place un point C sur [AB] et un point D sur (AB) mais à l'extérieur de [AB].
- Trace le cercle de diamètre [AB]. Tu nommeras E le milieu de [AB]. Place un point F sur ce cercle.
- Construis la perpendiculaire à la droite (AB) passant par F.
- Trace la droite (DF).
- Construis la droite parallèle à (DF) passant par C. Elle coupe la perpendiculaire à (AB) en G.

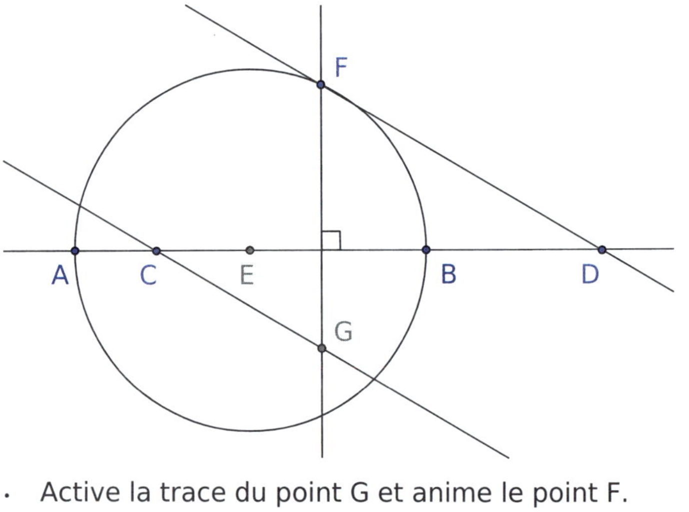


- Active la trace du point G et anime le point F.

**b.** Teste plusieurs positions du point C sur le segment [AB] et en particulier : le point C en A, en E et en B. Observe alors les différentes courbes.

## FICHE 8 : CONSTRUIRE ET REPRODUIRE DES FIGURES (2)

**1** Reproduis la figure initiale sur une feuille quadrillée. Construis ensuite l'ombre de la figure (par faisceaux de droites parallèles).

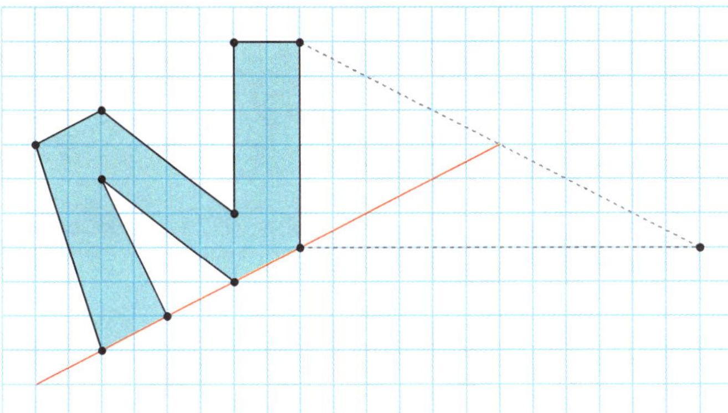

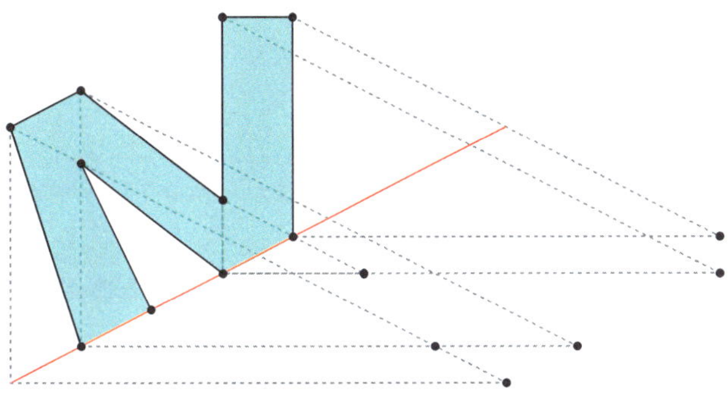

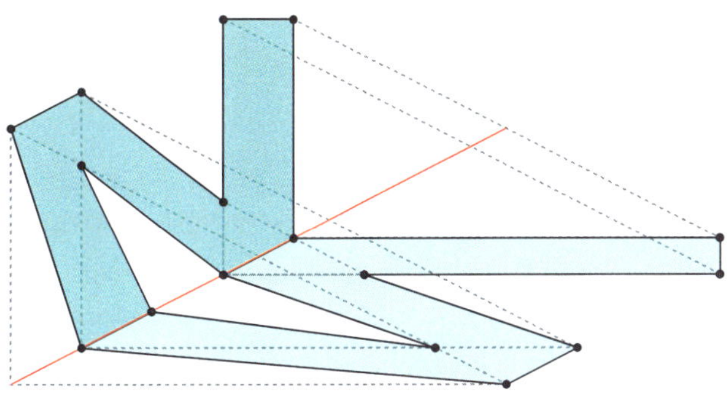

**2** Sur une feuille blanche, trace un triangle suffisamment grand.
Construis le milieu D de [AB], le milieu E de [AD], et enfin le milieu F de [BD]. Construis les droites parallèles à (AC), passant par les points D, E et F.
Puis continue avec les parallèles à (AB) et à (BC).
Colorie à ta convenance.

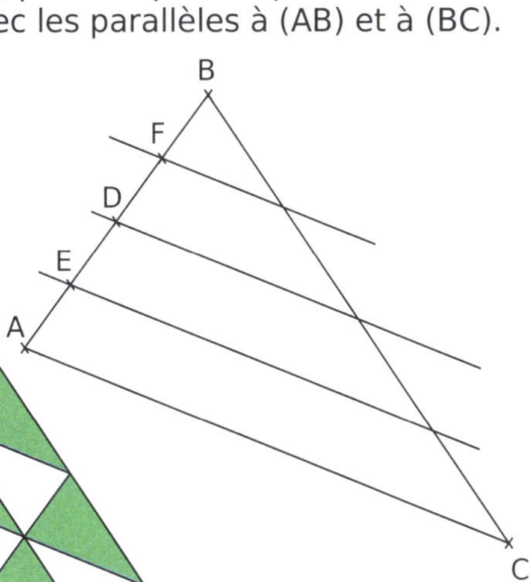


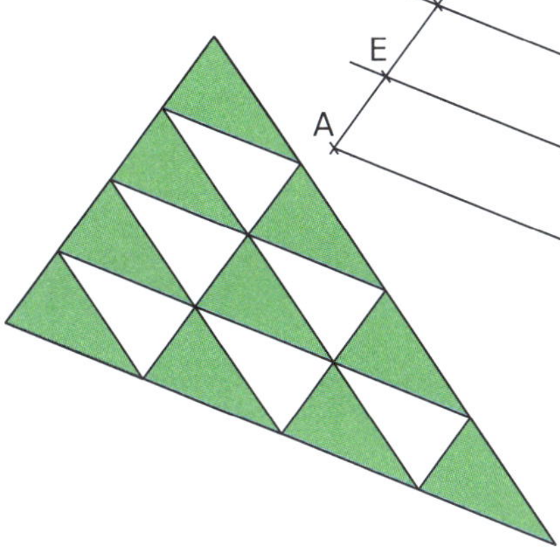

**3** Sur une feuille, effectue la construction suivante.

- Trace un carré de côté 16 cm.
- Place les points A, B, C et D au milieu de chacun de ses côtés.
- Trace les diagonales et les segments [AC] et [BD].
- À partir du point A, construis une ligne de perpendiculaires comme ci-dessous.
- Recommence ensuite à partir des points B, C et D.

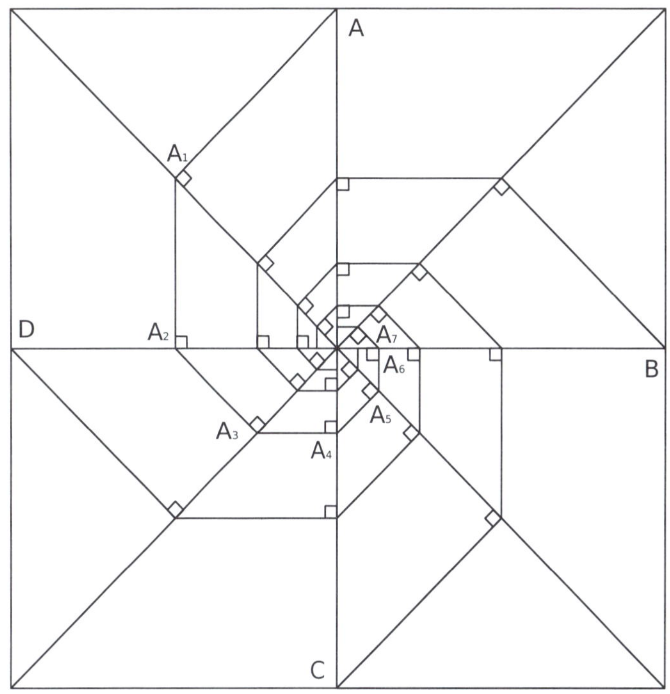


- Puis colorie.

# G4 Repérage et programmation

## Fiche 1 : Se repérer (1)

**1** **a.** Donne le nom de la cellule correspondant à chaque mot.

| | A | B | C | D | E | F |
|---|---|---|---|---|---|---|
| 1 | | | fa | | | |
| 2 | do | | | | | sol |
| 3 | | | | | | |
| 4 | | | | | mi | |
| 5 | la | | | | | |
| 6 | | | ré | | | |
| 7 | | | | | | |

- do → ..........
- mi → ..........
- sol → ..........
- ré → ..........
- fa → .........
- la → ..........

**b.** Place les mots suivants dans les cellules correspondantes.

- mais → D3
- est → E1
- le → C2
- où → A7
- donc → F7
- chien → D5

**2** Zolan et Freesper font une partie de bataille navale. La grille que tu vois est celle de Freesper. Zolan fait des propositions.

Indique à côté de chacune d'elles : « perdu », « touché » ou « coulé ».

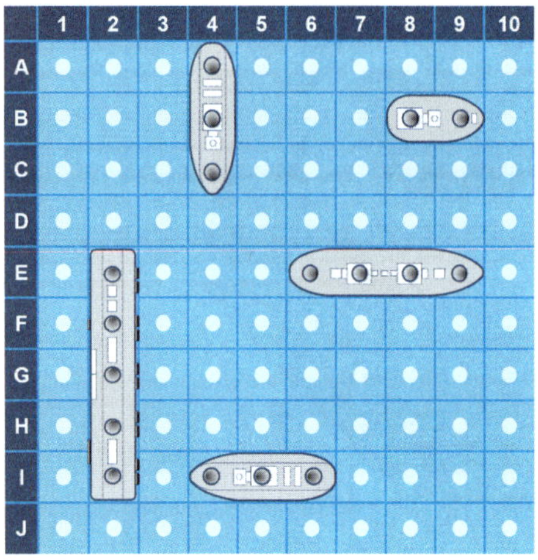


- I3 → ...............
- B4 → ...............
- B2 → ...............
- H2 → ...............
- E10 → ...............
- A4 → ...............
- G6 → ...............
- F9 → ...............
- C4 → ...............

**3** Donne la position de chaque pingouin dans les nœuds du quadrillage.

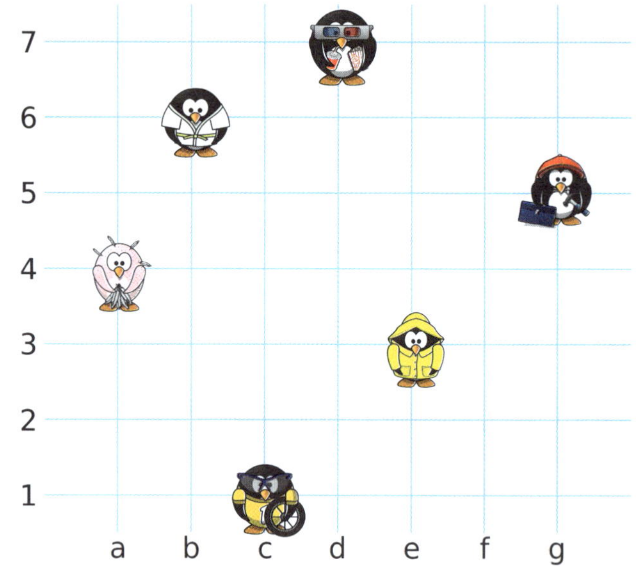

| Position | (e,3) | | | | | |
|---|---|---|---|---|---|---|

**4** Place chaque point dans le quadrillage.

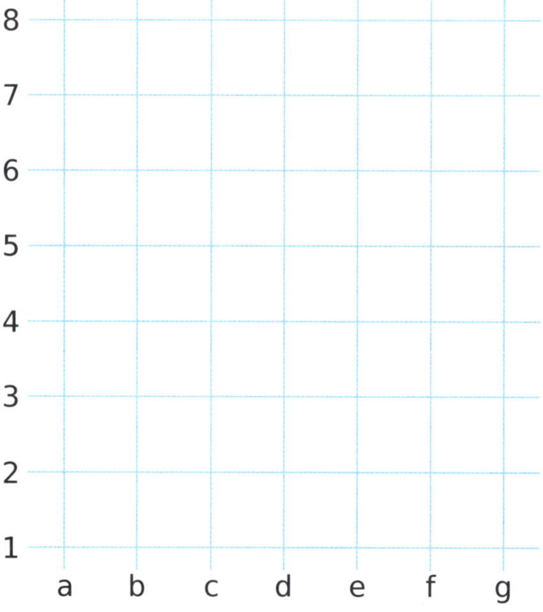


A(d,4)
D(f,8)
G(a,3)
B(e,7)
E(c,5)
H(g,1)
C(a,6)
F(g,7)
I(b,2)

## Fiche 2 : Se repérer (2)

**1** Voici le plan du jardin des plantes de Nantes.

**a.** Combien d'entrées possède ce jardin ?

..........................................................................

..........................................................................

**b.** L'orangerie se trouve en B1.
Où se trouvent…

- la grande porterie ..........
- la station de tram ..........
- la statue J. Verne ..........
- la ménagerie ..........
- le jardin botanique ..........

**c.** Que peut-on trouver en…

- C1 → ..............................................
- D3 → ..............................................

..............................................................

- C4 → ..............................................
- B5 → ..............................................

**2** Voici le plan de cabine d'un Boeing 767.

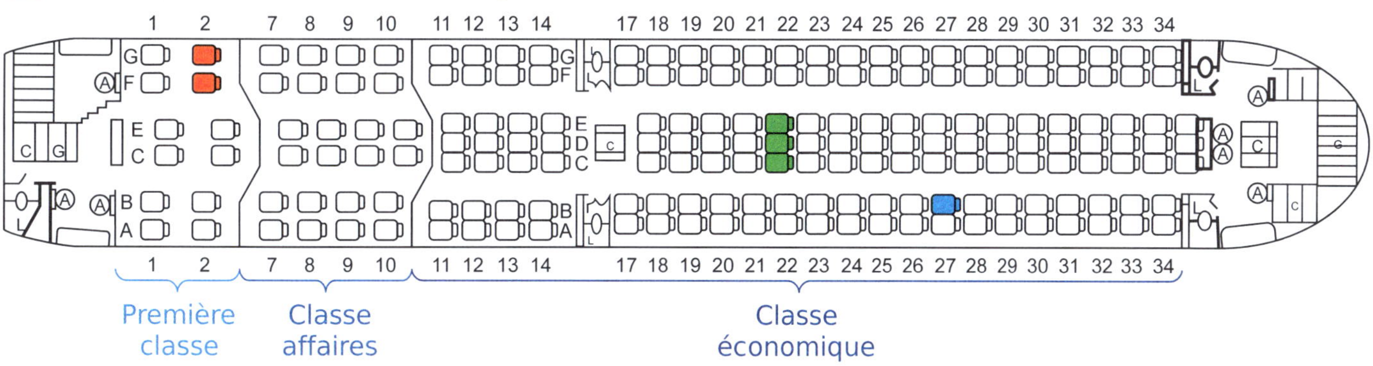


**a.** Indique à quelle classe correspond chaque siège.

- E26 → ..............................
- E1 → ..............................
- E7 → ..............................
- C9 → ..............................
- B14 → ..............................
- A34 → ..............................

**b.** Quelle est la référence de chaque siège ?

- Siège bleu → ...................
- Sièges rouges → ...................
- Sièges verts → ...................

**c.** Colorie…

- en **orange**, le siège D12 ;
- en **violet**, le siège F10 ;
- en **rose**, le siège A1 ;
- en **noir**, les sièges G29 et F29 ;
- en **gris**, les sièges A17 et B17 ;
- en **marron**, les sièges C7 et C8.

**d.** Une famille de quatre personnes souhaite réserver des places en classe affaires dans cet avion. Elle veut des places en carré dont 2 places côté hublot. Quelles places doit-elle choisir parmi celles ci-dessous ?

- C9E9C10E10
- F7G7F8G8
- A1B1A2B2
- A7A8A9A10
- A11B11A12B12

## Fiche 3 : Se déplacer (1)

On dispose des instructions suivantes : N ↑ S ↓ E → O ←.

La séquence “ NEESO “ donne le tracé : .

**1** Écris une séquence d'instructions pour tracer chacune des frises ci-dessous.

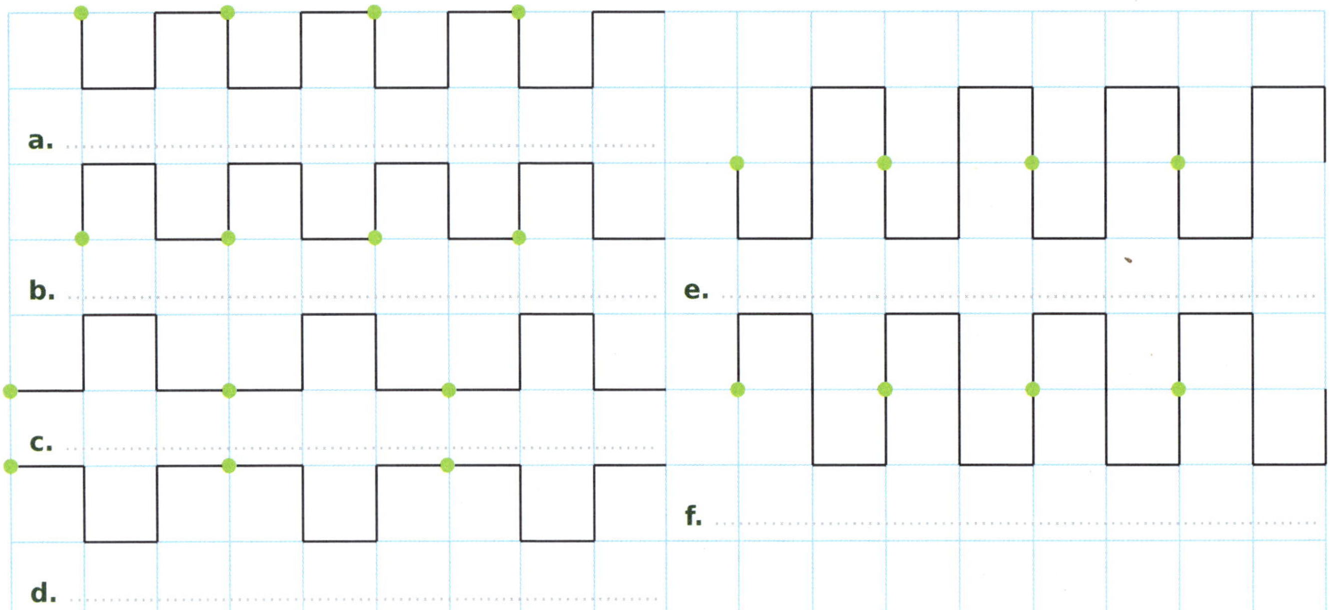


**2** Quand on répète une séquence d'instructions plusieurs fois, on peut utiliser une boucle comme ci-dessous. Complète chacune d'elles avec la séquence d'instructions qui permet de tracer chaque frise de l'exercice 1.

a. répéter ☐ fois faire ☐

b. répéter ☐ fois faire ☐

c. répéter ☐ fois faire ☐

d. répéter ☐ fois faire ☐

e. répéter ☐ fois faire ☐

f. répéter ☐ fois faire ☐

**3** Effectue le tracé correspondant aux séquences suivantes.

a. répéter 4 fois faire ENE

b. répéter 2 fois faire NESSENE

c. répéter 3 fois faire NNEEESON

# Fiche 4 : Se déplacer (2)

**1** Place le minimum de miroirs ( \ ) pour que le rayon laser suive le parcours indiqué.

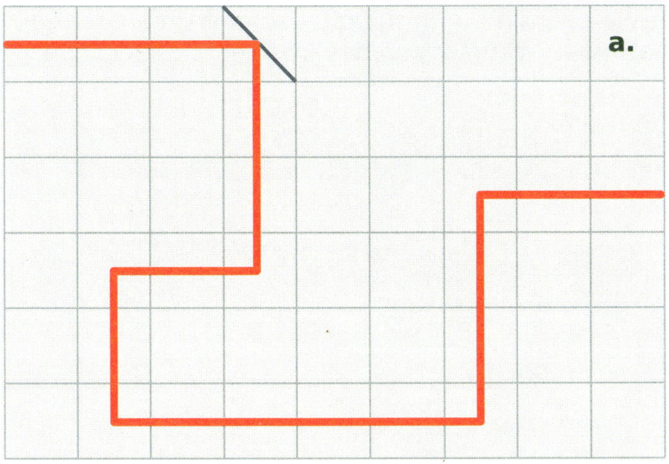


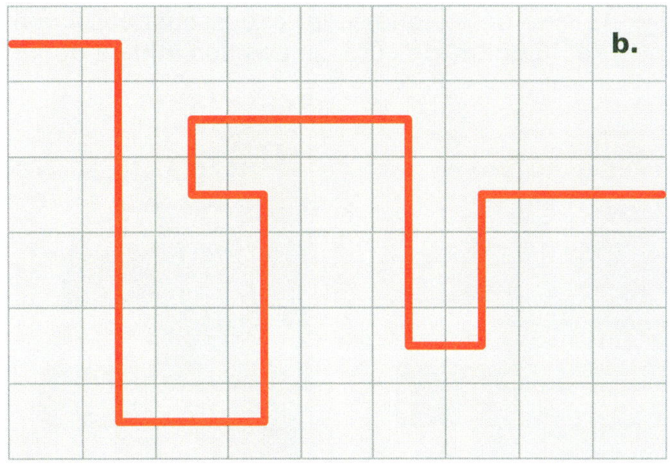


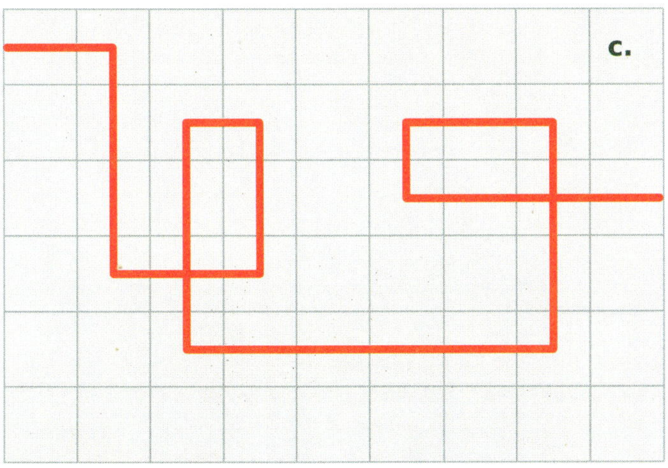


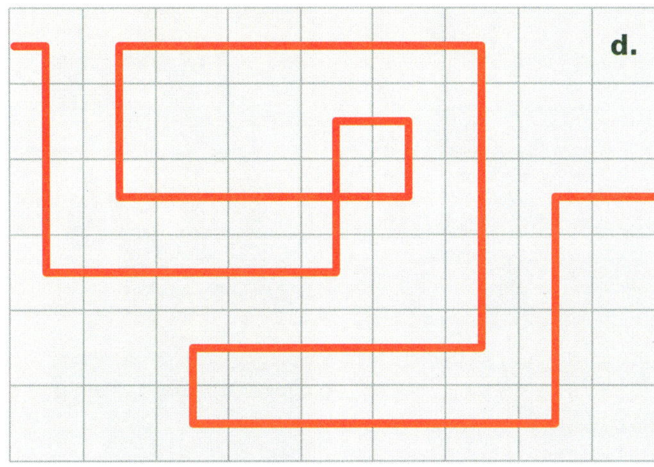


**2** Écris la séquence d'instructions pour aider Tom et Lisa à aller à la case orange.

Tu disposes des instructions **avance de ... cases**, **tourne à droite** et **tourne à gauche** ; et tu ne peux te déplacer que sur des cases qui comportent...

**a.** des nombres multiples de 2 ;

| | | | | | | | | | |
|---|---|---|---|---|---|---|---|---|---|
|  | 712 | 511 | 227 | 145 | 331 | 253 | 937 | 829 | 695 |
| | 196 | 139 | 343 | 444 | 538 | 364 | 765 | 443 | 511 |
| | 630 | 588 | 824 | 652 | 487 | 276 | 557 | 393 | 679 |
| | 811 | 955 | 327 | 679 | 115 | 278 | 269 | 981 | 873 |
| | 597 | 129 | 483 | 212 | 721 | 940 | 414 | 356 | 122 |

**b.** des nombres multiples de 5.

| | | | | | | | | | |
|---|---|---|---|---|---|---|---|---|---|
|  | 215 | 135 | 207 | 149 | 336 | 179 | 804 | 126 | 283 |
| | 431 | 330 | 318 | 453 | 584 | 788 | 463 | 308 | 542 |
| | 236 | 610 | 455 | 500 | 225 | 222 | 237 | 999 | 821 |
| | 524 | 246 | 458 | 737 | 440 | 105 | 360 | 635 | 120 |
| | 742 | 321 | 643 | 416 | 254 | 927 | 509 | 758 | 550 |

## Fiche 5 : Programmer un déplacement avec Scratch

Pour tous les exercices, choisis la scène *Xy-grid-30px* en arrière-plan, et une taille de *25* pour le lutin-chat.

**1** À l'aide de chaque script ci-dessous, dessine à droite le chemin du lutin-chat, sachant qu'un carreau mesure 30 unités de côté. La position initiale du lutin-chat est à l'intersection des segments qu'il cache.

**a.**

**b.**

**2** Programme Scratch pour qu'il dessine chacune des figures ci-dessus. Commence ton script par les 5 premiers blocs des scripts de l'exercice 1. Un carreau mesure 30 unités de côté.

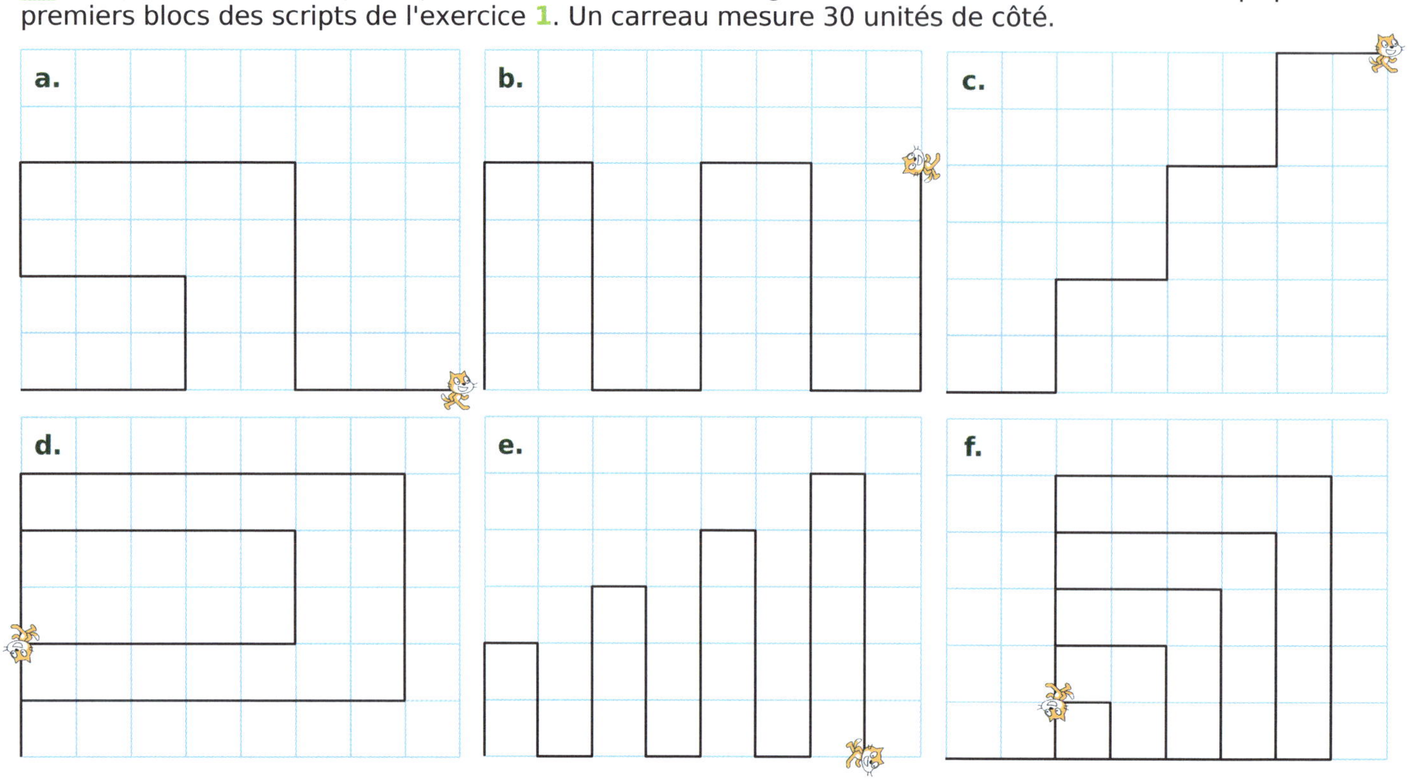

# Triangles et quadrilatères

# G5

## Fiche 1 : Utiliser le vocabulaire des triangles quelconques

**1** On considère le triangle ABC.

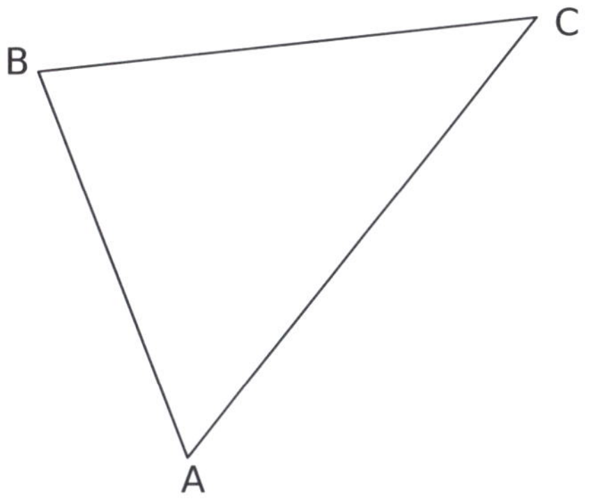


**a.** Quels sont ses sommets ?

..............................................................................

**b.** Quels sont ses côtés ?

..............................................................................

**c.** Quel est le côté opposé au sommet B ? .............

**d.** Quel est le sommet opposé au côté [AB] ? ........

**2** Reproduis cette figure dans le quadrillage.

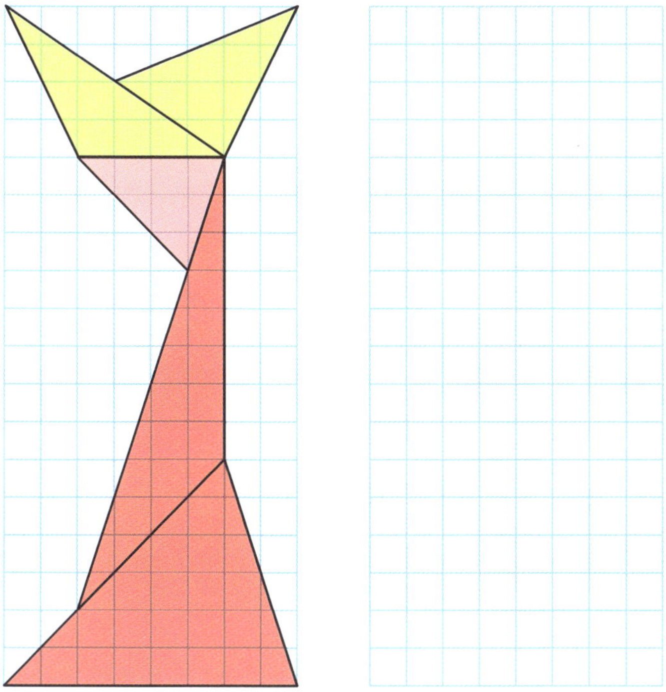

**3** Termine la construction.

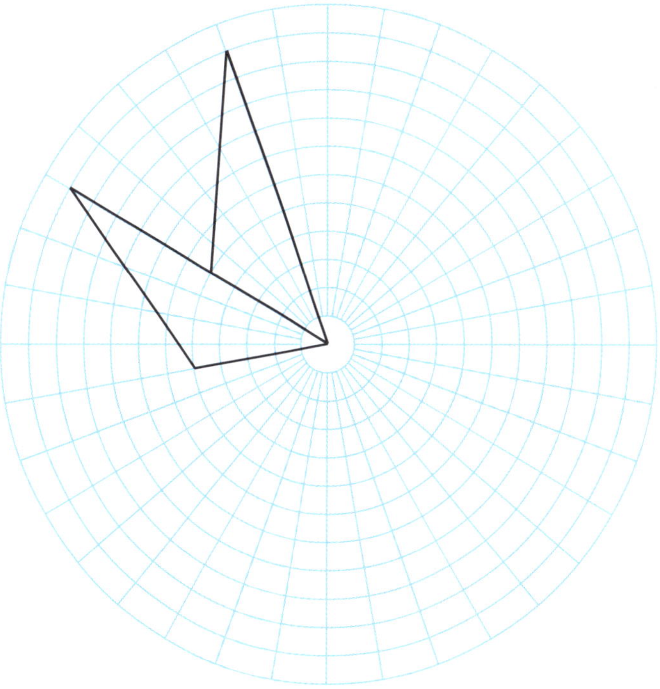

**4** Numérote chaque image dans l'ordre de la construction du triangle puis décris chaque étape de cette construction.

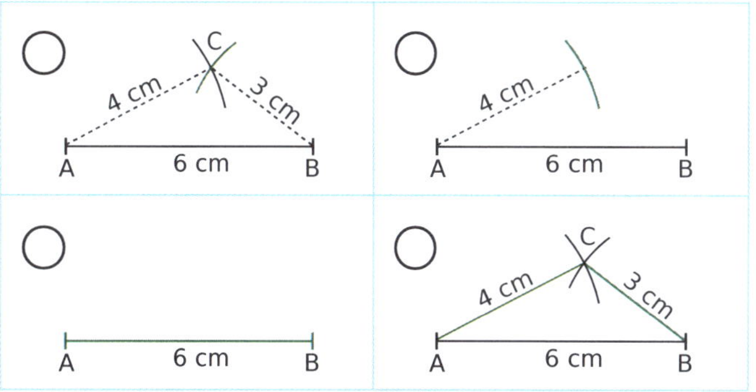


..............................................................................

..............................................................................

..............................................................................

..............................................................................

..............................................................................

## Fiche 2 : Construire des triangles quelconques

**1** Reproduis exactement chaque triangle en dessous.

**a.**

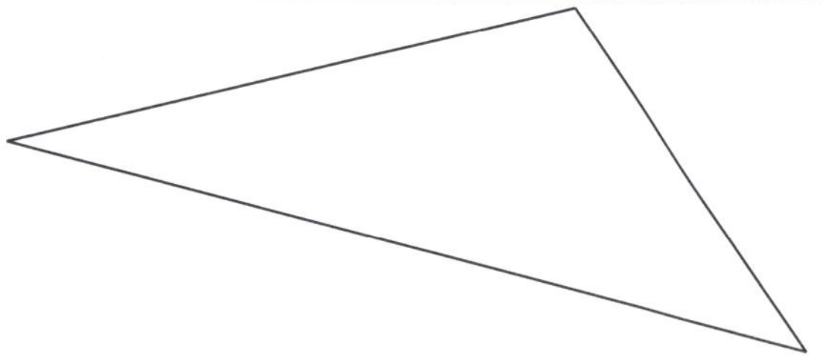

**b.**

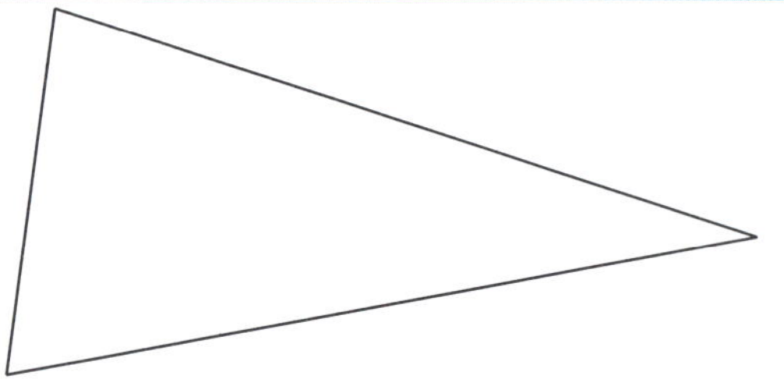

**2** Les dessins suivants sont tracés à main levée. Construis chaque triangle en vraie grandeur.

**a.**

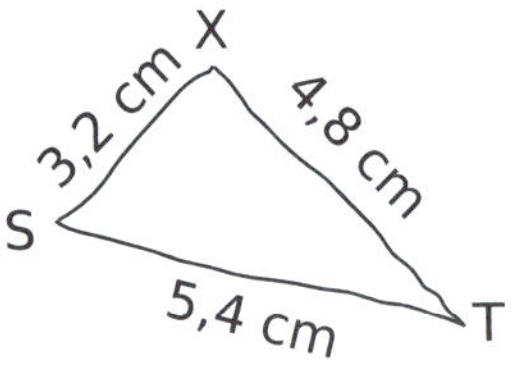


**b.**

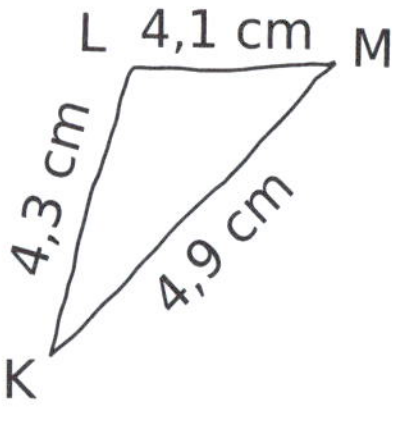


**c.**

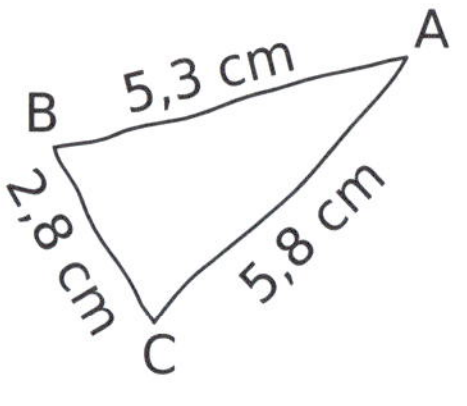


**3** Construis chaque triangle.

**a.** Trace un triangle ABC tel que :
AB = 7 cm ; BC = 5 cm
et CA = 6 cm.

**b.** Trace un triangle DEF tel que :
DE = 6,2 cm ; EF = 4,8 cm
et DF = 9,1 cm.

**c.** Trace un triangle GHI tel que :
GH = 7,5 cm ; HI = 5,1 cm
et GI = 5,6 cm.

**d.** Trace un triangle JKL tel que :
JK = 5,8 cm ; LK = 5 cm
et JL = 4 cm.

## Fiche 3 : Identifier des triangles particuliers

**1** Classe les triangles suivants dans le tableau.

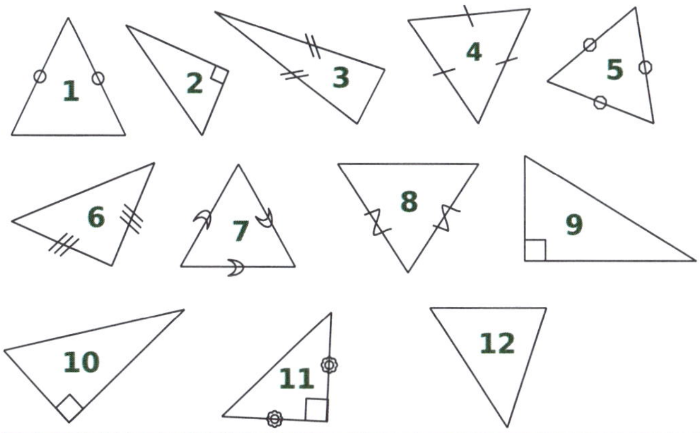


| quelconque | isocèle | rectangle | équilatéral |
|---|---|---|---|
| | | | |

**2** *Identification*

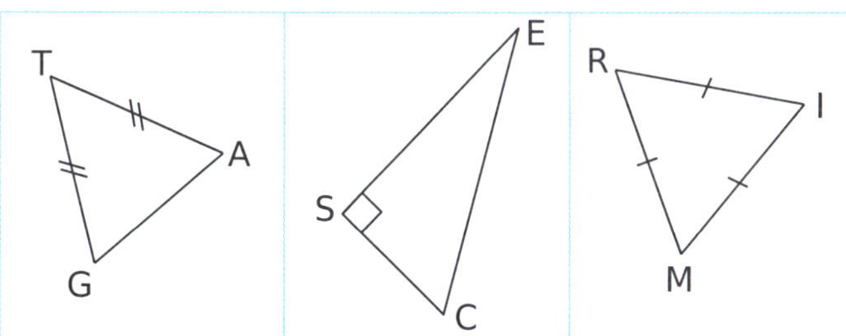


**a.** Quelle est la nature du triangle TAG ? Justifie.

..........

..........

..........

**b.** Quelle est la base et quel est le sommet principal du triangle TAG ?

..........

..........

**c.** Quelle est la nature du triangle SEC ? Justifie.

..........

..........

..........

**d.** Quelle est l'hypoténuse du triangle SEC ?

..........

**e.** Quelle est la nature du triangle MIR ? Justifie.

..........

..........

..........

**3** *Identification dans une figure complexe*

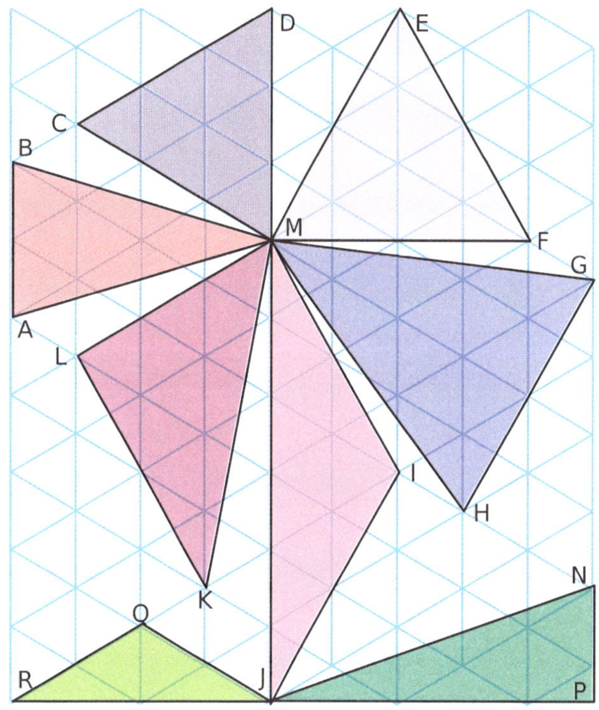


**a.** Nomme tous les triangles équilatéraux tracés.

..........

**b.** Nomme tous les triangles rectangles tracés.

..........

**c.** Nomme tous les triangles isocèles tracés.

..........

**4** Tu dois expliquer à Julie, au téléphone, comment tracer les trois triangles suivants. Rédige ce que tu lui dis.

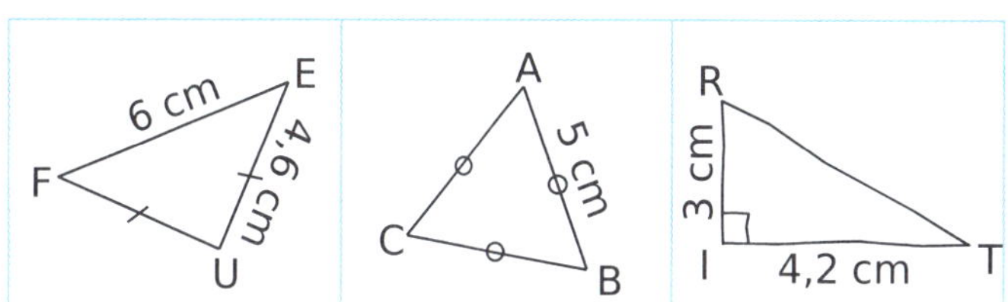


Fig. 1 Fig. 2 Fig. 3

Fig. 1 : ..........

..........

..........

Fig. 2 : ..........

..........

Fig. 3 : ..........

..........

..........

## Fiche 4 : Construire des triangles particuliers (1)

**1** Reproduis chaque triangle ci-dessous, en respectant les dimensions et les codages indiqués.

**a.**

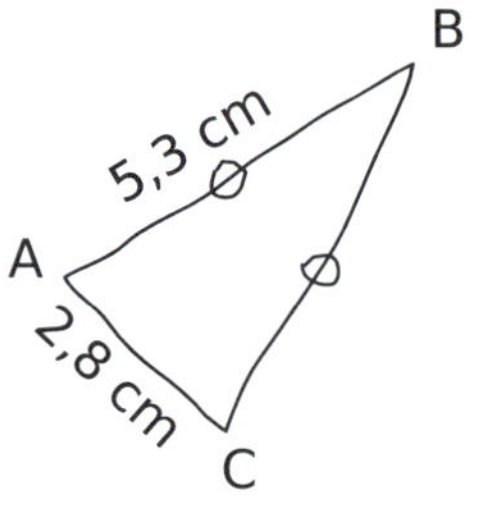


**b.**

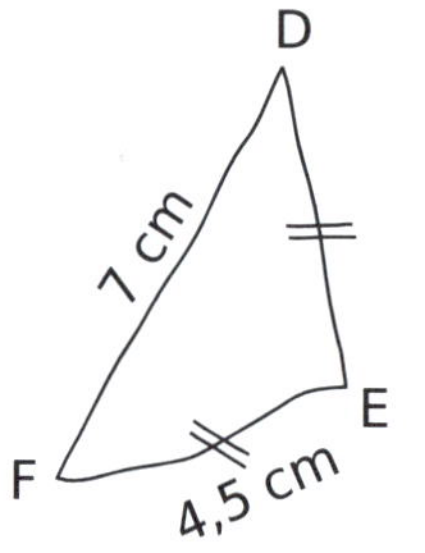


**c.**

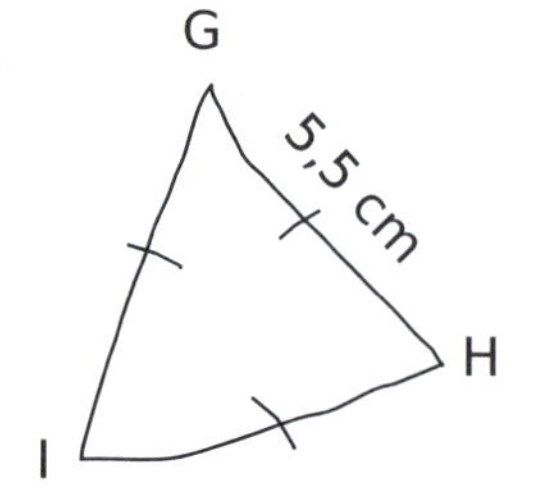


**2** On considère un triangle isocèle, dont deux côtés mesurent 3,5 cm et 5 cm.

**a.** Quelle(s) est (sont) la (les) longueur(s) possible(s) du 3$^{e}$ côté ?

..........................................................

**b.** Construis le(s) triangle(s) correspondant(s) ci-contre.

**3** Dans chaque cas ci-dessous, trace une figure à main levée codée, puis une figure en vraie grandeur.

| | | | | | |
|---|---|---|---|---|---|
| **a.** Un triangle JKL, isocèle en J, tel que : KL = 4,3 cm et KJ = 5,2 cm. | | **b.** Un triangle MNP, isocèle en N, tel que : NP = 3 cm et MP = 4 cm. | | **c.** Un triangle QRS équilatéral, de côté 4 cm. | |

## FICHE 5 : CONSTRUIRE DES TRIANGLES PARTICULIERS (2)

**1** Reproduis chaque triangle rectangle ci-dessous, en respectant les dimensions indiquées.

**a.**

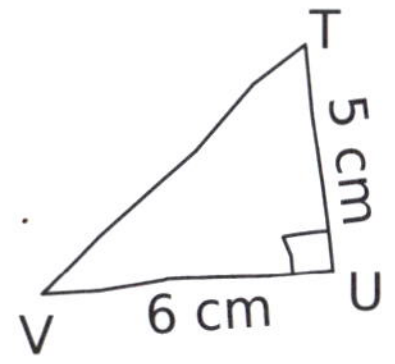


**b.**

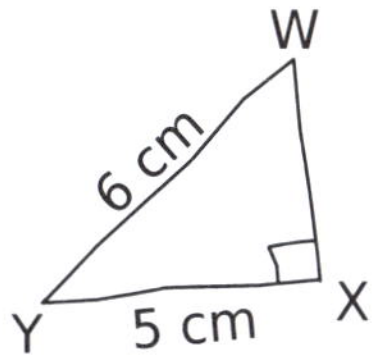


**a.**

**b.**

**2** *Triangles en cascade*

- ABC est un triangle équilatéral de côté 9 cm.
- Place le point $A_1$ sur le côté [AB], à 1 cm de A.
  Place le point $B_1$ sur le côté [BC], à 1 cm de B.
  Place le point $C_1$ sur le côté [CA], à 1 cm de C.
  Trace le triangle $A_1B_1C_1$.
- Procède de même en partant de $A_1B_1C_1$.
- Continue jusqu'à ce que le dernier triangle ait des côtés de longueur inférieure à 1 cm.
- Colorie.

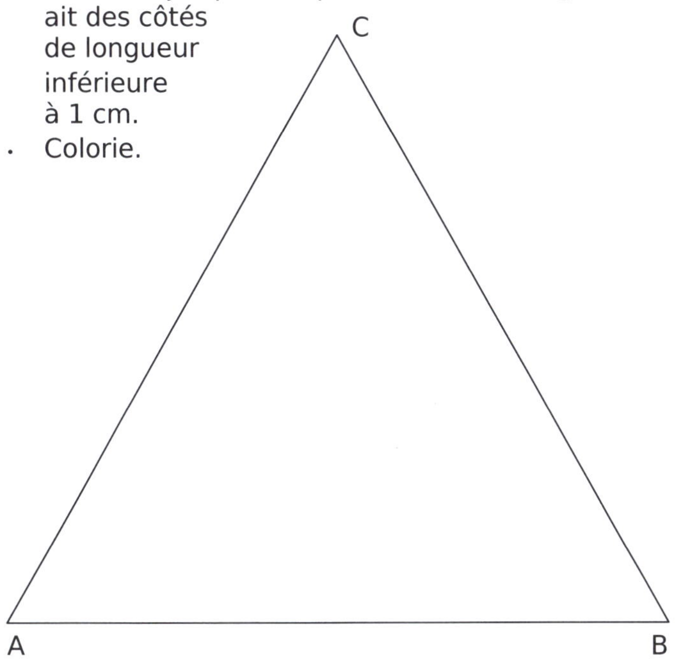


**3** Sur la figure ci-contre,

- ABC est un triangle équilatéral tel que AB = 5 cm ;
- ACD est un triangle isocèle en A.

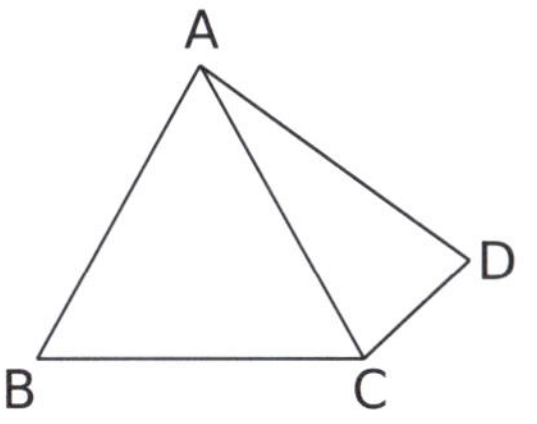


**a.** Quelle est la longueur du segment [AD] ? Justifie.

..................................................................................

..................................................................................

..................................................................................

..................................................................................

..................................................................................

..................................................................................

**b.** Quelle est la nature du triangle ABD ? Justifie.

..................................................................................

..................................................................................

..................................................................................

..................................................................................

**4** Voici les trois étapes d'une construction. Écris un énoncé correspondant à chaque étape.

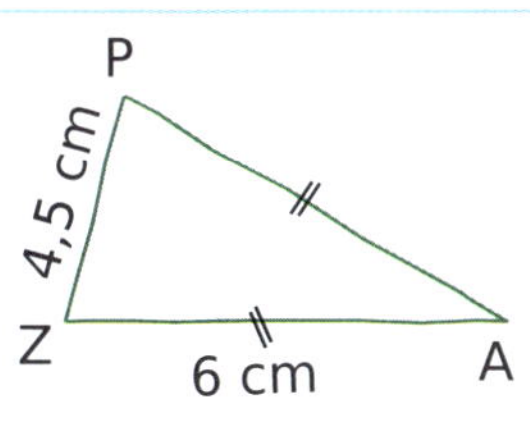


Étape 1 : ..................................................

..................................................

..................................................

..................................................

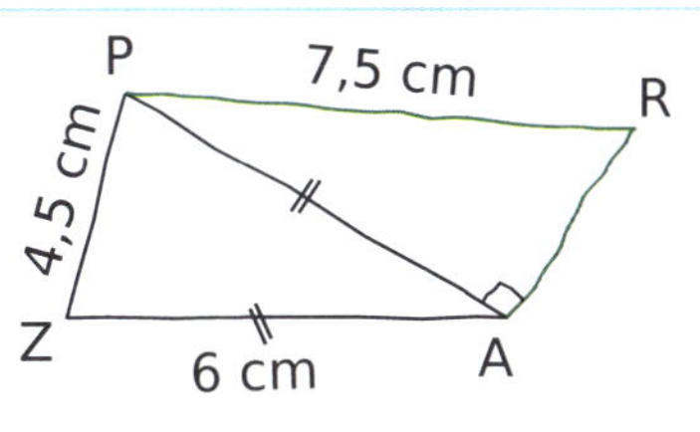


Étape 2 : ..................................................

..................................................

..................................................

..................................................

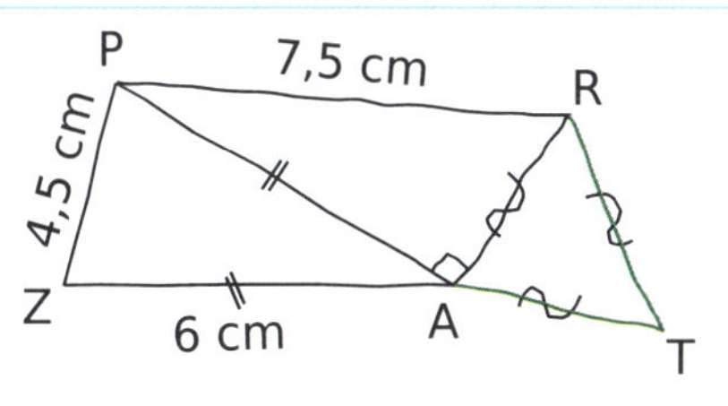


Étape 3 : ..................................................

..................................................

..................................................

..................................................

## FICHE 6 : UTILISER LE VOCABULAIRE DES QUADRILATÈRES QUELCONQUES

**1** *Des points aux quadrilatères*

**a.** Trace...

- en **bleu**, le quadrilatère LOUP ;
- en **vert**, le quadrilatère CERF ;
- en **rouge**, le quadrilatère DAIM.

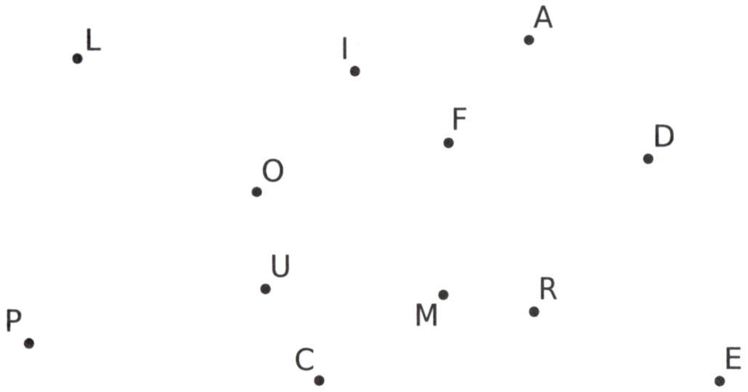


**b.** Quelles sont les diagonales...

- du quadrilatère LOUP ? ....................................
- du quadrilatère CERF ? ....................................
- du quadrilatère DAIM ? ....................................

**2** On considère les points F, A, O et N.

**a.** Dans chaque cas, trace le quadrilatère indiqué.

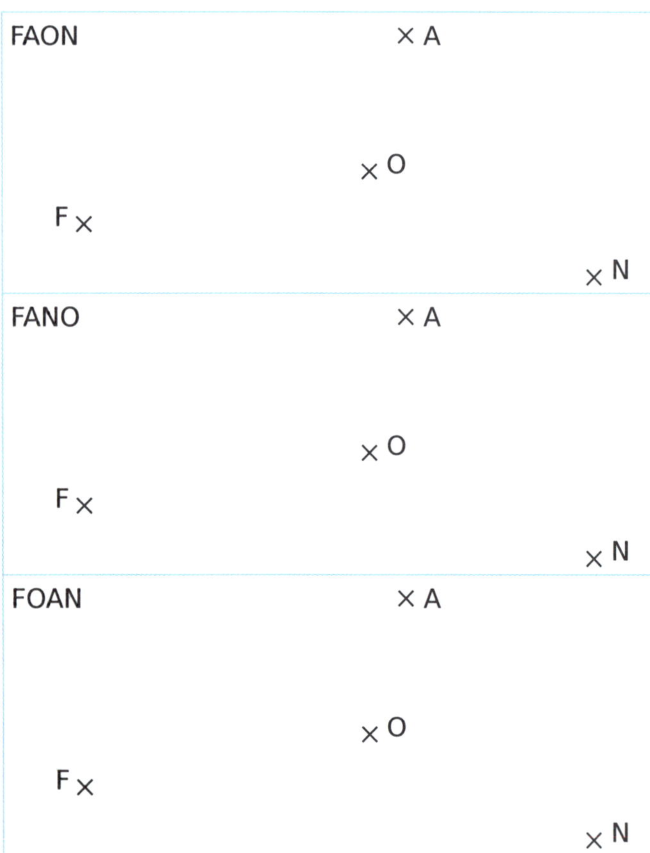


**b.** Quelles sont les diagonales...

- du quadrilatère FAON ? ....................................
- du quadrilatère FANO ? ....................................
- du quadrilatère FOAN ? ....................................

**3** On considère le quadrilatère suivant.

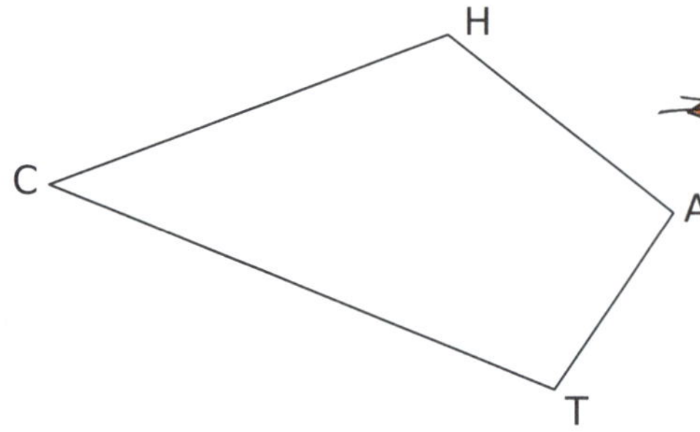

**a.** Parmi les noms proposés pour le quadrilatère ci-dessus, entoure ceux qui sont corrects.

CHAT CHTA TCHA TAHC ACHT HACT

**b.** Quelles sont ses diagonales ? Trace-les en bleu.

....................................................................................

**c.** Quel est le côté opposé au côté [HA] ?

....................................................................................

**d.** Quels sont les côtés consécutifs au côté [CT] ?

....................................................................................

**e.** Quel est le sommet opposé au sommet C ?

....................................................................................

**f.** Quels sont les sommets consécutifs à T ?

....................................................................................

**4** **Géométrie Dynamique**

**a.** Effectue la construction suivante.

- Trace un quadrilatère ABCD.
- Prolonge les côtés [AB] et [CD] sécants en E, et les côtés [AD] et [BC] sécants en F.
- Trace les diagonales [AC], [BD] et [EF] en bleu.
- Construis les milieux G, H et I de chacune de ces diagonales.

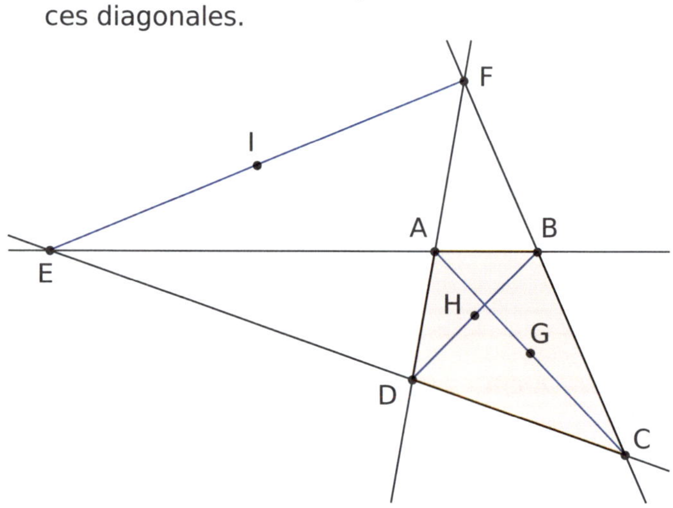


**b.** Que dire des points G, H et I ?
Vérifie à l'aide du logiciel.

....................................................................................

## Fiche 7 : Construire des quadrilatères particuliers (1)

**1** On considère l'octogone régulier suivant.

**a.** Colorie...
- les trois carrés en bleu ;
- les deux losanges en vert ;
- les deux rectangles en rouge ;
- les deux parallélogrammes en orange.

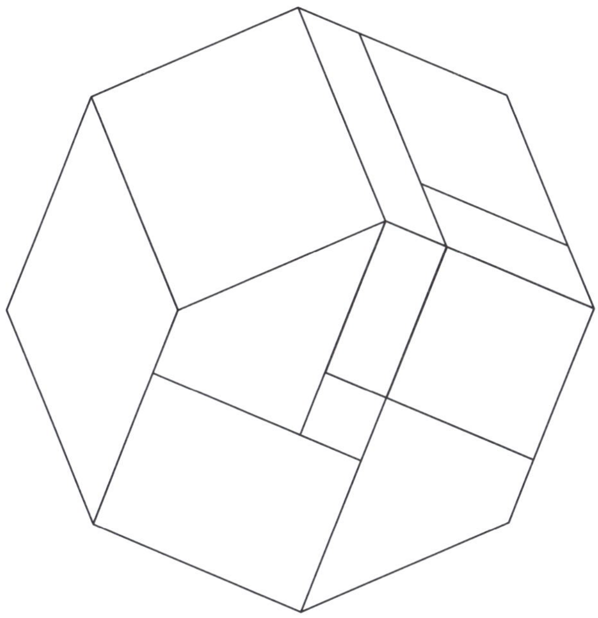

**b.** Quelle semble être la nature des deux quadrilatères non coloriés ?

**2** Justifie chacune de tes réponses.

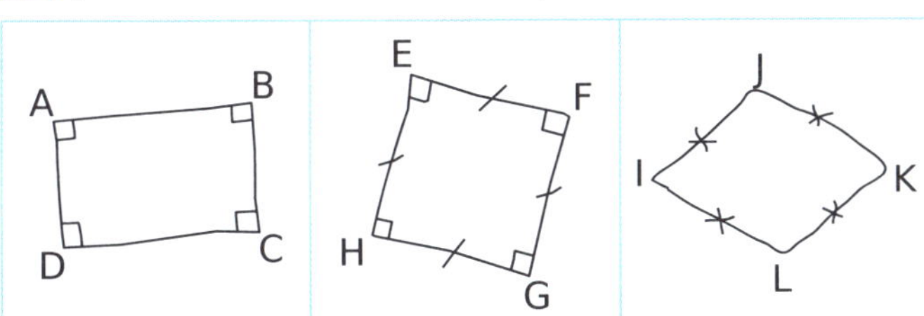


**a.** Quelle est la nature du quadrilatère ABCD ?

**b.** Quelle est la nature du quadrilatère EFGH ?

**c.** Quelle est la nature du quadrilatère IJKL ?

**3** Tu dois expliquer à Amina, au téléphone, comment tracer chacune des trois figures suivantes. Rédige ce que tu lui dis.

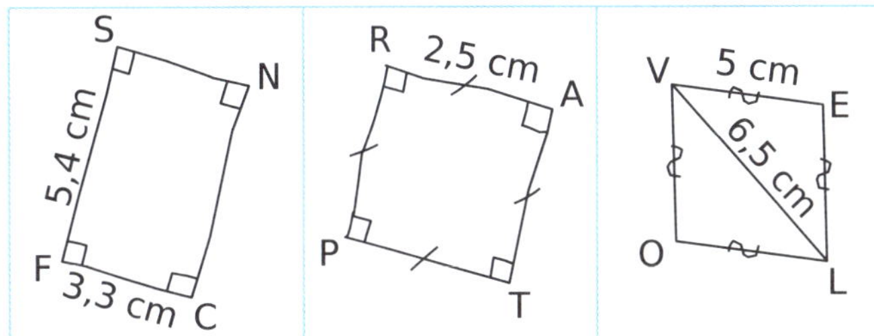


Fig. 1 Fig. 2 Fig. 3

Fig. 1 :

Fig. 2 :

Fig. 3 :

**4** Reproduis exactement chaque losange.

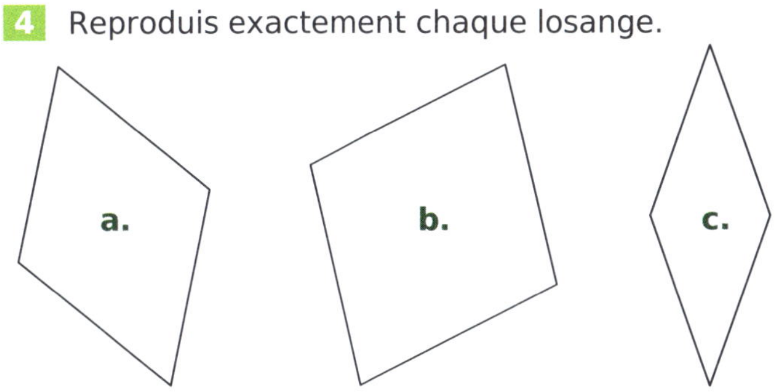


**5** Construis deux losanges différents de côté 2,7 cm.

## Fiche 8 : Construire des quadrilatères particuliers (2)

**1** Reproduis chaque quadrilatère ci-dessous, en respectant les dimensions et les codages indiqués.

**a.**

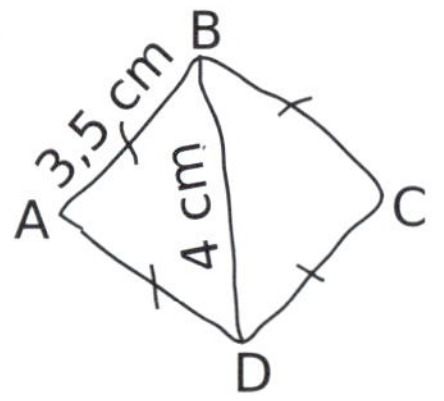


**b.**

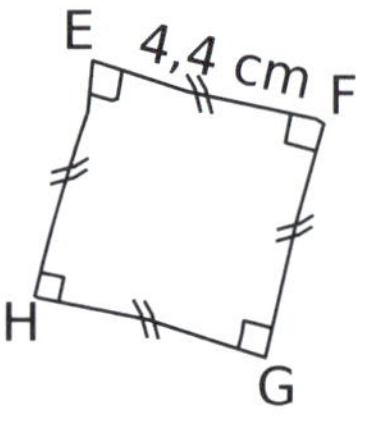


**c.**

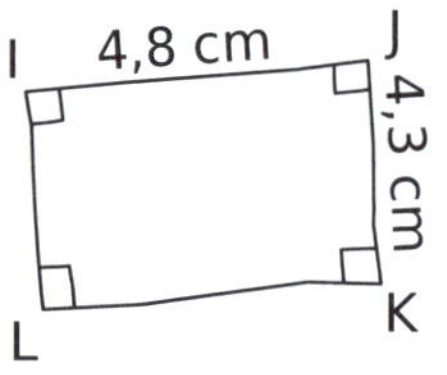


**d.**

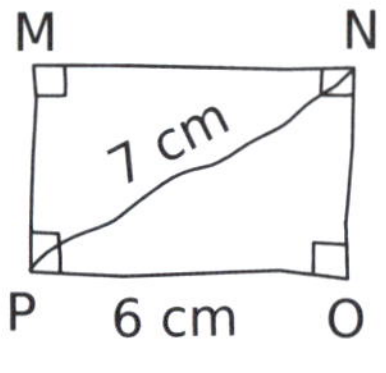


**a.**

**b.**

**c.**

**d.**

**2** RIEN est un rectangle, VERT est un carré et CANE est un losange.

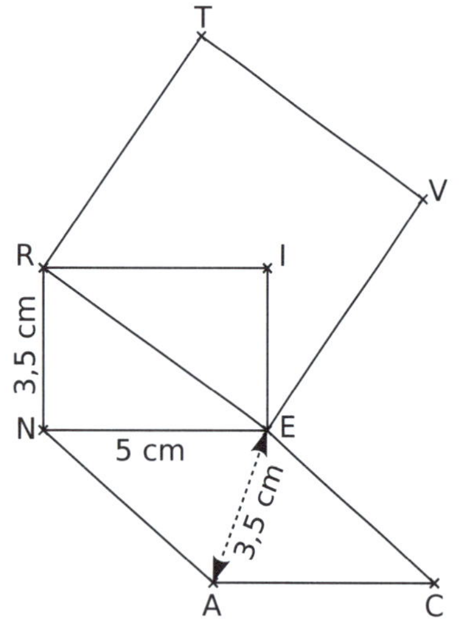


**a.** Écris ci-dessous un programme de construction de cette figure.

..........................................................................................

..........................................................................................

..........................................................................................

..........................................................................................

..........................................................................................

..........................................................................................

..........................................................................................

**b.** Reproduis cette figure ci-dessous, en respectant les mesures.

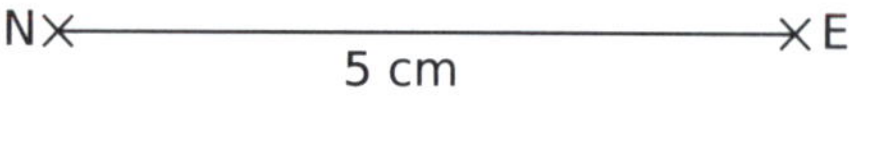

## Fiche 9 : Construire et reproduire des figures

Construis chacune de ces figures en vraie grandeur sur une feuille blanche.

**a.**

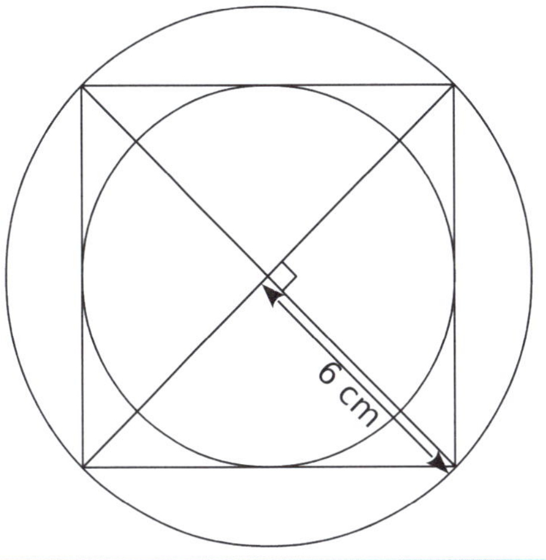


**b.**

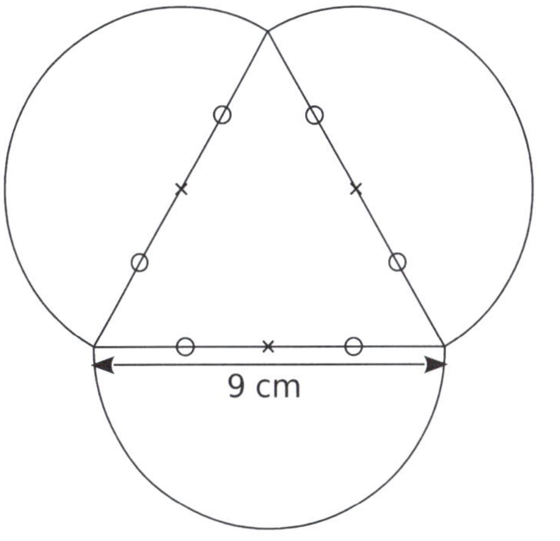


**c.** Tous les triangles sont rectangles.
Les petits triangles sont tous identiques.

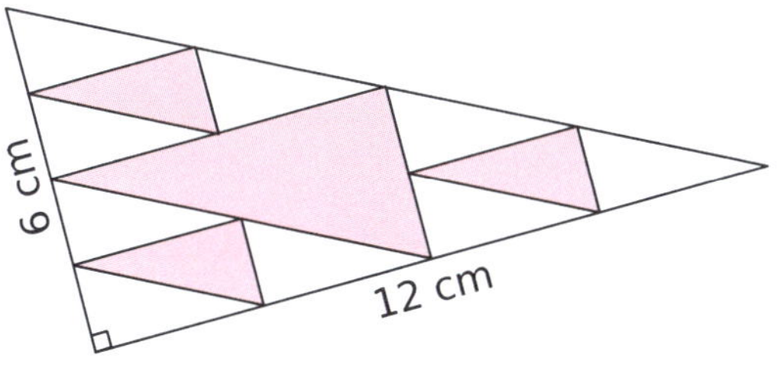


**d.**

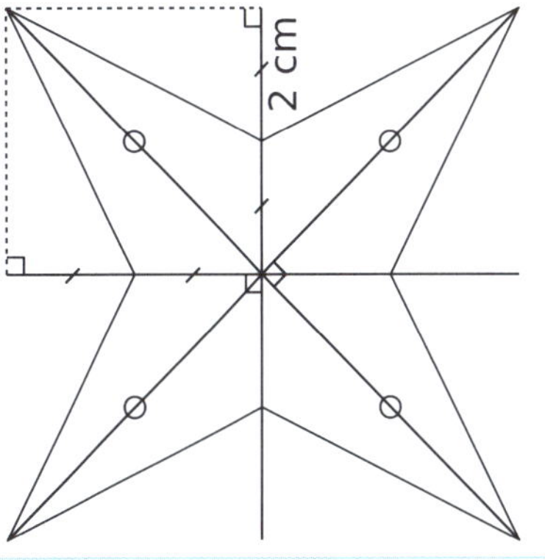


**e.** Les côtés du carré sont partagés équitablement en quatre.

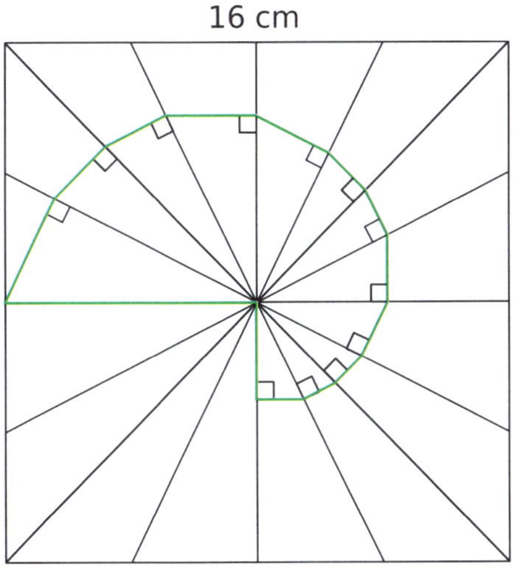


**f.** Étoile de Pompéi : Trace d'abord l'hexagone régulier du centre puis poursuis la construction, sachant que les polygones sont des carrés, des losanges et des triangles équilatéraux.

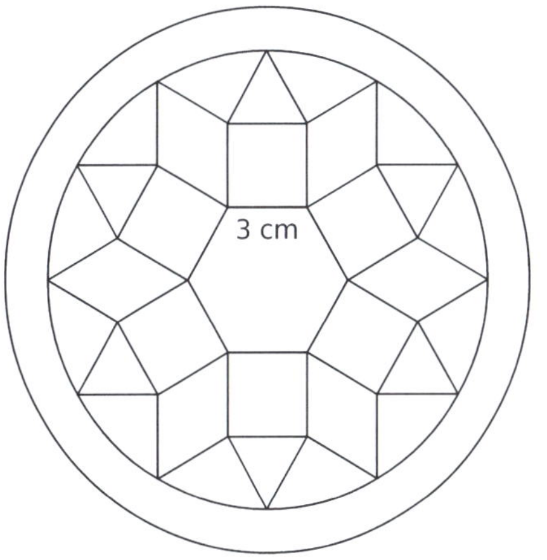


**g.**

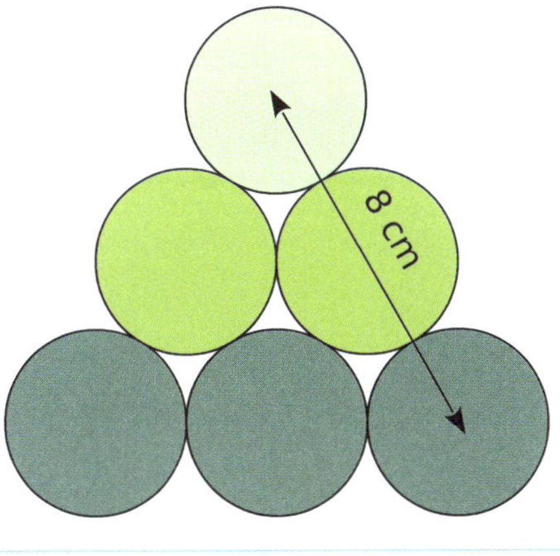


**h.** Tu prendras 3 cm pour rayon de chaque cercle.

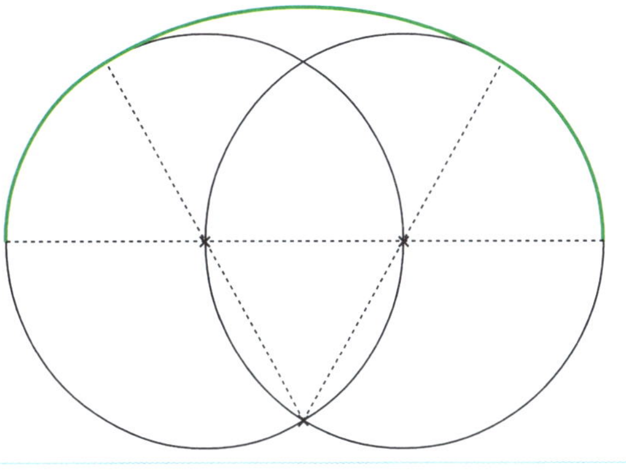

# G6 Symétrie axiale

## Fiche 1 : Utiliser la définition de la symétrie axiale

**1** Entoure la lettre correspondante quand la figure bleue est symétrique de la figure verte par rapport à la droite rouge.

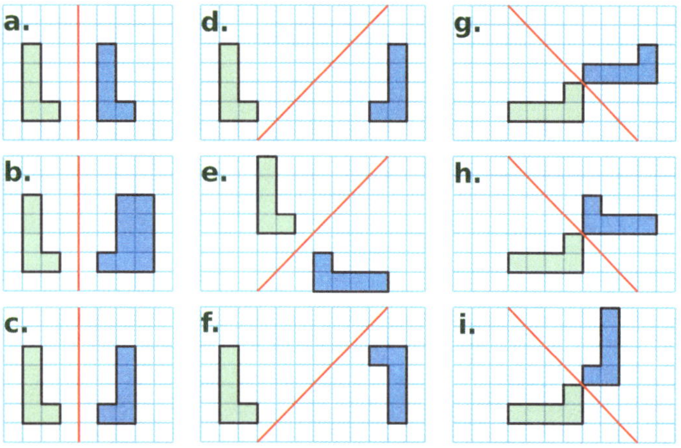


**2** *Triangles fous !*

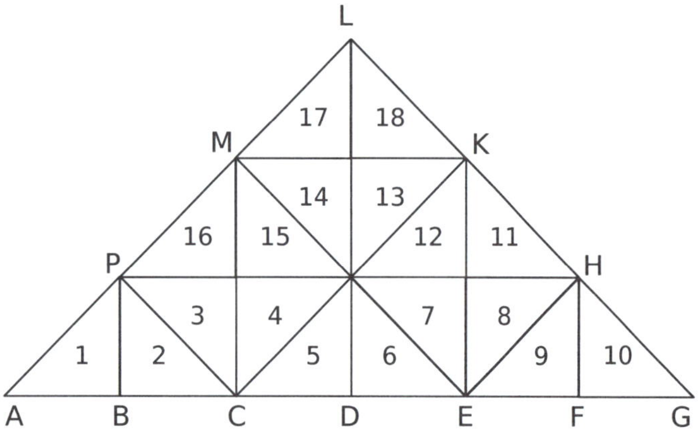


**a.** Colorie en **bleu** le symétrique du triangle 3 par rapport à la droite (PH).

**b.** Colorie en **vert** le symétrique du triangle 10 par rapport à la droite (KE).

**c.** Colorie en **rouge** le symétrique du triangle 6 par rapport à la droite (ME).

**d.** Colorie en **gris** le symétrique du triangle 11 par rapport à la droite (CK).

**e.** Complète les phrases.

- Les triangles 2 et 9 sont symétriques par rapport à la droite (..........).
- Les triangles 8 et 17 sont symétriques par rapport à la droite (..........).

**3** Décode la phrase en remplaçant chaque lettre par son symétrique par rapport à (d).

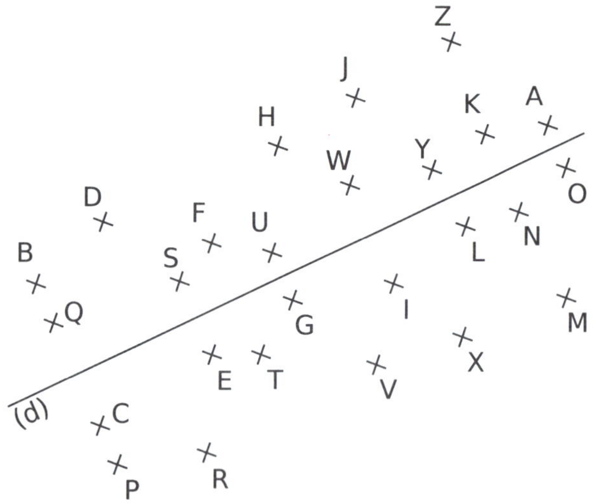


« YSE ZOFVE Q'SEF Y'SKUDOWE RS

..................................................................................

Y'WKFSYYWUSKQS. »

..................................................................................

**4** Quel semble être le symétrique de chacun des points par rapport à la droite indiquée dans le tableau ? Complète-le.

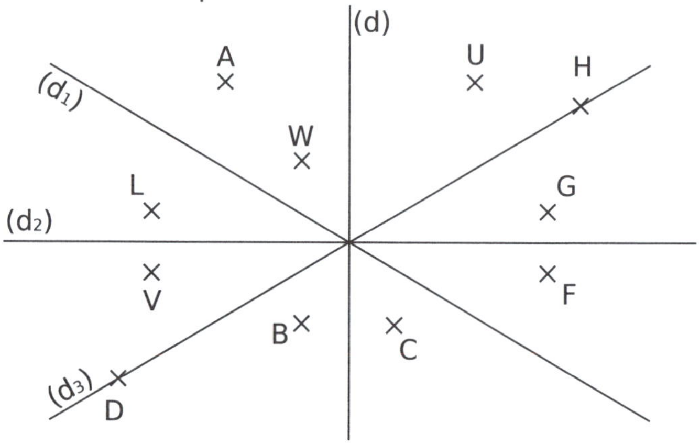


| Point | G | U | A | L | H | W |
|---|---|---|---|---|---|---|
| Droite | (d) | (d) | ($d_1$) | ($d_2$) | ($d_3$) | ($d_3$) |
| Symétrique | | | | | | |

## Fiche 2 : Construire des symétriques dans un quadrillage (1)

**1** Dans chaque cas ci-dessous, construis le symétrique de chaque point par rapport à la droite (d).

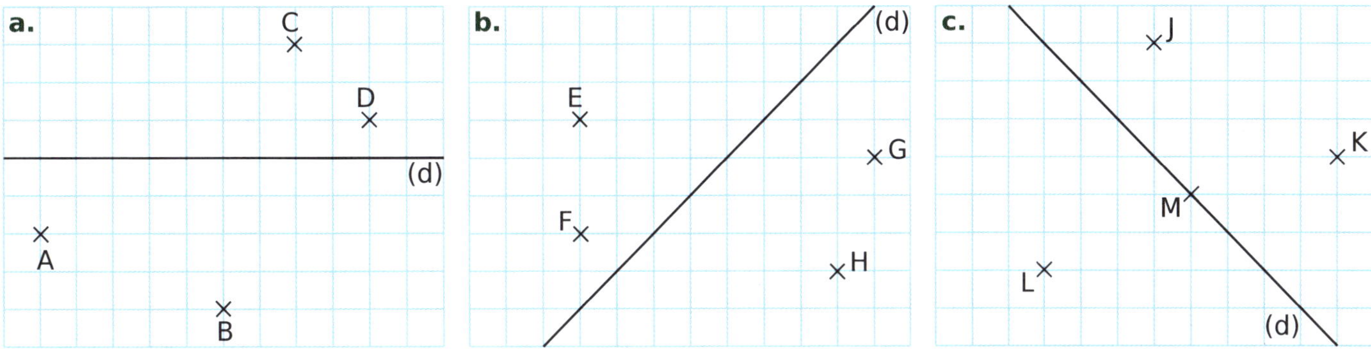


**2** Sur la figure ci-dessous...

**a.** construis les points A' et B', symétriques respectifs des points A et B par rapport à la droite (d') ;

**b.** construis les points $C_1$ et $D_1$, symétriques respectifs des points C et D par rapport à la droite $(d_1)$ ;

**c.** construis les points $E_2$ et $F_2$, symétriques respectifs des points E et F par rapport à la droite $(d_2)$.

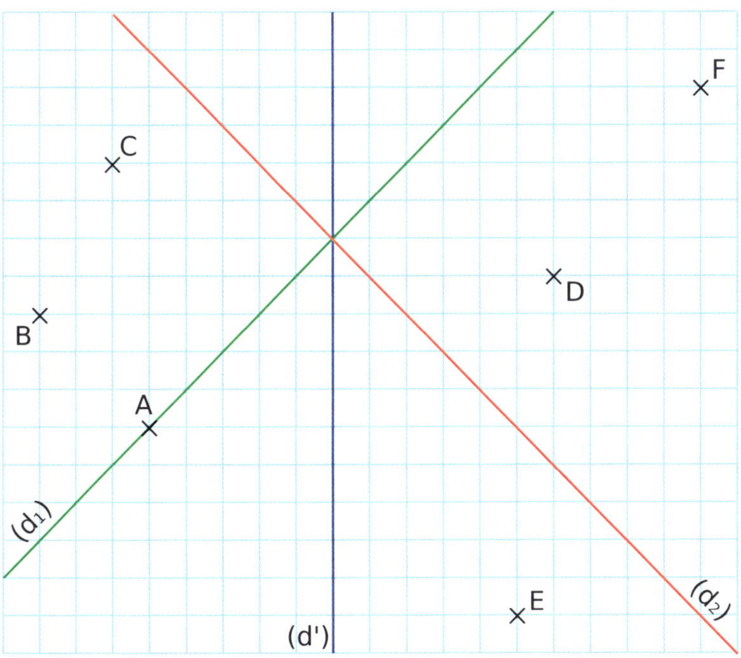


**3** Construis le symétrique de la figure par rapport à la droite rouge.

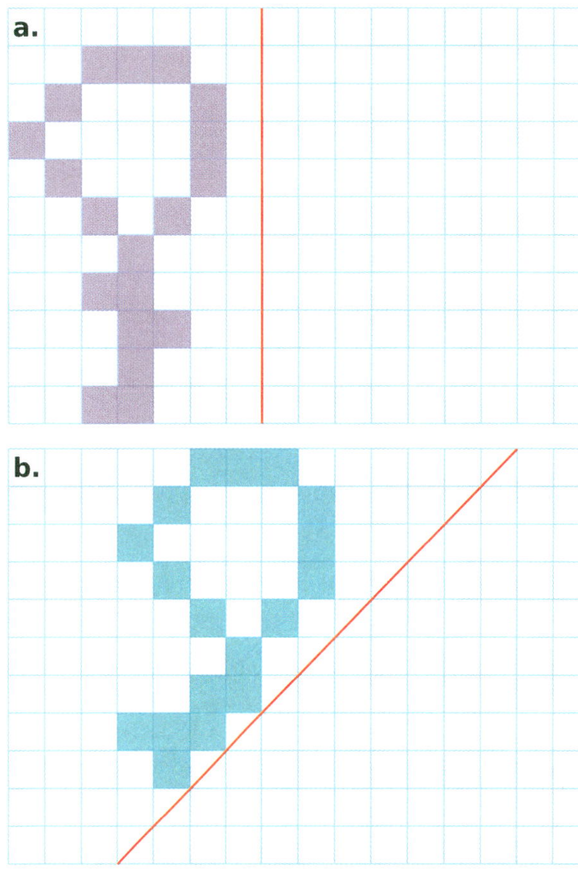


**4** Construis le symétrique de chaque figure ci-dessous par rapport à la droite rouge.

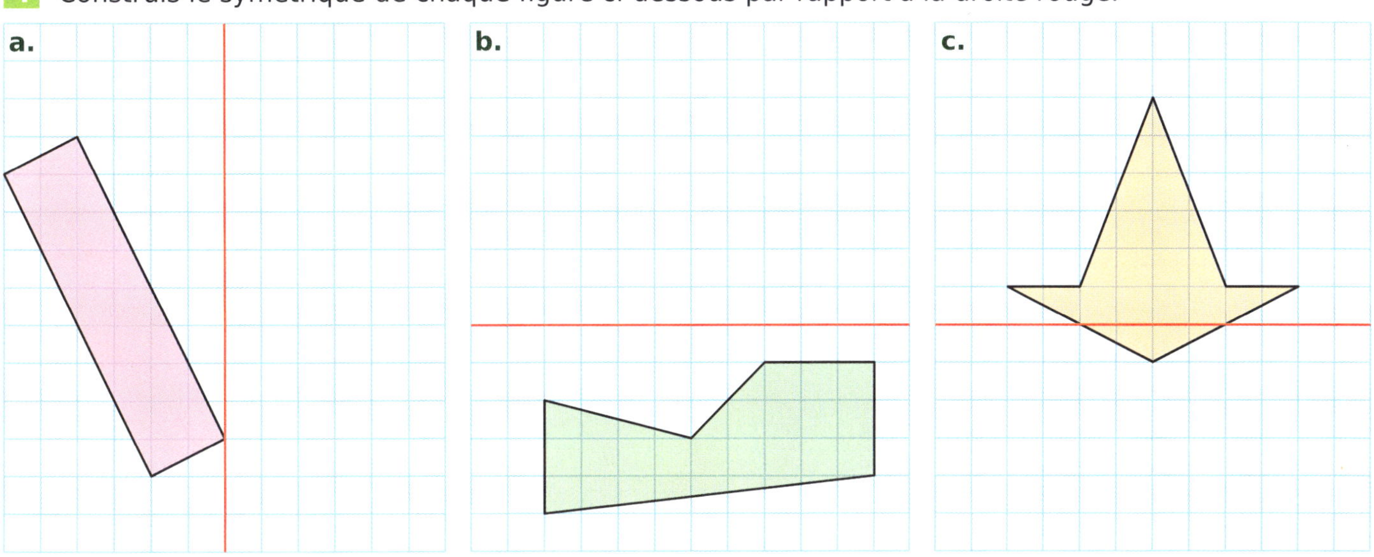

## Fiche 3 : Construire des symétriques dans un quadrillage (2)

**1** Construis le symétrique de chaque figure ci-dessous par rapport à la droite rouge.

**a.**
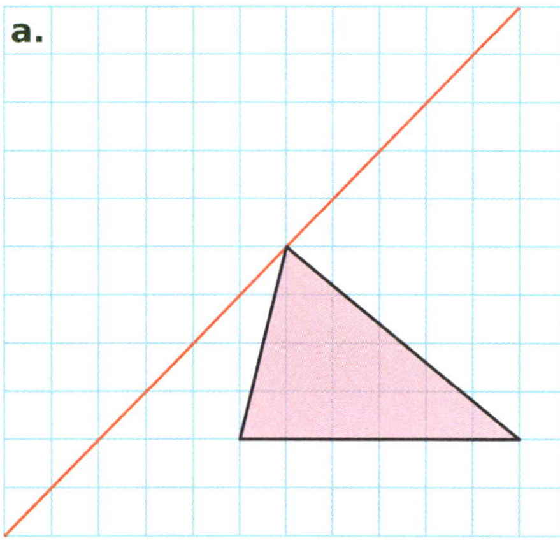

**b.**

**c.**
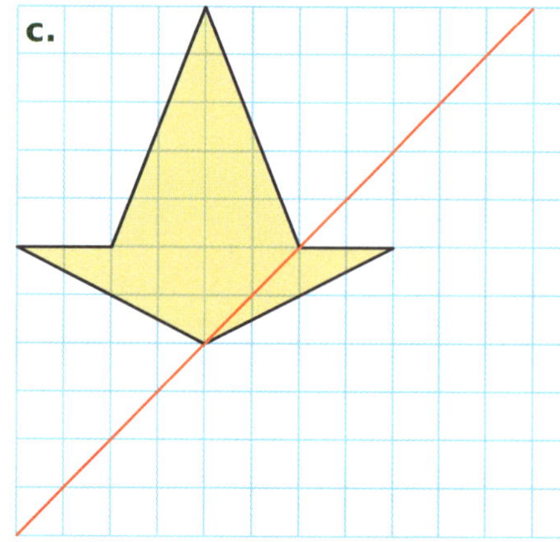

**2** Construis le symétrique de chaque figure ci-dessous par rapport à la droite rouge.

**a.**
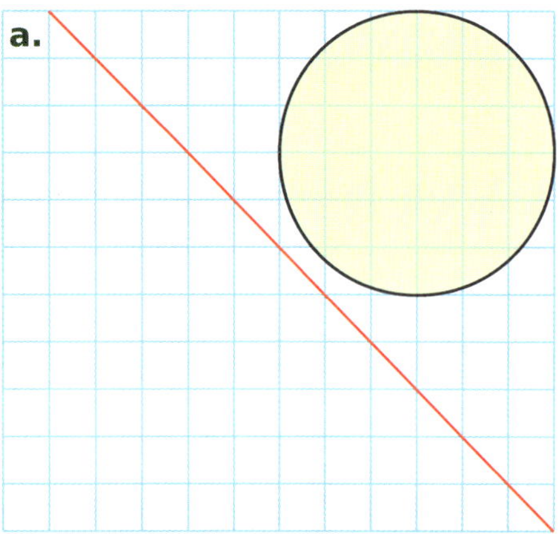

**b.**
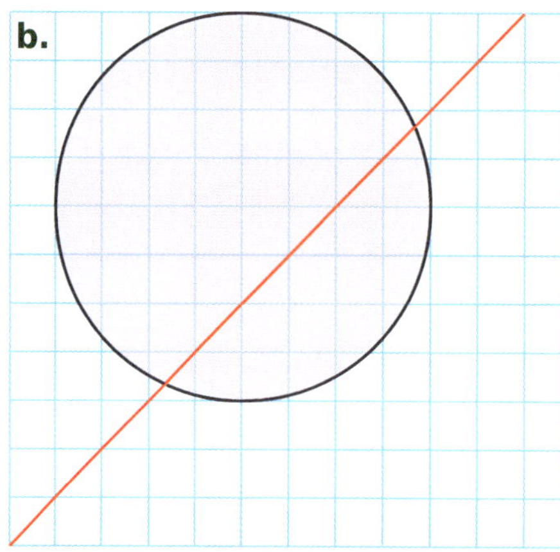

**c.**
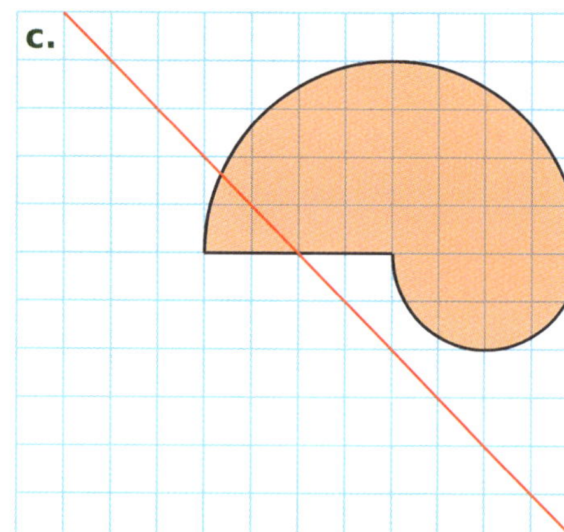

**3** Construis le symétrique de chaque figure ci-dessous par rapport à la droite rouge.

**a.**
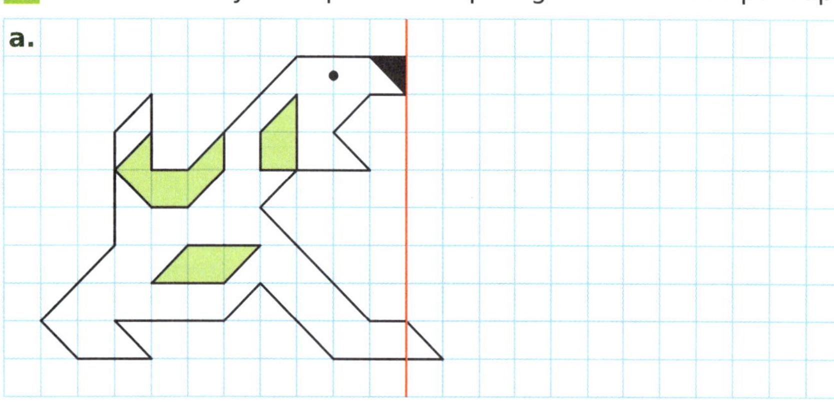

**b.**
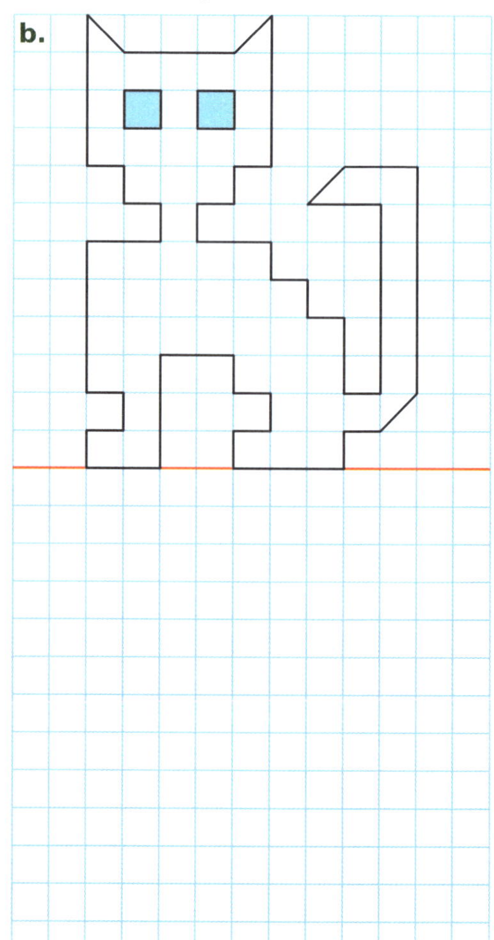

**c.**
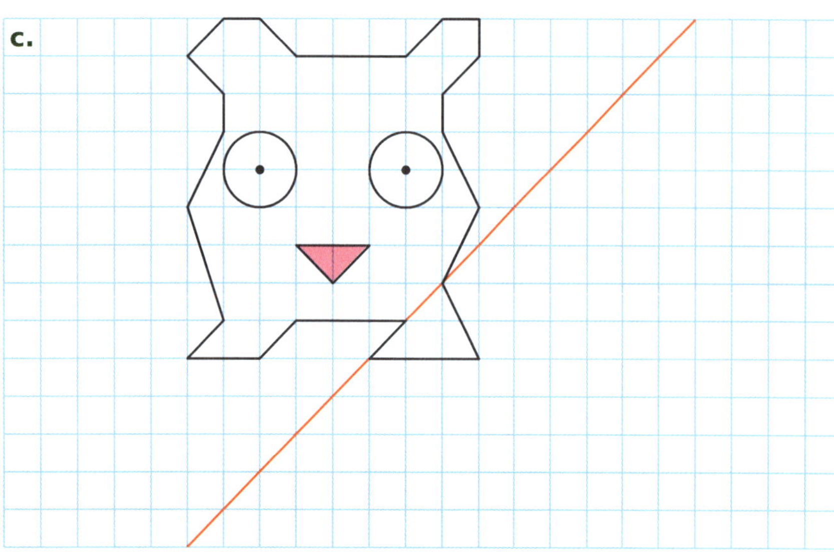

## Fiche 4 : Construire des symétriques (1)

**1** Dans chaque cas ci-dessous, construis les points A' et B' symétriques respectifs des points A et B par rapport à la droite (d) en utilisant tes instruments de géométrie.

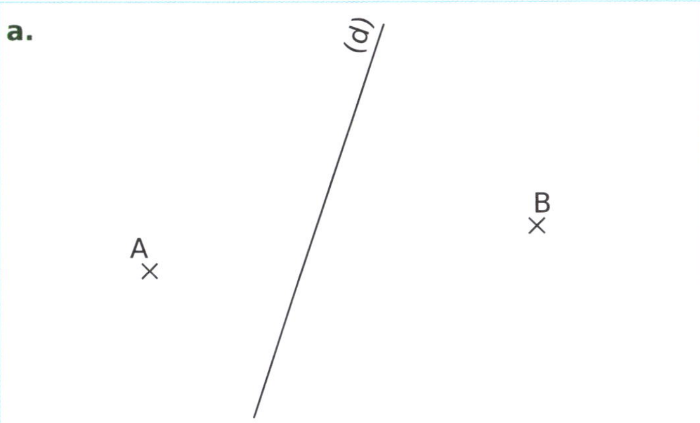


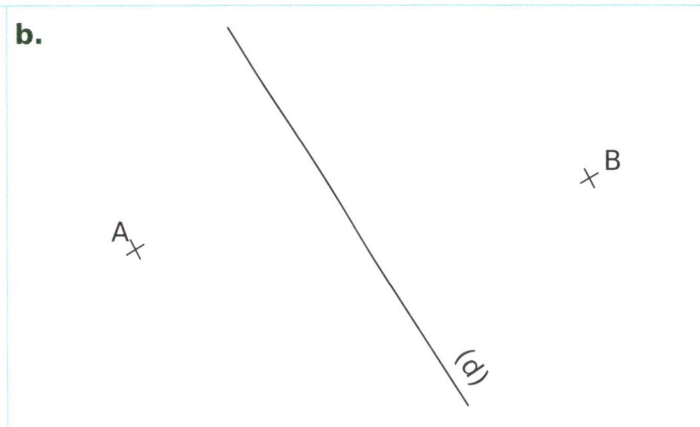


**2** Les figures BEAU et MOCH sont symétriques par rapport à une droite (d) qui a été effacée.

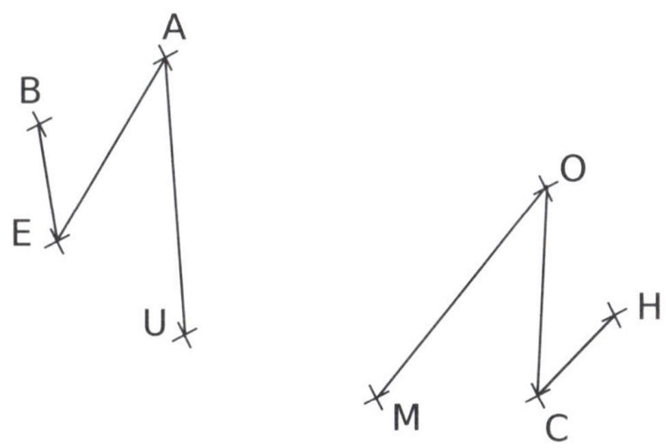


**a.** Inscris dans le tableau le symétrique de chacun des points B, E, A et U par rapport à la droite (d).

| Point | B | E | A | U |
|---|---|---|---|---|
| Symétrique par rapport à (d) | | | | |

**b.** En utilisant ta règle, construis cette droite (d).

**3** *Symétrique d'un triangle*

**a.** Construis les points M, O et U symétriques respectifs des points S, E et C par rapport à (d).

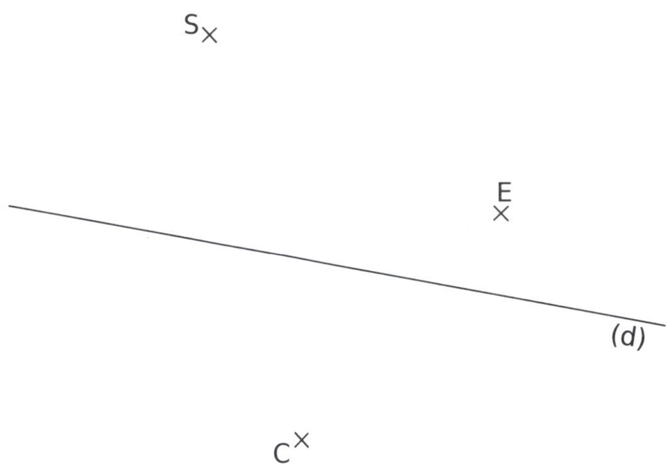


**b.** Quel est le symétrique du triangle SEC ? .........
Trace-le.

**4** En utilisant tes instruments de géométrie, construis...

**a.** les points $A_1$, $B_1$, $C_1$ et $D_1$, symétriques respectifs des points A, B, C et D par rapport à la droite ($d_1$) ;

**b.** les points $A_2$, $B_2$, $C_2$ et $D_2$, symétriques respectifs des points A, B, C et D par rapport à la droite ($d_2$).

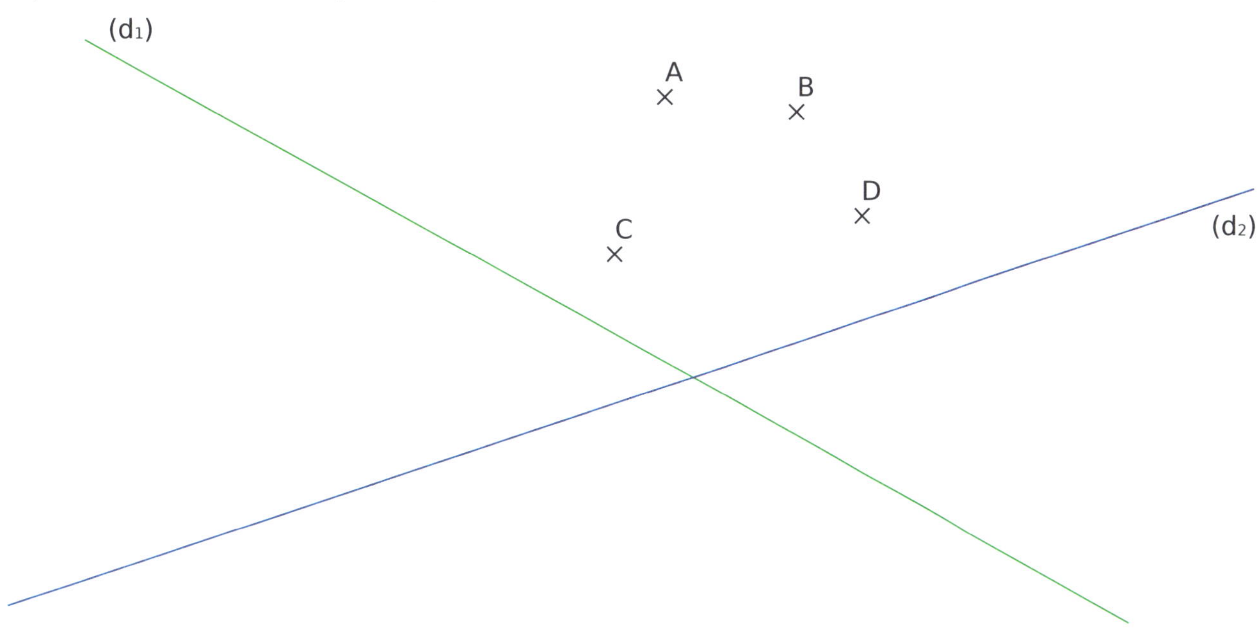

## Fiche 5 : Construire des symétriques (2)

**1** Construis le symétrique de chaque figure par rapport à la droite (d).

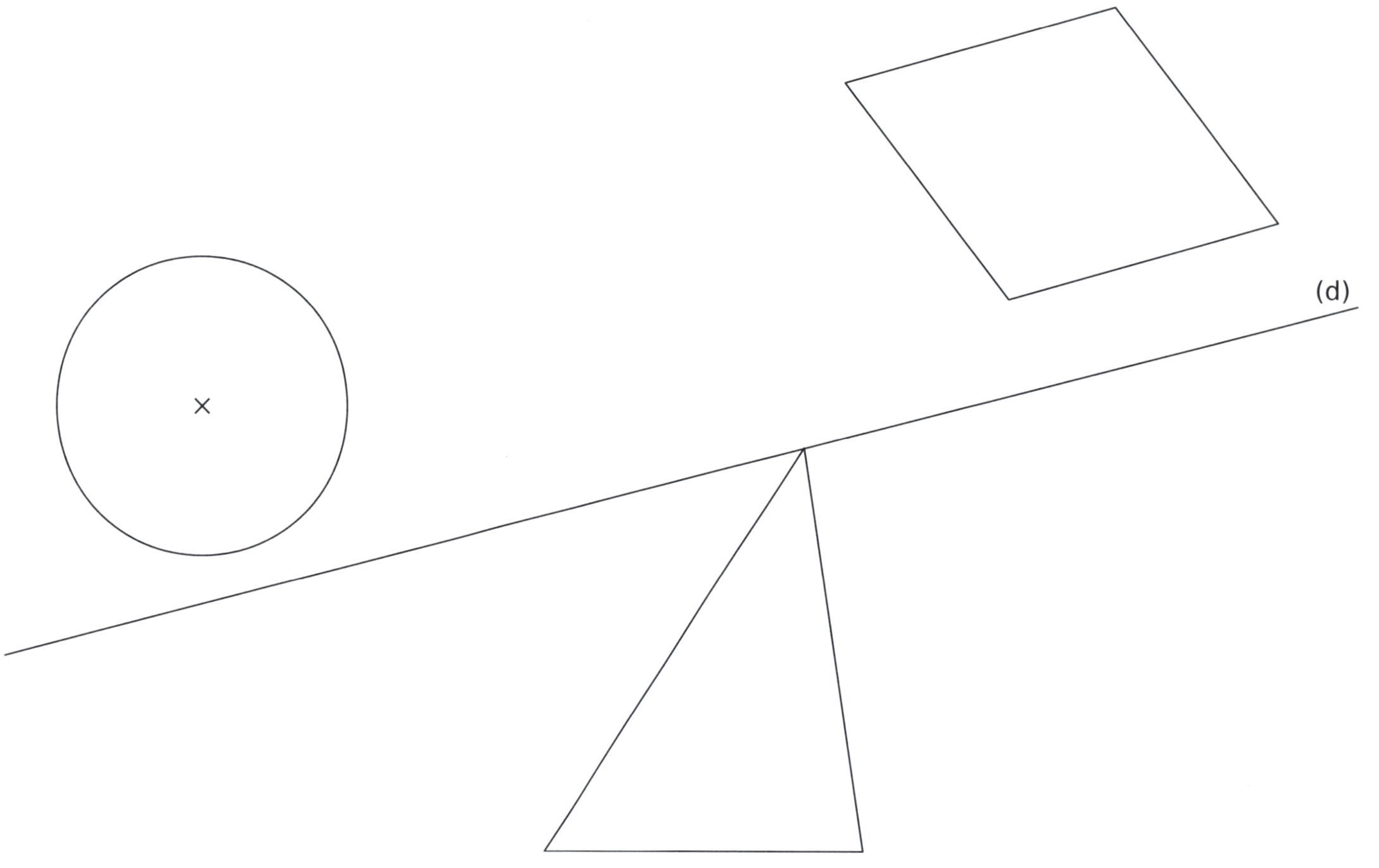


**2** Construis le symétrique de chaque figure par rapport à la droite (d).

# Fiche 6 : Utiliser les propriétés de la symétrie axiale (1)

**1** La figure orange est symétrique de la verte par rapport à la droite (d). Complète les phrases.

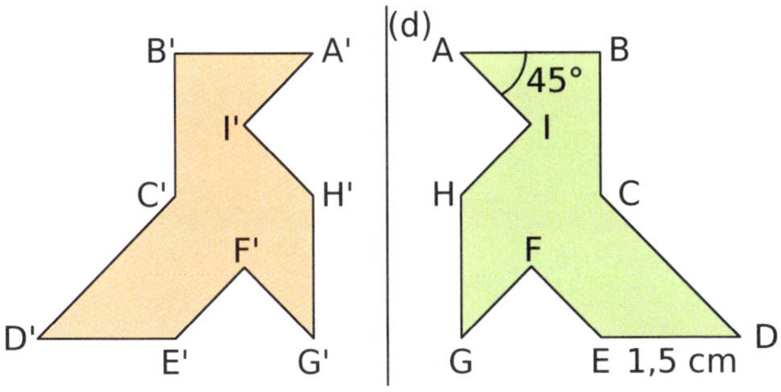


**a.** ED = 1,5 cm donc E'D' = ..............................

car ..............................

..............................

..............................

**b.** $\widehat{BAI}$ = 45° donc $\widehat{B'A'I'}$ = ..............................

car ..............................

..............................

..............................

**2** Même énoncé qu'à l'exercice précédent.

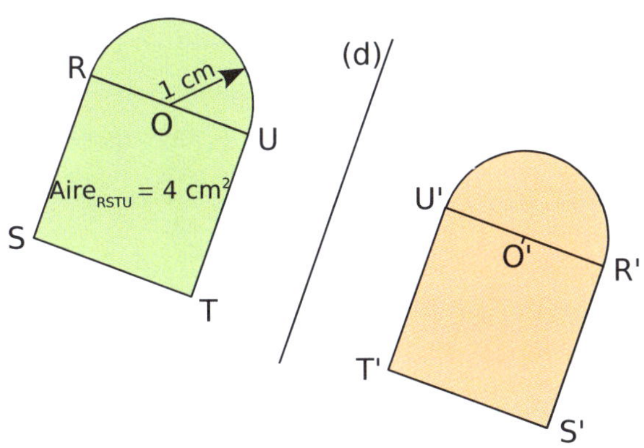


**a.** Aire$_{RSTU}$ = 4 cm² donc Aire$_{R'S'T'U'}$ = ..............................

car ..............................

..............................

..............................

**b.** Le rayon du demi-cercle de diamètre [RU] est 1 cm donc le rayon du demi-cercle de diamètre [R'U'] est .............................. car ..............................

..............................

..............................

..............................

**3** Les deux quadrilatères sont symétriques par rapport à la droite (d).

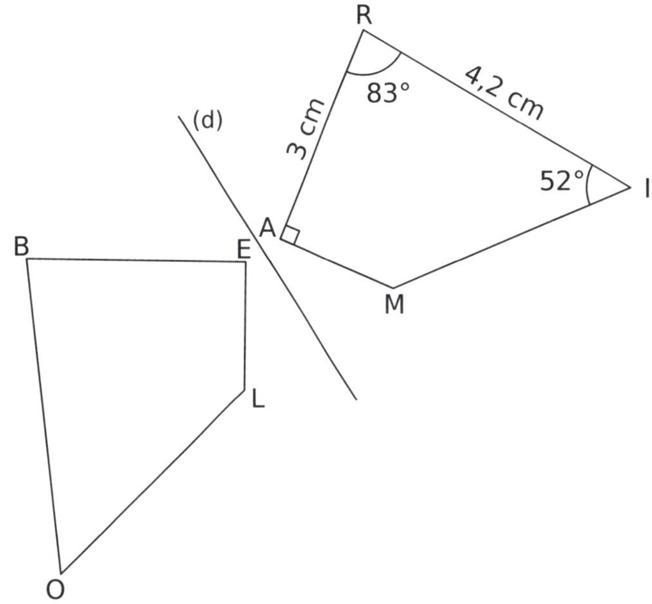


**a.** Complète le tableau suivant.

| Point | R | A | M | I |
|---|---|---|---|---|
| Symétrique | | | | |

Tu justifieras ensuite chaque réponse.

**b.** Quelle est la longueur du segment [BE] ?

..............................

..............................

..............................

..............................

**c.** Quelle autre longueur peux-tu déterminer ?

..............................

..............................

..............................

..............................

**d.** Quelle est la mesure de l'angle $\widehat{BOL}$ ?

..............................

..............................

..............................

..............................

**e.** Écris deux autres égalités de mesure d'angles.

..............................

..............................

## Fiche 7 : Utiliser les propriétés de la symétrie axiale (2)

**1** On a tracé un triangle BUS et le segment [RA], symétrique de [BS] par rapport à une droite (d).

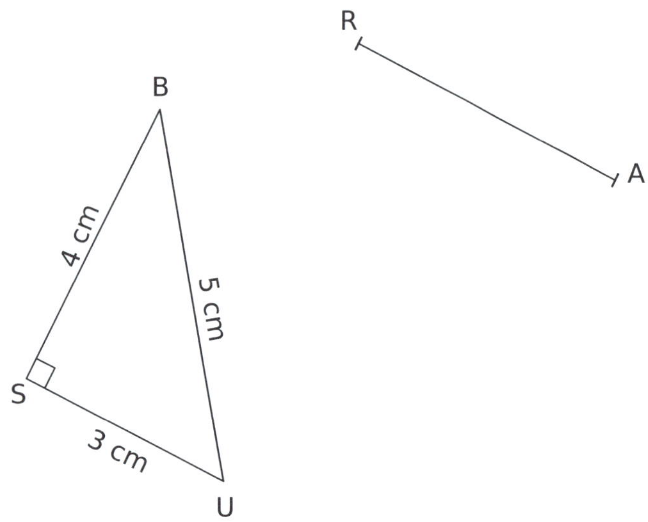


**a.** Sans tracer l'axe de symétrie, construis le triangle CAR, symétrique de BUS.

**b.** Quelle est la nature du triangle CAR ? Justifie.

..................................................

..................................................

..................................................

..................................................

**c.** Quel est le périmètre du triangle CAR ? Justifie.

..................................................

..................................................

..................................................

..................................................

**d.** Trace le cercle de diamètre [BU]. Quel est son centre et qu'a-t-il de remarquable ?

..................................................

..................................................

..................................................

**e.** Trace le symétrique de ce cercle. Quel est son centre ? Son rayon ? Qu'a-t-il de remarquable ?

..................................................

..................................................

..................................................

**f.** On peut alors facilement tracer l'axe (d). Fais-le et explique comment tu procèdes.

..................................................

..................................................

**2** Sur la figure ci-dessous, $\widehat{AON} = 36°$.

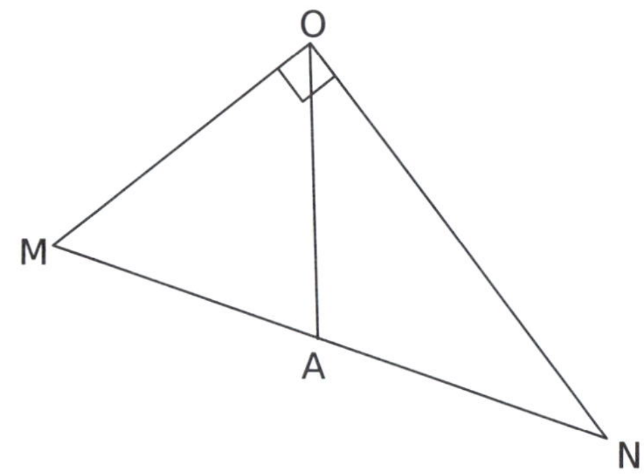


**a.** Calcule la mesure de l'angle $\widehat{MOA}$ .

..................................................

..................................................

..................................................

**b.** Place le point B, symétrique du point A par rapport à la droite (ON). Quelle est la mesure de l'angle $\widehat{NOB}$ ? Justifie.

..................................................

..................................................

..................................................

..................................................

..................................................

**c.** Place le point C, symétrique du point A par rapport à la droite (OM). Quelle est la mesure de l'angle $\widehat{MOC}$ ? Justifie.

..................................................

..................................................

..................................................

..................................................

..................................................

**d.** Démontre que les points C, O et B sont alignés.

..................................................

..................................................

..................................................

..................................................

## FICHE 8 : CONSTRUIRE ET REPRODUIRE DES FIGURES

**1** Construis les symétriques du personnage pour que les axes noirs soient les axes de symétrie de la figure.

**2** Construis les symétriques de la tortue pour que les diagonales du grand carré soient les axes de symétrie de la figure.

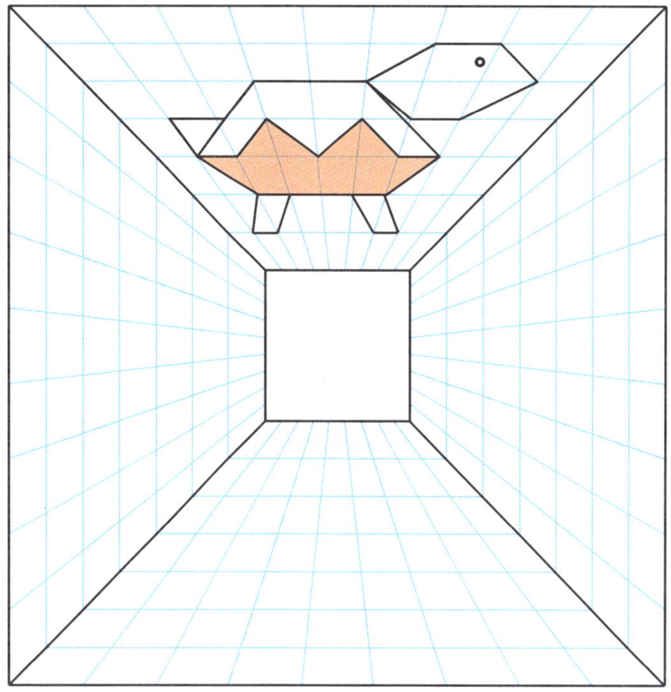

**3** **Géométrie Dynamique** *Rosace à 4 pétales*

**a.** Construis cette figure.

- Trace un cercle de centre A passant par B. Trace la droite (AB).
- Trace la droite (b) perpendiculaire à (AB) et passant par A.
- Place un point C sur ce cercle. Trace la droite (AC).
- Construis le symétrique B' du point B par rapport à (AC).
- Trace la parallèle à (AB) passant par B'. Elle coupe (b) en D.
- Trace le cercle de centre A passant par D. Il coupe la droite (AC) en E et F.

**b.** Active la trace des points E et F, puis anime le point C.

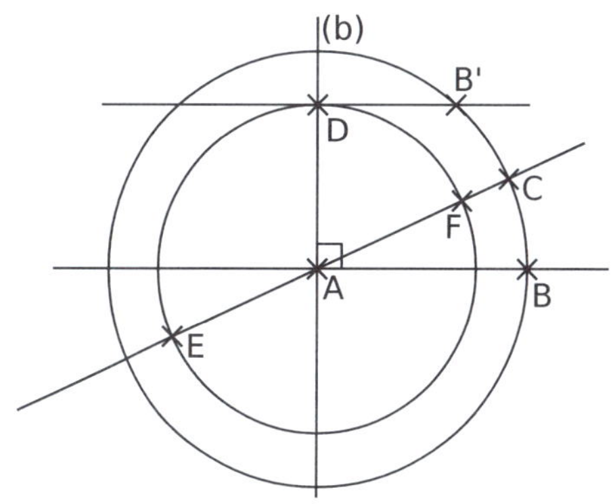


**4** *Droite de Steiner*

**a.** Sur une feuille blanche, trace un cercle de centre A. Place quatre points B, C, D et E sur ce cercle. Trace le triangle BCD. Construis les symétriques E', E'$_1$ et E'$_2$ du point E par rapport à chaque côté du triangle BCD.

**b.** Recommence cette construction avec un triangle différent.

**c.** Que dire des points E', E'$_1$ et E'$_2$ ?

**d.** **Géométrie Dynamique** Reprends cet exercice.
Déplace les points pour observer la propriété.

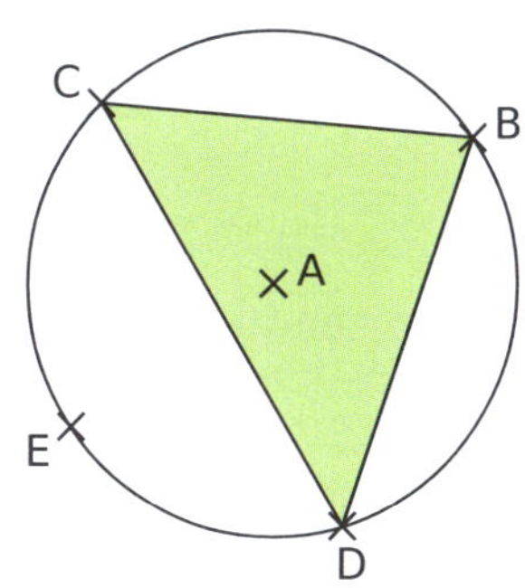


**5** *Belle figure (à faire sur une feuille blanche)*

- Trace un losange ABCD, de côté 4,5 cm, tel que BD = 4 cm.
- Trace les droites (AC) et (BD). Elles se coupent en O.
- Trace les bissectrices des angles $\widehat{AOB}$ et $\widehat{AOD}$ .
- Construis le symétrique EFGH du losange ABCD (E symétrique de A, F symétrique de B...) par rapport à la bissectrice de l'angle $\widehat{AOB}$ .
- Trace le carré AECG.
- Place un point J sur [OA), à 6 cm de O. Place le point L sur [OC), à 6 cm de O. Trace le losange JGLE.
- Construis les points K et M, symétriques respectifs des points J et L par rapport à la bissectrice de $\widehat{AOD}$ . Trace le losange AKCM et le carré JKLM.
- Colorie comme ci-contre.

# G7 Axes de symétrie

## Fiche 1 : Construire des axes de symétrie

**1** Indique le nombre d'axes de symétrie que possède chaque panneau de sécurité routière.

**2** Pour chaque figure ci-dessous, trace l'axe ou les axes de symétrie en t'aidant du quadrillage.

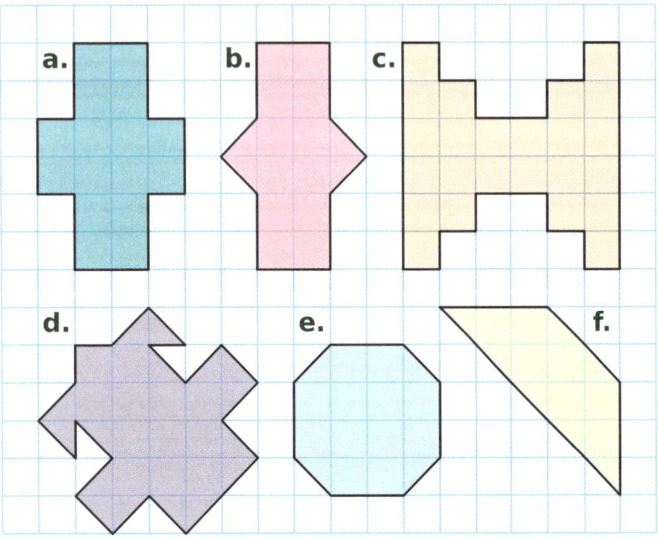


**3** Pour chaque figure ci-dessous, trace l'axe ou les axes de symétrie si elle en a.

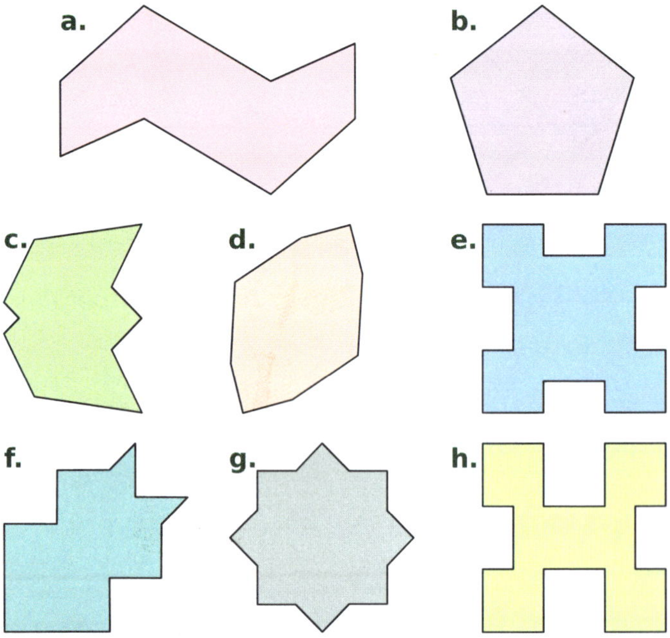


**4** Colorie cette figure pour que les droites rouges soient des axes de symétrie.

## FICHE 2 : CONSTRUIRE ET UTILISER DES MÉDIATRICES

**1** Construis la médiatrice de chaque segment.

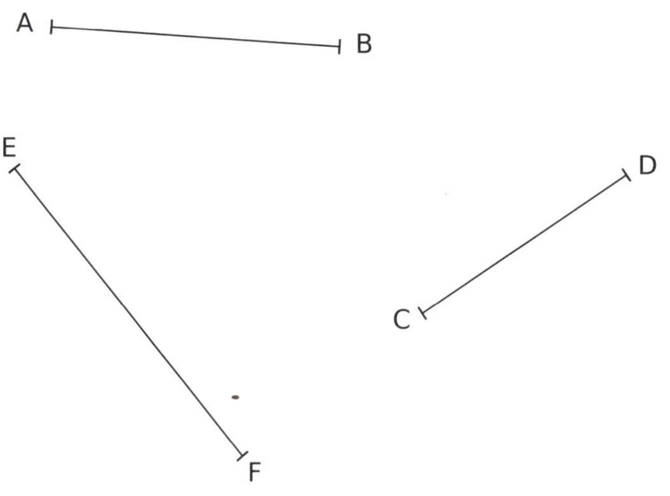


**2** Construis la médiatrice de chacun des trois côtés du triangle.

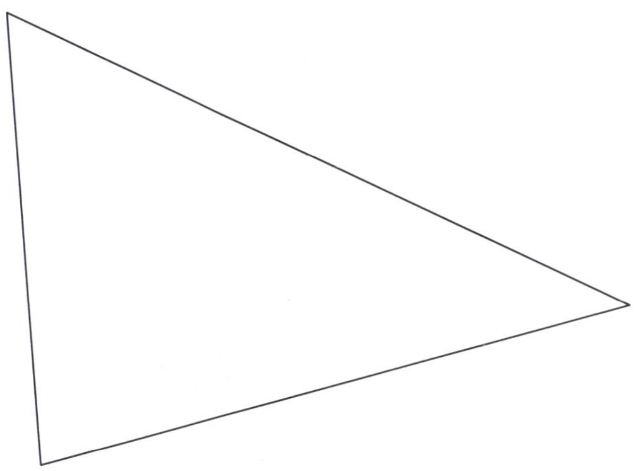

**3** Trace la médiatrice $(d_1)$ du segment [HA], puis la médiatrice $(d_2)$ du segment [HT]. Code la figure.

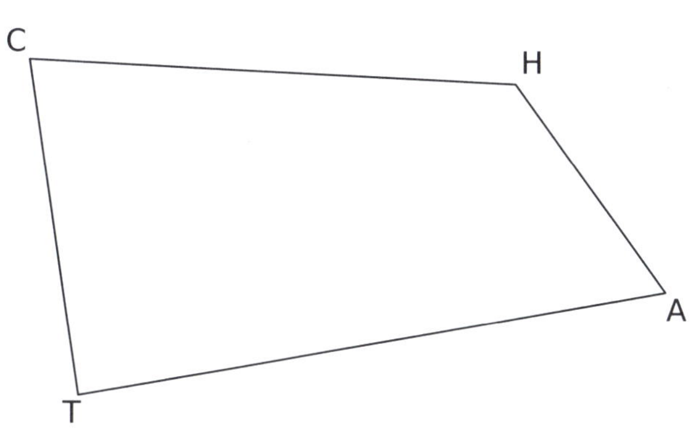


**4** Tu justifieras chacune de tes réponses.

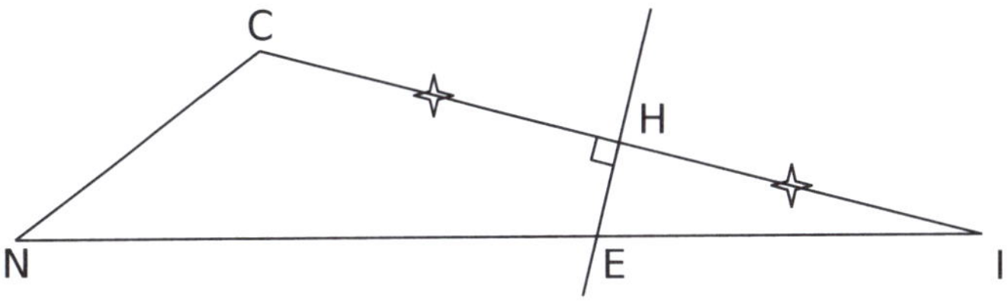


**a.** Que peut-on dire de la droite (HE) pour [CI] ?

**b.** Que peut-on dire des longueurs CE et EI ?

**c.** Quelle est la nature du triangle CEI ?

**5** *Cas du cerf-volant*

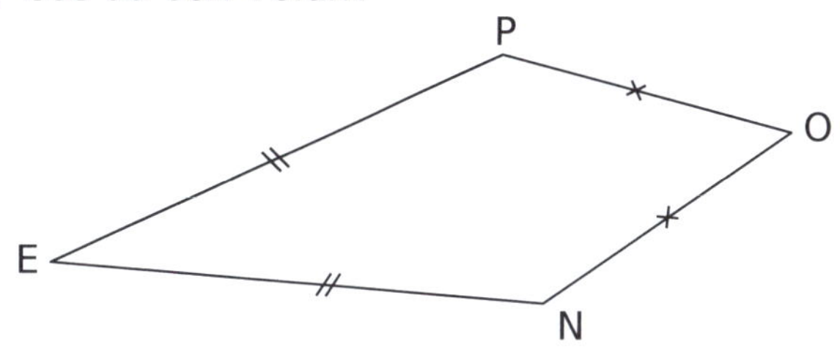


**a.** Justifie pourquoi le point O appartient à la médiatrice de [PN].

**b.** Que peut-on dire du point E ? Justifie.

**c.** Déduis-en que les droites (EO) et (PN) sont perpendiculaires.

## Fiche 3 : Construire les axes de symétrie de figures usuelles (1)

**1** Repasse en rouge les axes de symétrie des figures suivantes.

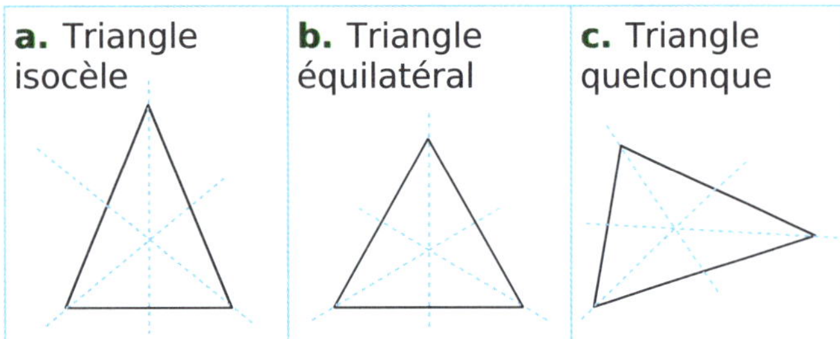


**2** Trace l'axe de symétrie de chaque triangle isocèle en t'aidant du papier pointé.

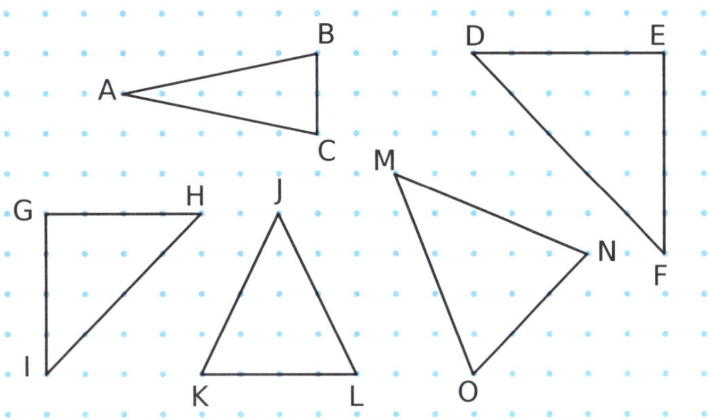


**3** Trace les axes de symétrie de chaque triangle équilatéral en t'aidant du quadrillage.

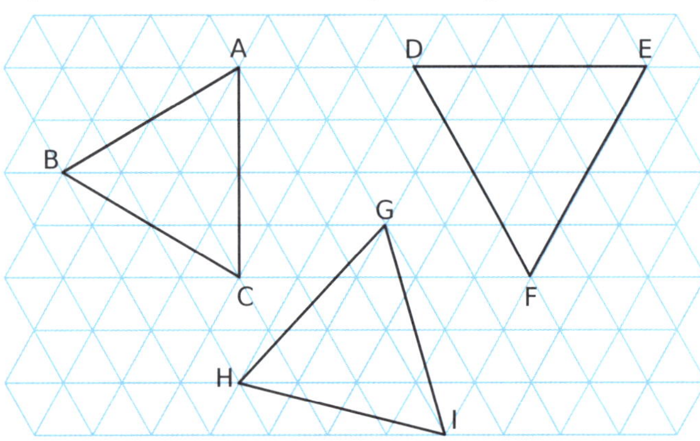


**4** Trace l'axe ou les axes de symétrie de chaque triangle en t'aidant des instruments de géométrie.

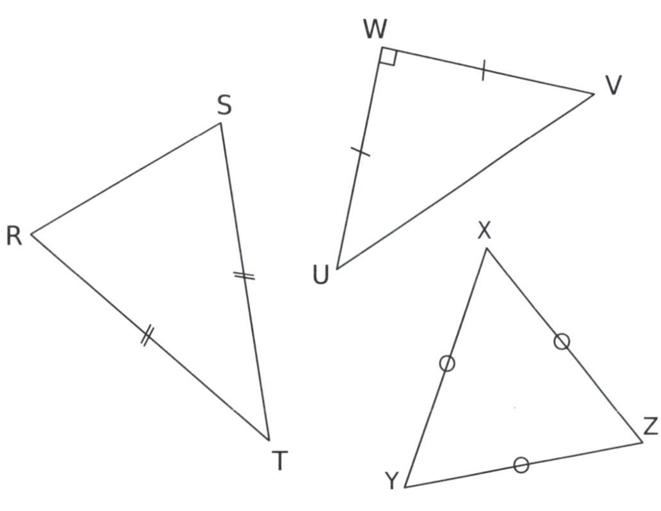


**5** Repasse en rouge les axes de symétrie des figures suivantes.

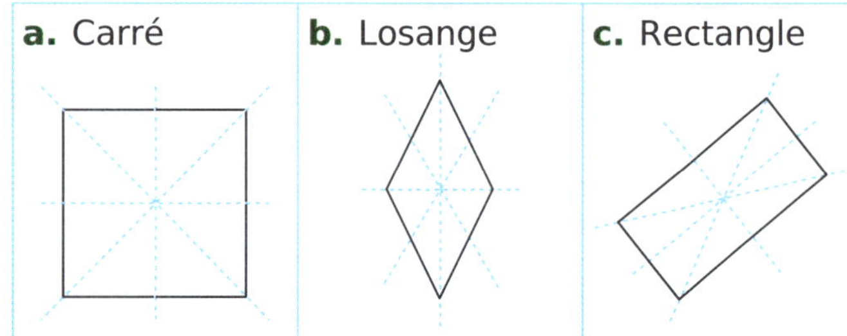


**6** Trace les axes de symétrie de chaque quadrilatère en t'aidant du papier pointé.

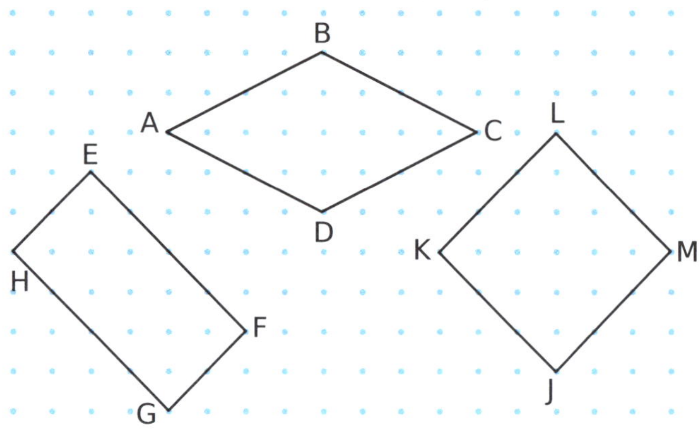


**7** Trace les axes de symétrie de chaque quadrilatère en t'aidant du quadrillage.

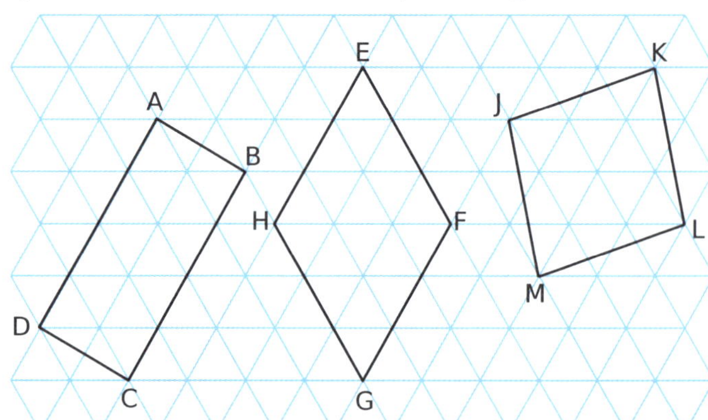


**8** Trace les axes de symétrie de chaque figure en t'aidant des instruments de géométrie.

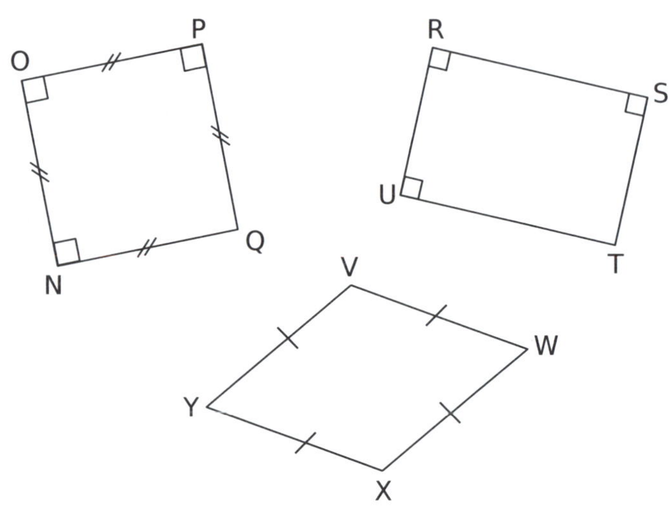

# Fiche 4 : Construire les axes de symétrie de figures usuelles (2)

**1** *Figures entremêlées*

**a.** Termine les constructions pour que les droites noires soient les axes de symétrie de chaque figure (rouge, verte et bleue).

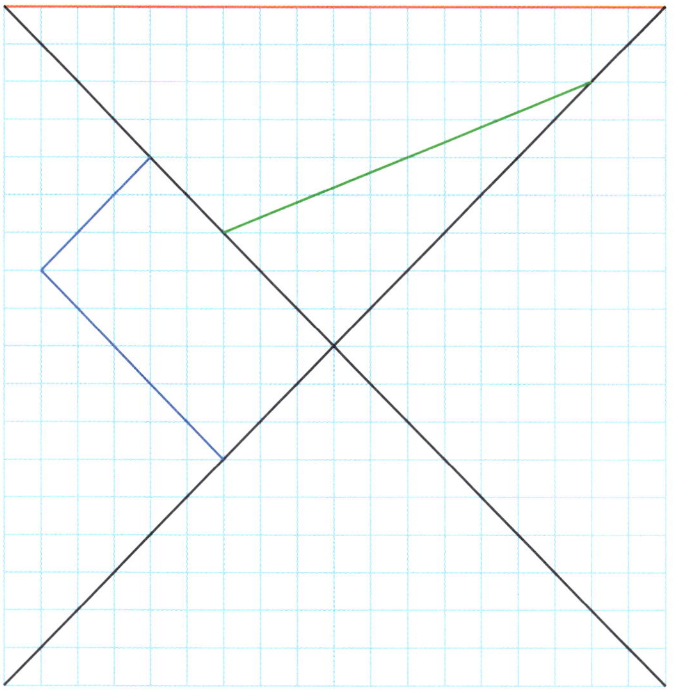

**b.** Indique la nature de chaque figure terminée.

..............................................................................

..............................................................................

..............................................................................

**2** Colorie chacune des huit portions, soit en vert, soit en rouge, pour que la figure obtenue...

**a.** n'ait aucun axe de symétrie ;

**b.** ait exactement un axe de symétrie ;

**c.** ait exactement deux axes de symétrie ;

**d.** ait exactement quatre axes de symétrie.

**a.**

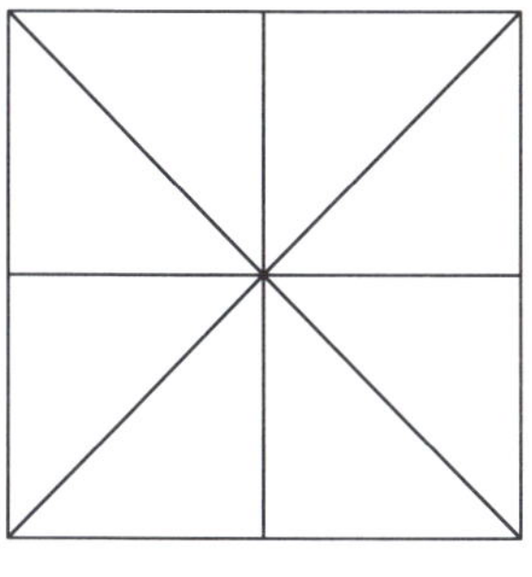

**c.**

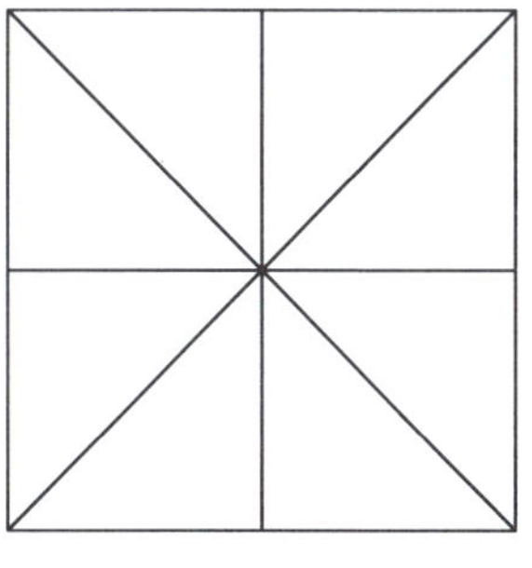

**b.**

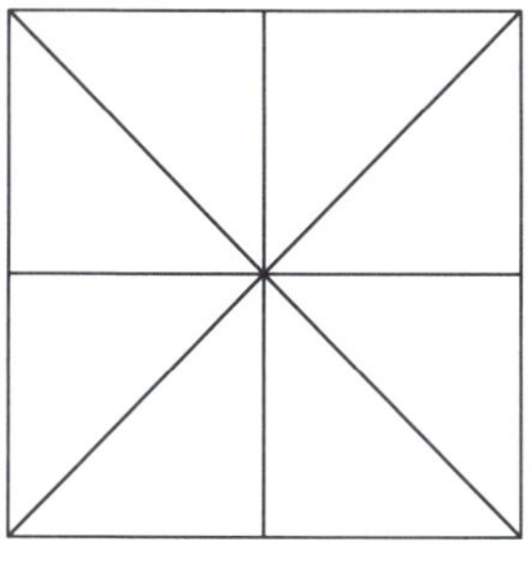

**d.**

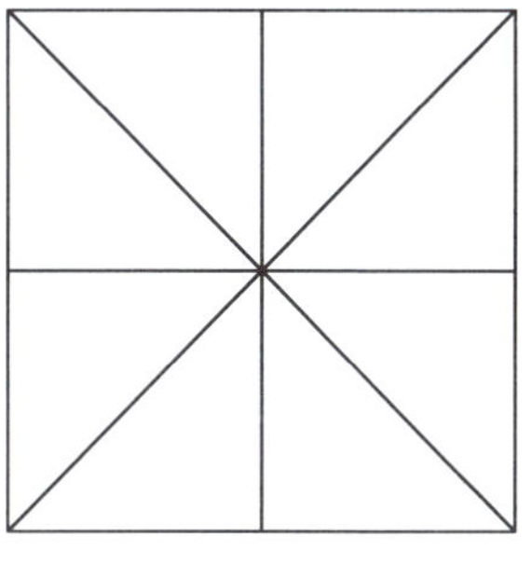

**3** Complète pour que les droites rouges soient les trois axes de symétrie de la figure.

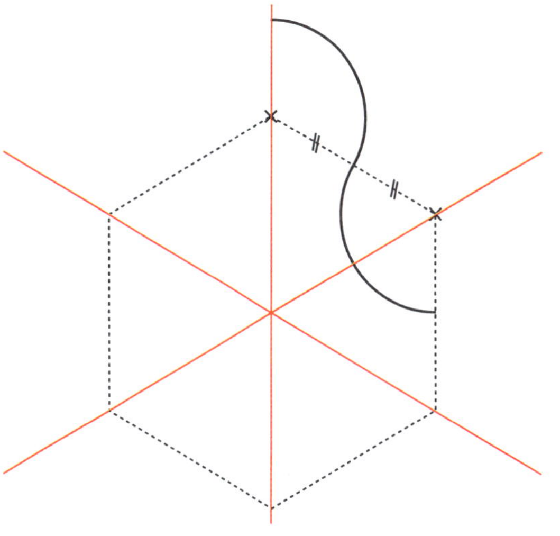

**4** *Axes de symétrie et polygones*

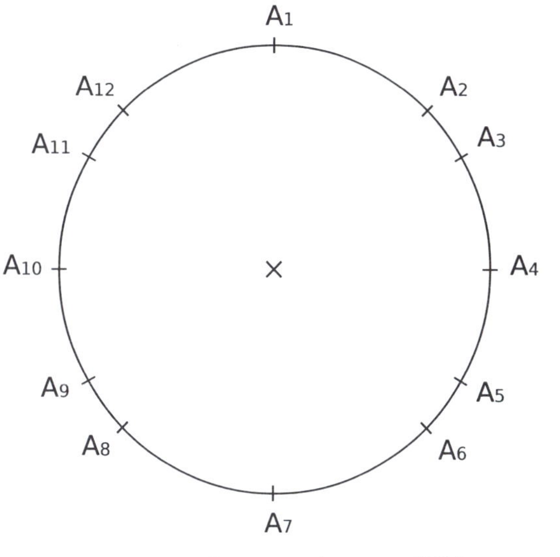


**a.** Trace avec quatre couleurs différentes les polygones réguliers suivants : $A_1A_5A_9$, $A_1A_4A_7A_{10}$, $A_1A_3A_5A_7A_9A_{11}$ et $A_1A_2A_4A_6A_7A_8A_{10}A_{12}$.

**b.** Indique la nature de ces polygones.

$A_1A_5A_9$ est ..............................................................

$A_1A_4A_7A_{10}$ est ..............................................................

$A_1A_3A_5A_7A_9A_{11}$ est ..............................................................

$A_1A_2A_4A_6A_7A_8A_{10}A_{12}$ est ..............................................................

**c.** Quelle(s) droite(s) est (sont) axe(s) de symétrie

- du carré <u>et</u> de l'octogone régulier ?

..............................................................................

- du triangle équilatéral <u>et</u> de l'hexagone régulier ?

..............................................................................

- commun(s) aux quatre polygones réguliers ?

..............................................................................

## Fiche 5 : Caractériser les quadrilatères particuliers avec les diagonales

**1** Code les angles droits, sachant que le quadrilatère est...

**a.** un losange

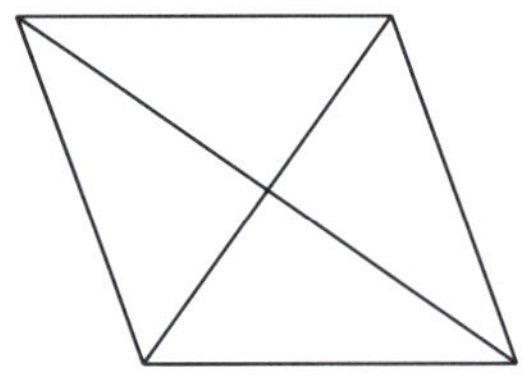

**b.** un rectangle

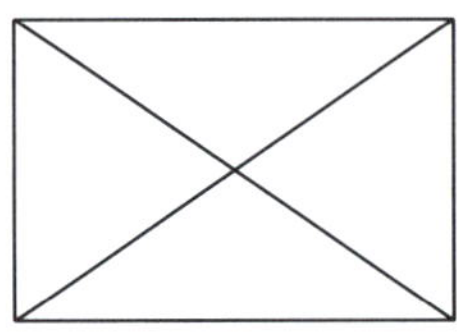

**c.** un carré

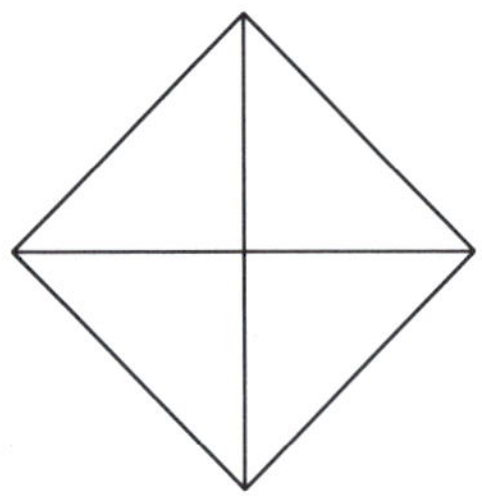

**2** Code les longueurs égales sur les diagonales, sachant que le quadrilatère est...

**a.** un losange

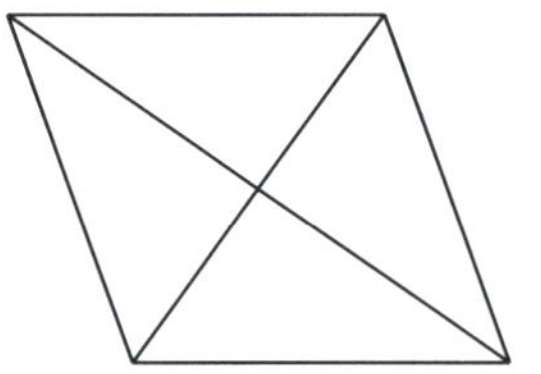

**b.** un rectangle

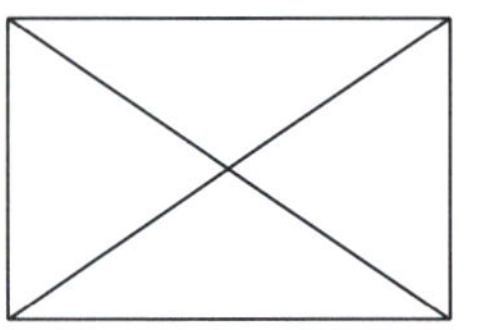

**c.** un carré

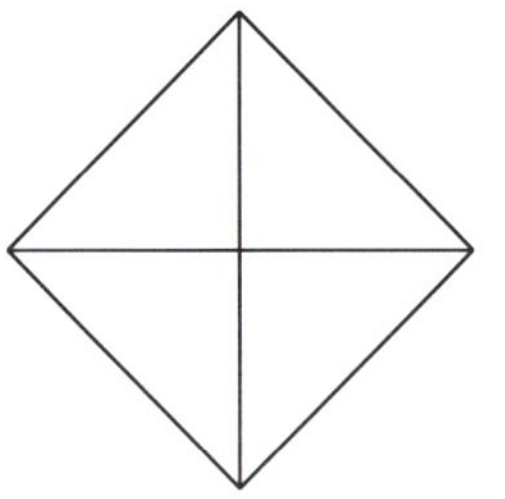

**3** Complète les propriétés sur les diagonales.

**a.** Si un quadrilatère est un losange, alors ses diagonales ..........................................................................................

..........................................................................................................................................

**b.** Si un quadrilatère est un rectangle, alors ses diagonales ..........................................................................................

..........................................................................................................................................

**c.** Si un quadrilatère est un carré, alors ses diagonales ..........................................................................................

..........................................................................................................................................

**4** Sans justifier, complète les étiquettes jaunes, sachant que ABCD est un losange, FGHI est un rectangle et KLMN est un carré.
(Attention, les figures ne sont pas en vraie grandeur !)

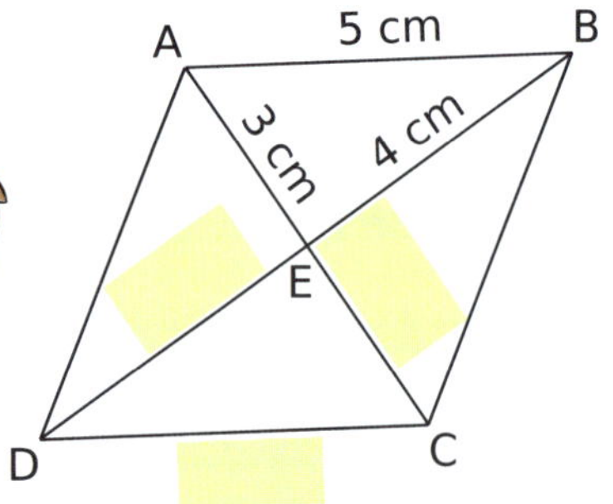


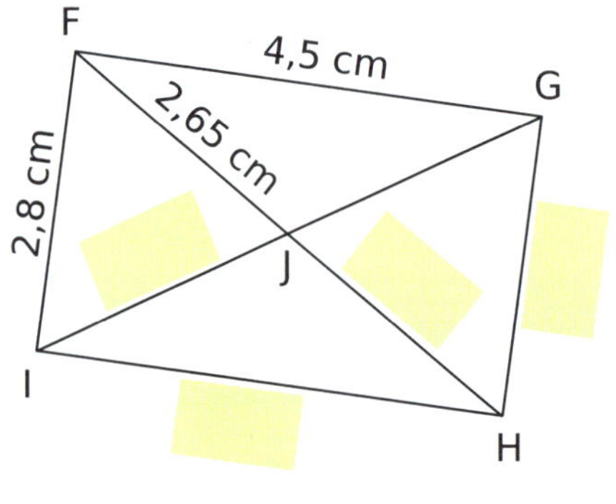


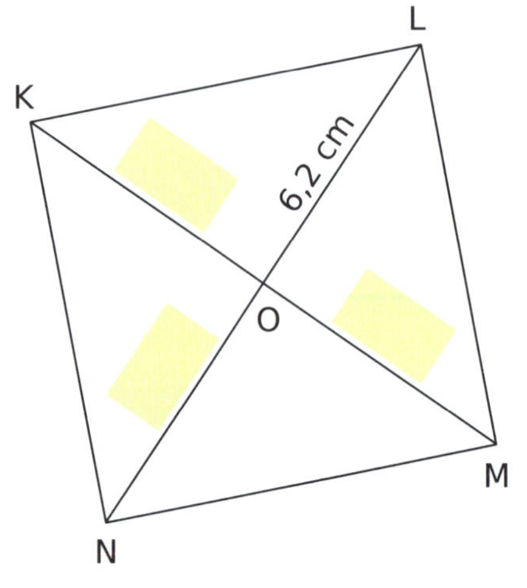


**5** Reprends les figures de l'exercice 4. Quelle est la nature...

**a.** du triangle ADE ? ..........................................................................................

**b.** du triangle GJH ? ..........................................................................................

**c.** du triangle KOL ? ..........................................................................................

## FICHE 6 : CONSTRUIRE DES LOSANGES, RECTANGLES, CARRÉS (1)

**1** En te servant du quadrillage, construis...

**a.** le losange PALE de centre C

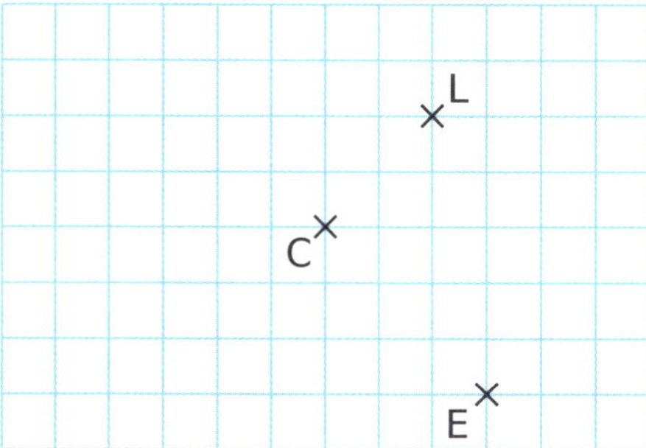


**b.** le rectangle VITE de centre B

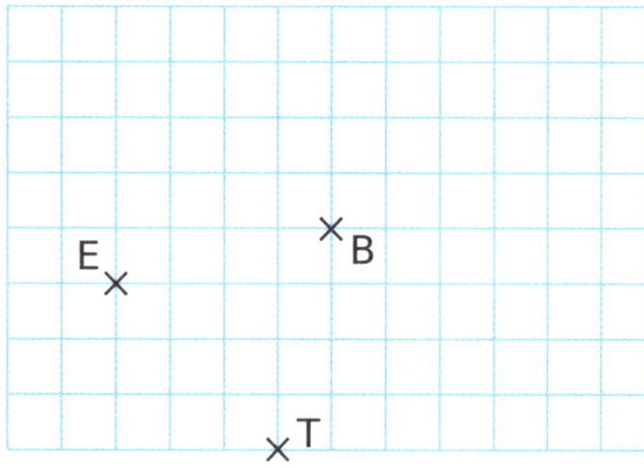


**c.** le carré LENT de centre A

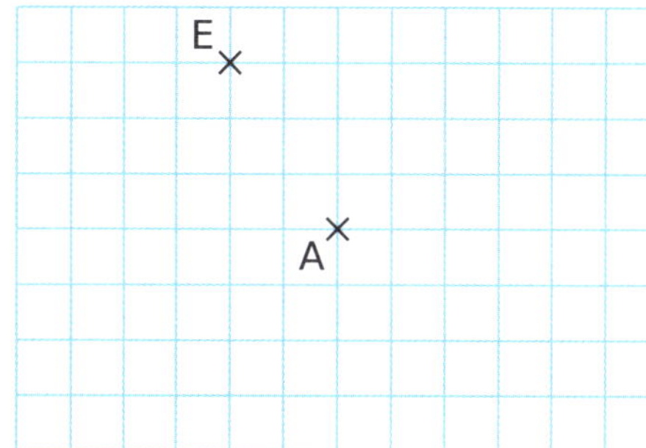


**2** Dans chaque cas, construis le quadrilatère demandé à partir du segment déjà tracé.

**a.** le losange CIME
tel que IE = 5 cm

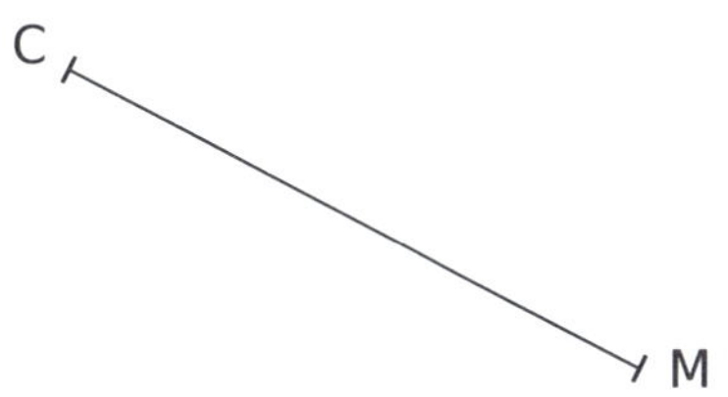


**b.** un rectangle RUSE
tel que RU = 3 cm

**c.** le carré BOIS

**3** Construis les quadrilatères, sachant que **a** et **b** sont des losanges, **c** est un rectangle, et **d** est un carré. Les dimensions sont en centimètres.

**a.**

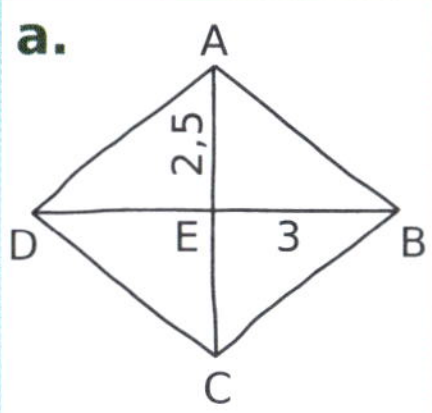


**b.**

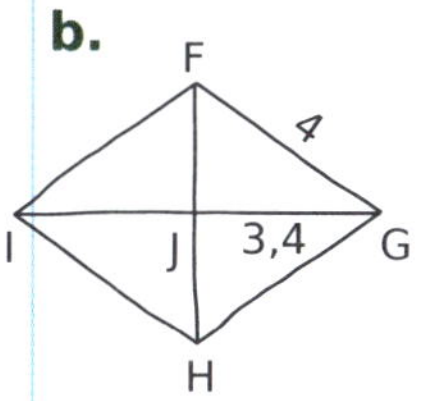


**c.**

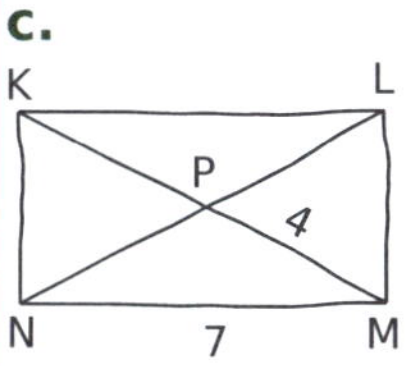


**d.**

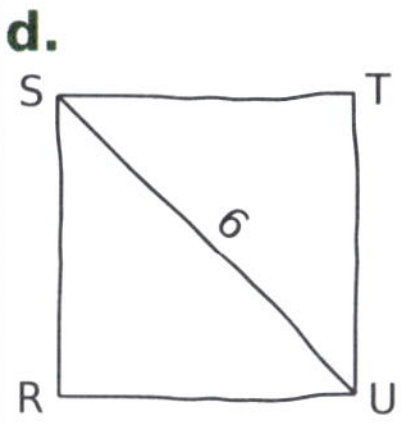


**a.**

**b.**

**c.**

**d.**

## Fiche 7 : Construire des losanges, rectangles, carrés (2)

**1** *Des quadrilatères inscrits dans un octogone*

Dans chaque octogone ci-dessous, trace quatre diagonales pour obtenir le quadrilatère demandé.

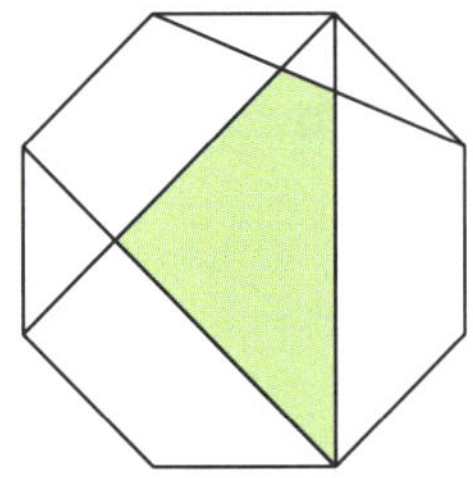

**a.**

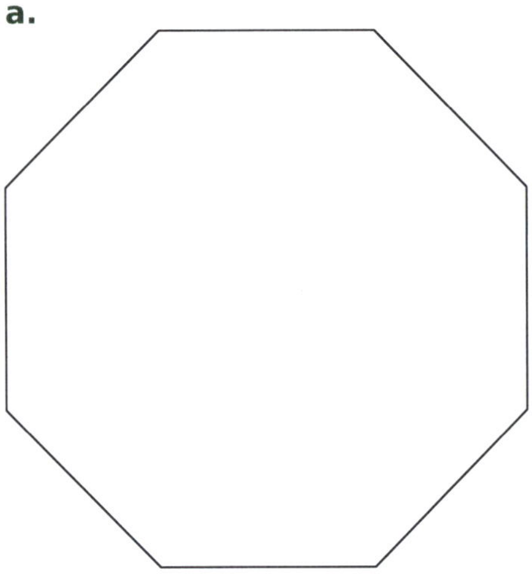

un losange

**b.**

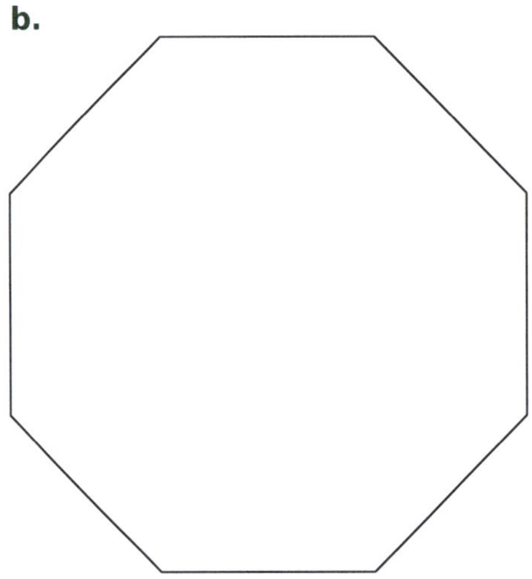

un rectangle

**c.**

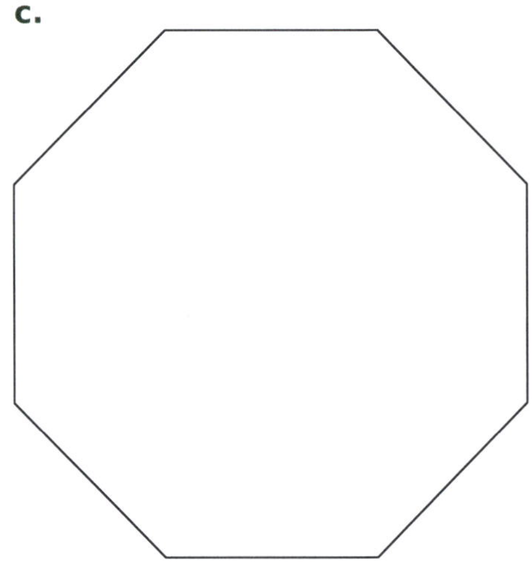

un carré

**2** Sur une feuille blanche, reproduis cette figure, en suivant les instructions.

- Trace un carré ABCD dont les diagonales mesurent 12 cm ;
- Trace le losange EBGD tel que EG = 9 cm puis le carré EFGH ;
- Trace le losange IFKH tel que IK = 6 cm ;
- Poursuis de la même façon jusqu'à obtenir la figure ci-contre.
- Enfin colorie.

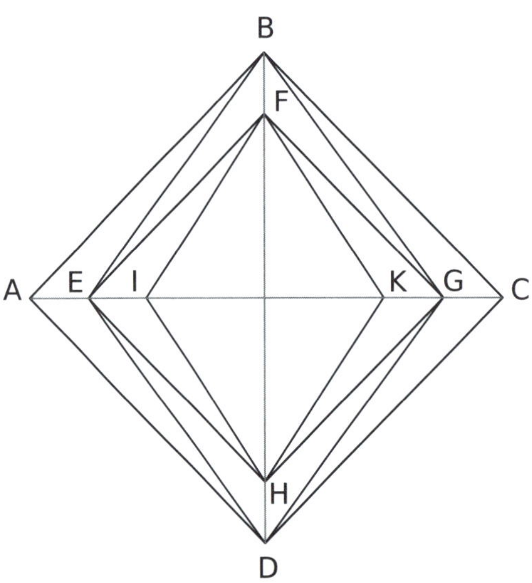


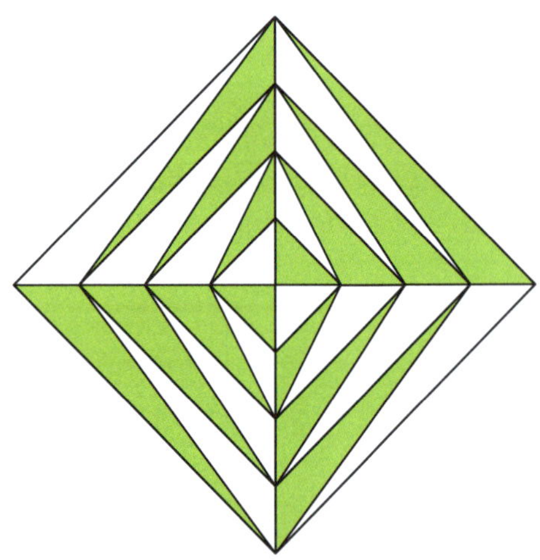

**3** **Géométrie Dynamique**

**a.** Effectue la construction suivante.

- Trace un segment [AB].
- Construis le milieu C du segment [AB]. Trace le cercle de centre C et diamètre [AB].
- Place un point D sur le cercle.
- Trace la droite (DC). Elle coupe le cercle en E.
- Trace le quadrilatère ADBE.

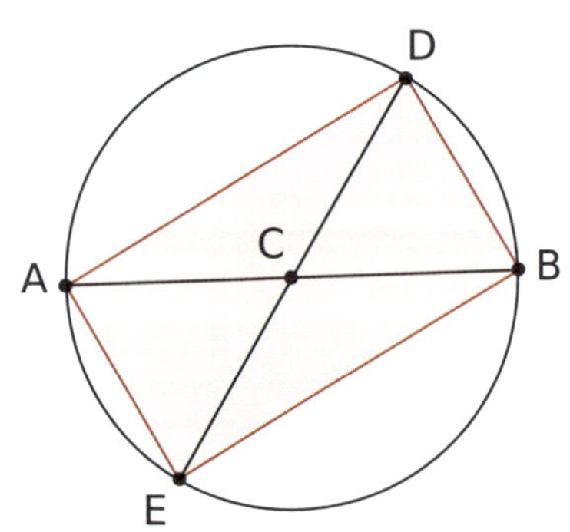

**b.** Quelle est la nature du quadrilatère ADBE ?

..........................................................................................

**c.** Anime le point D et observe le quadrilatère ADBE. Que remarques-tu ?

..........................................................................................

**d.** À partir d'un cercle de centre C et de diamètre [AB], construis le carré ADBE.

## Fiche 8 : Construire et reproduire des figures

**1** Sur une feuille blanche, commence par tracer deux droites perpendiculaires, puis trace les axes de symétrie des quatre angles formés par ces deux droites. Poursuis la construction en suivant les étapes.

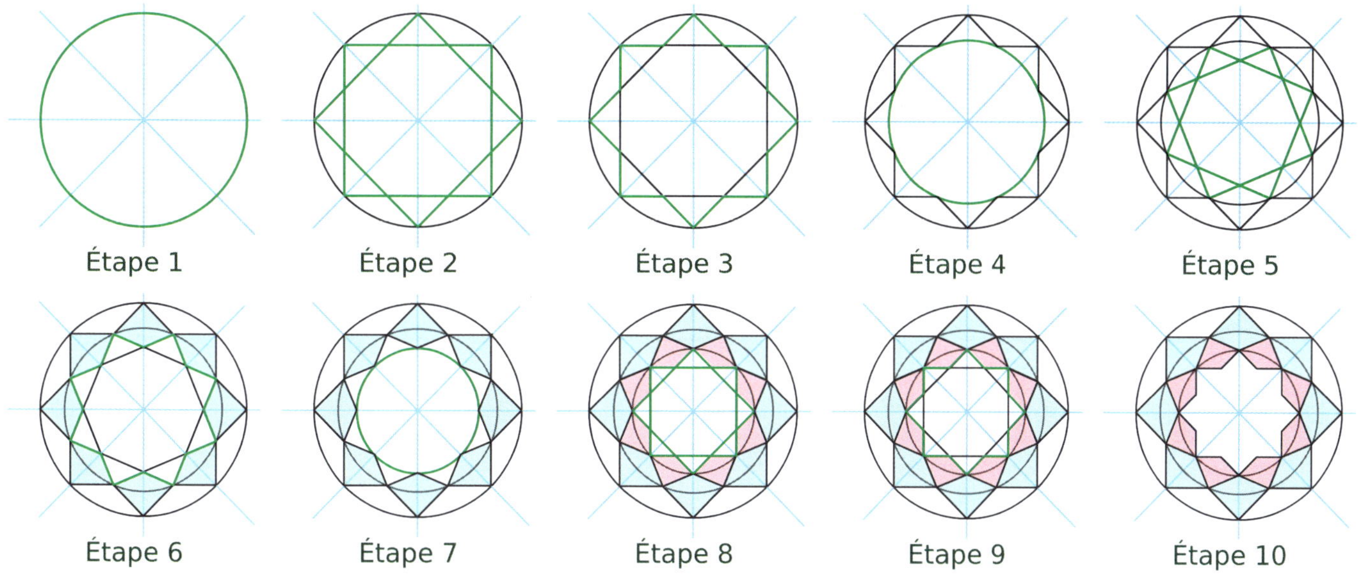


Reprends ensuite les différentes étapes, puis colorie pour obtenir une figure semblable à celle ci-contre.

Cette figure a ... axes de symétrie.

**2** **Géométrie Dynamique** *La torpille*

**a.** Effectue la construction suivante.

- Trace un cercle de centre A passant par B.
- Trace le segment [AB].
- Place un point C sur ce cercle.
- Trace la droite parallèle à (AB), passant par le point C.
- Place les points D et E sur cette droite, tels que CB = CD = CE.

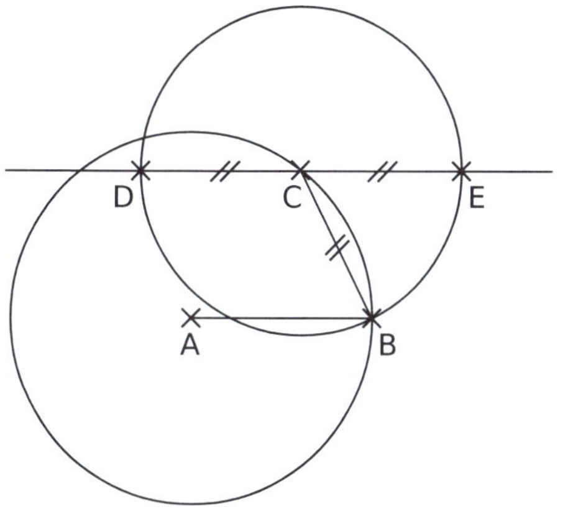


**b.** Active la trace des points D et E, puis anime le point C.

**c.** Combien d'axes de symétrie comporte la figure obtenue ?

.......................................................................................

.......................................................................................

**3** **Géométrie Dynamique** *Lemniscate*

**a.** Effectue la construction suivante.

- Trace un segment [AB] de longueur 6 cm.
- Place le milieu C de [AB].
- Trace les cercles de centre A et B, passant par le point C.
- Place un point D sur le cercle de centre A.
- Trace le cercle de centre D et de rayon 6 cm. Place les points E et F, points d'intersection de ce cercle avec le cercle de centre B.
- Place les milieux G et H de [DE] et [DF].

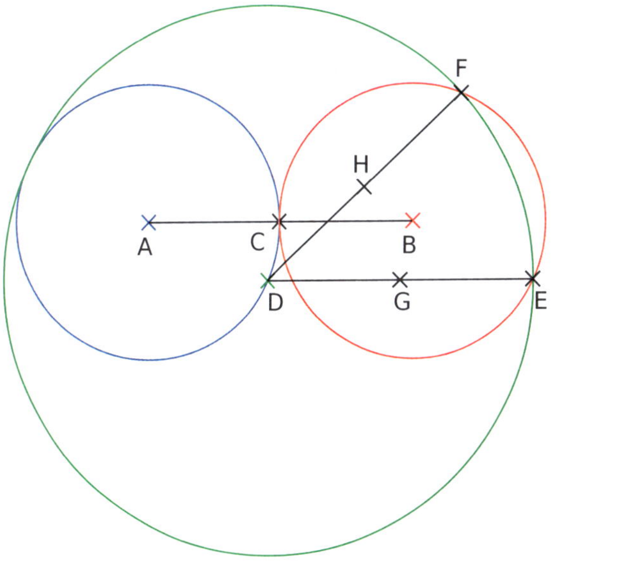


**b.** Active la trace des points G et H, puis anime le point D.

**c.** Combien d'axes de symétrie comporte la figure obtenue ?

.......................................................................................

.......................................................................................

# G8 Espace

## Fiche 1 : Utiliser le vocabulaire des solides (1)

**1** À quel solide peut-on assimiler chacun des objets suivants ? Remplis le tableau.

| Cube | Pavé droit | Cylindre | Cône | Sphère |
|---|---|---|---|---|
| | | | | |

**2** Complète le tableau.

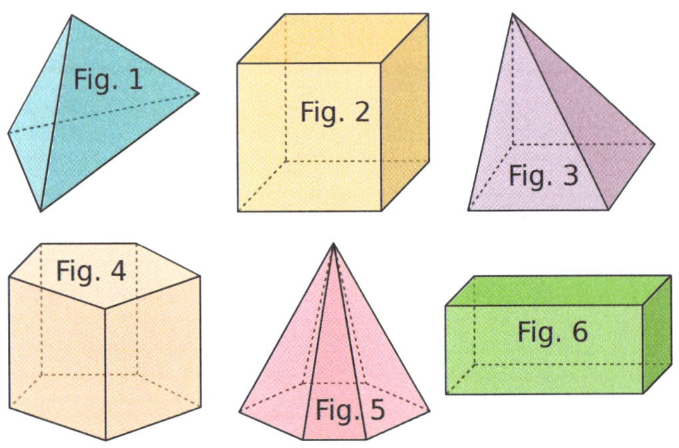


| | Nombre de sommets | Nombre d'arêtes | Nombre de faces |
|---|---|---|---|
| Fig. 1 | | | |
| Fig. 2 | | | |
| Fig. 3 | | | |
| Fig. 4 | | | |
| Fig. 5 | | | |
| Fig. 6 | | | |

**3** On considère le pavé droit suivant.

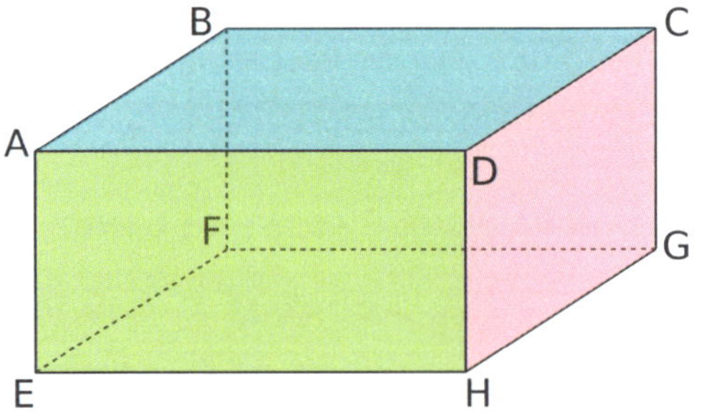


**a.** Quel est le nom de ce solide ?

**b.** Quelle est la nature de ses faces ?

**c.** Quelles faces sont identiques ?

**d.** Nomme toutes ses arêtes.

# FICHE 2 : UTILISER LE VOCABULAIRE DES SOLIDES (2)

**1** ABCDEFGH est un parallélépipède rectangle.

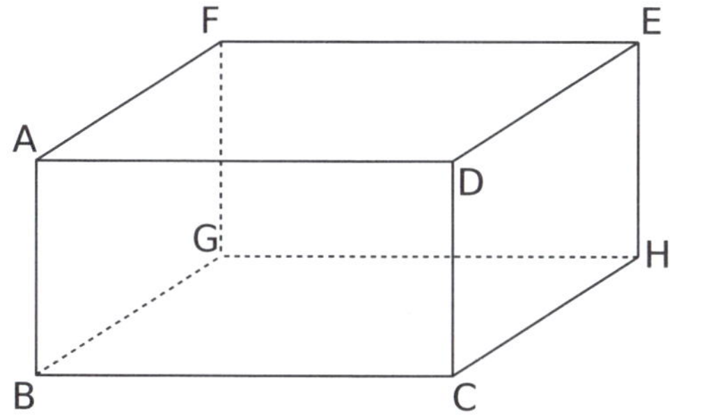


**a.** Colorie en vert la face parallèle à la face AFGB.

**b.** Repasse en rouge les arêtes parallèles à [AD].

**c.** Marque en bleu le sommet commun aux trois faces visibles de ce parallélépipède rectangle.

**d.** Marque en gris le sommet commun aux trois faces invisibles de ce parallélépipède rectangle.

**2** On reprend la figure de l'exercice précédent. Complète le tableau par VRAI ou FAUX.

| | | Sur le dessin | Dans la réalité |
|---|---|---|---|
| **a.** | ABCD est un rectangle | | |
| **b.** | AFGB est un rectangle | | |
| **c.** | GH = AD | | |
| **d.** | DC = BC | | |
| **e.** | (GH) ⊥ (HC) | | |
| **f.** | (GH) ⊥ (HE) | | |
| **g.** | (FG) // (DC) | | |
| **h.** | (FG) // (DE) | | |

**3** Les faces d'un dé sont numérotées de 1 à 6 et la somme des points de deux faces opposées est toujours égale à 7.

Le sommet invisible est P.

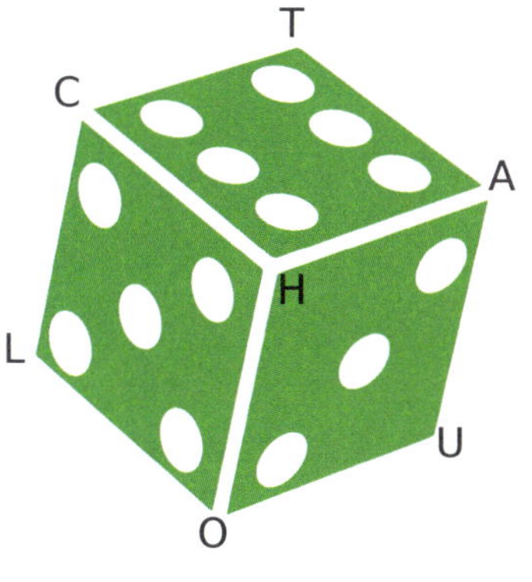


**a.** Quel chiffre indique...

- la face opposée à HOUA ? ..............................
- la face opposée à CHAT ? ..............................
- la face opposée à LOUP ? ..............................

**b.** Quelle est la somme des chiffres sur les trois faces invisibles ?

..............................................................

**4** On considère le cube JKLMNPQR.

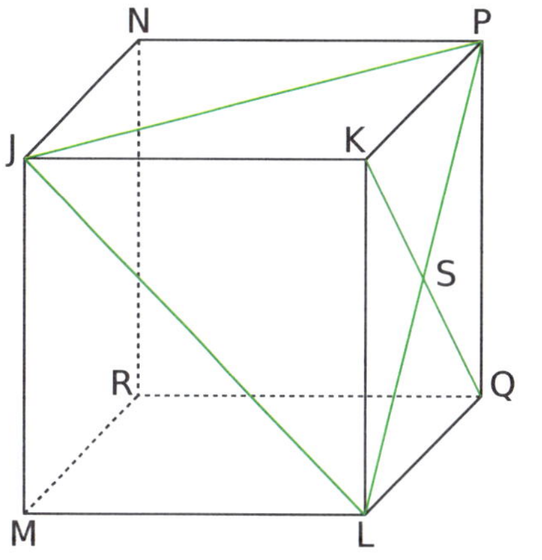


**a.** Quelles sont les faces « visibles » ?

..............................................................

**b.** Quelles sont les faces « invisibles » ?

..............................................................

**c.** Quelle est la face parallèle à la face JKLM ?

..............................................................

**d.** Quelles sont les arêtes « visibles » ?

..............................................................

..............................................................

**e.** Quelles sont les arêtes « invisibles » ?

..............................................................

**f.** Quelles sont les arêtes parallèles à [JN] ?

..............................................................

**g.** Quelles sont les arêtes perpendiculaires à [JN] ?

..............................................................

**5** On reprend la figure de l'exercice précédent.

**a.** Quelle est la nature du quadrilatère JKPN ?

- sur le dessin : ..............................
- dans la réalité : ..............................

**b.** Quelle est la nature du quadrilatère JKLM ?

- sur le dessin : ..............................
- dans la réalité : ..............................

**c.** Quelle est, dans la réalité, la nature de chaque triangle ci-dessous ?

- JKP : ..............................
- QSL : ..............................
- JPL : ..............................

## FICHE 3 : REPRÉSENTER LES PAVÉS DROITS

**1** Entoure les lettres des figures qui sont des représentations en perspective cavalière de parallélépipèdes rectangles.

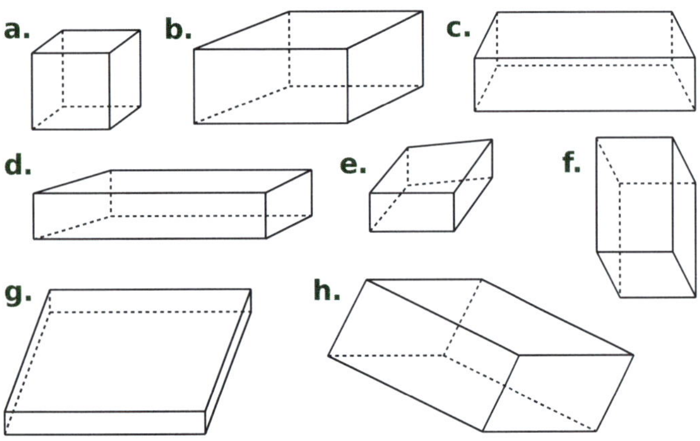


**2** Dessine les solides obtenus, en enlevant le cube bleu au **a**, et les 3 cubes bleus au **b**.

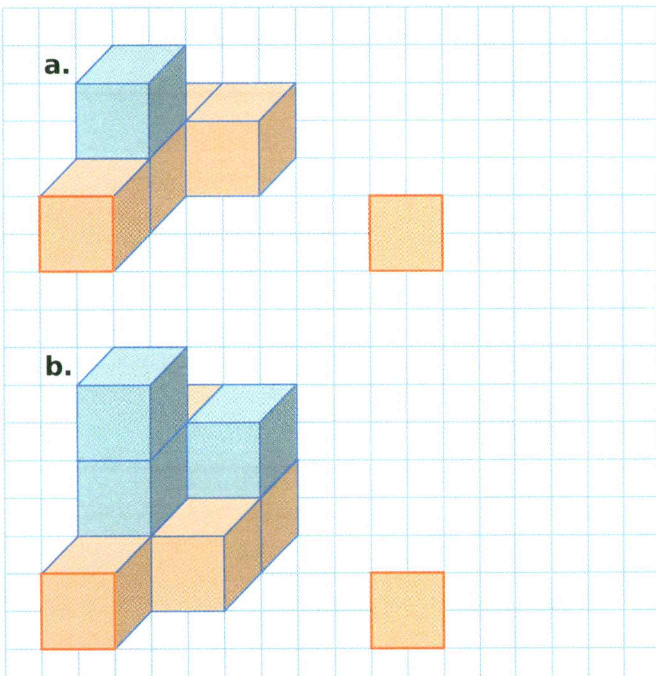


**3** Complète le dessin en perspective cavalière de chaque parallélépipède rectangle.

**a.**

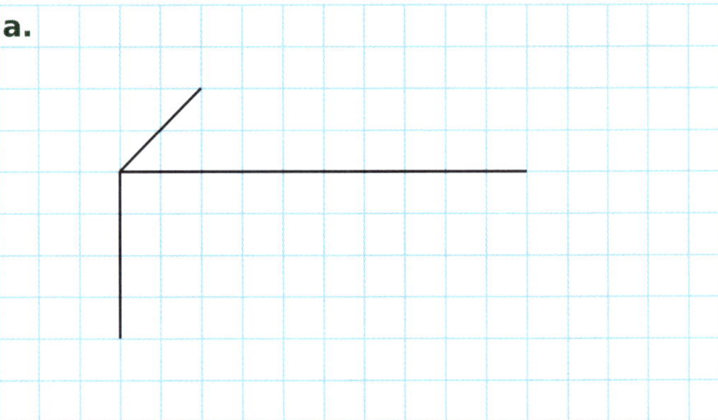

**b.**

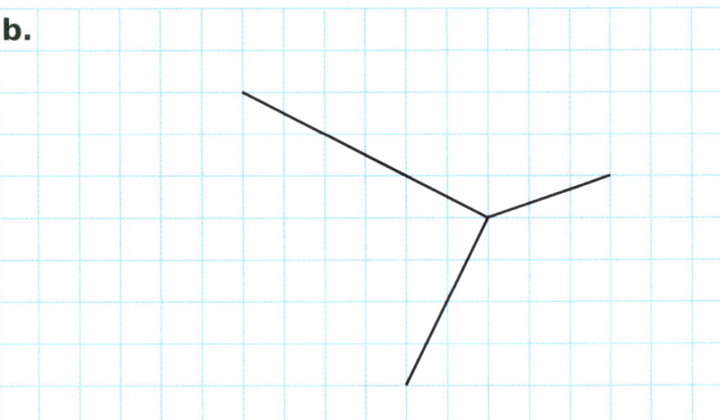

**c.**

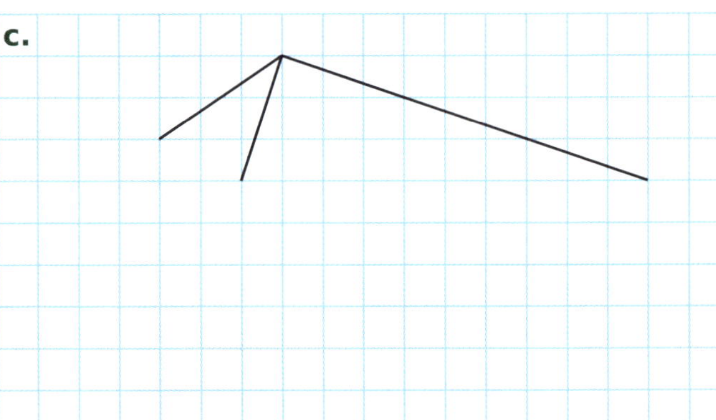

**4** Dessine l'animal sur les autres faces visibles de chaque cube ci-dessous.

**a.** Perspective cavalière

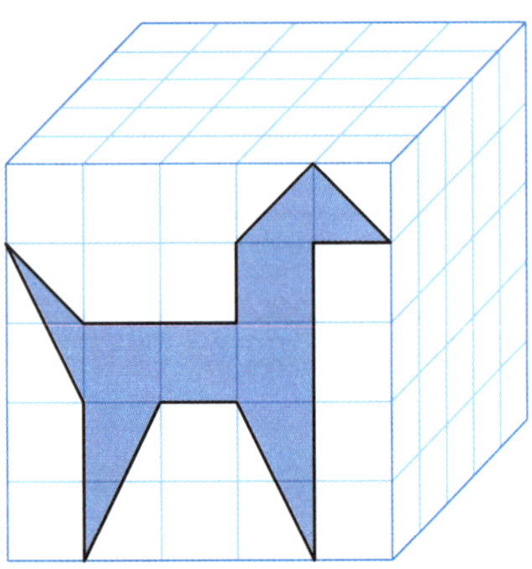

**b.** Perspective isométrique

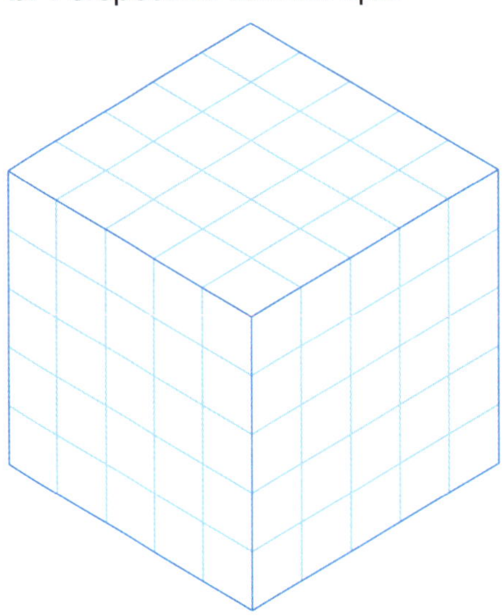

**c.** Perspective trimétrique

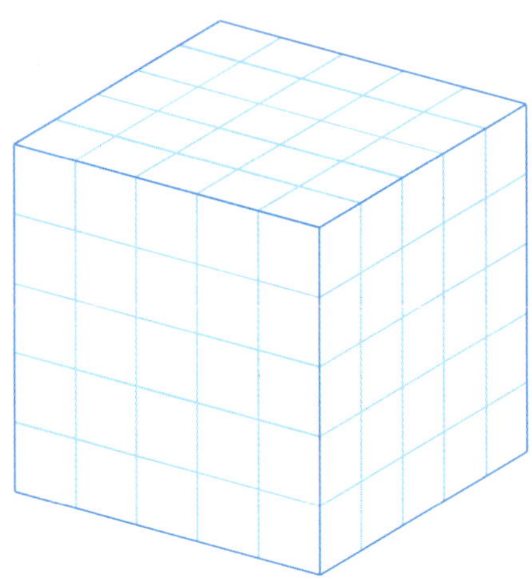

# FICHE 4 : CONSTRUIRE LES PATRONS DE PAVÉS DROITS (1)

**1** Entoure les lettres des figures qui sont des patrons de cube.

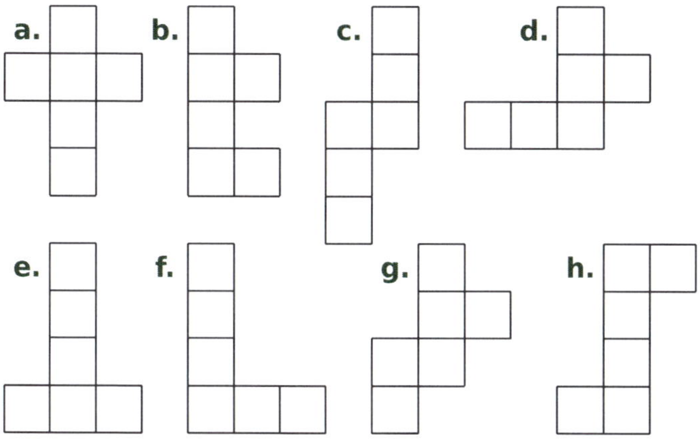


**2** Entoure les lettres des figures qui sont des patrons de pavé droit.

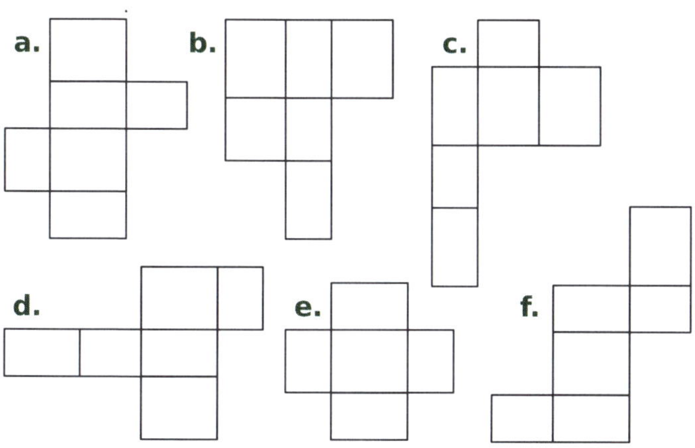


**3** Colorie d'une même couleur les faces opposées lorsque le pavé droit est assemblé.

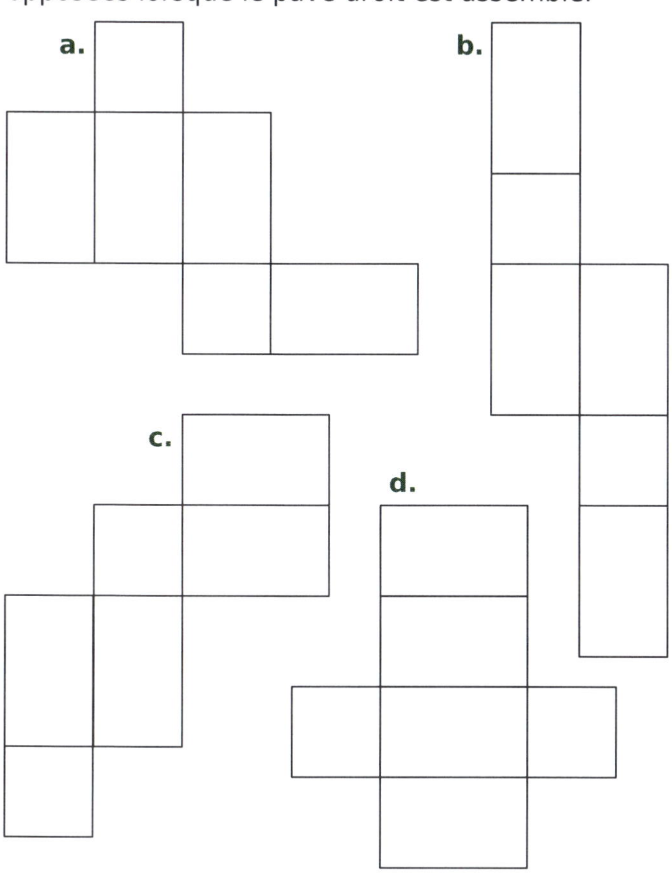


**4** Associe chaque patron ci-dessous à la perspective cavalière qui lui correspond.

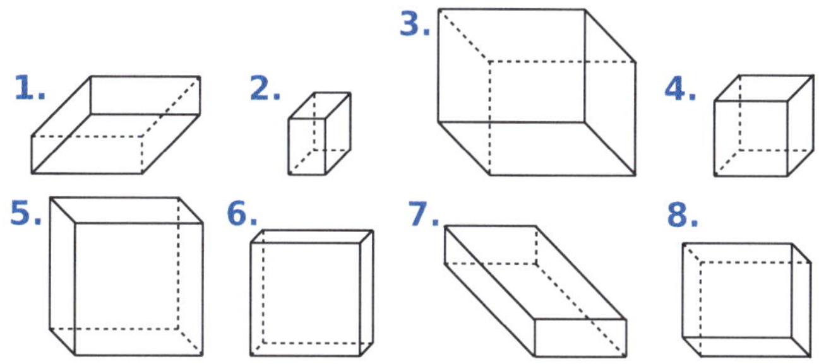


| Perspective | 1. | 2. | 3. | 4. | 5. | 6. | 7. | 8. |
|---|---|---|---|---|---|---|---|---|
| Patron | | | | | | | | |

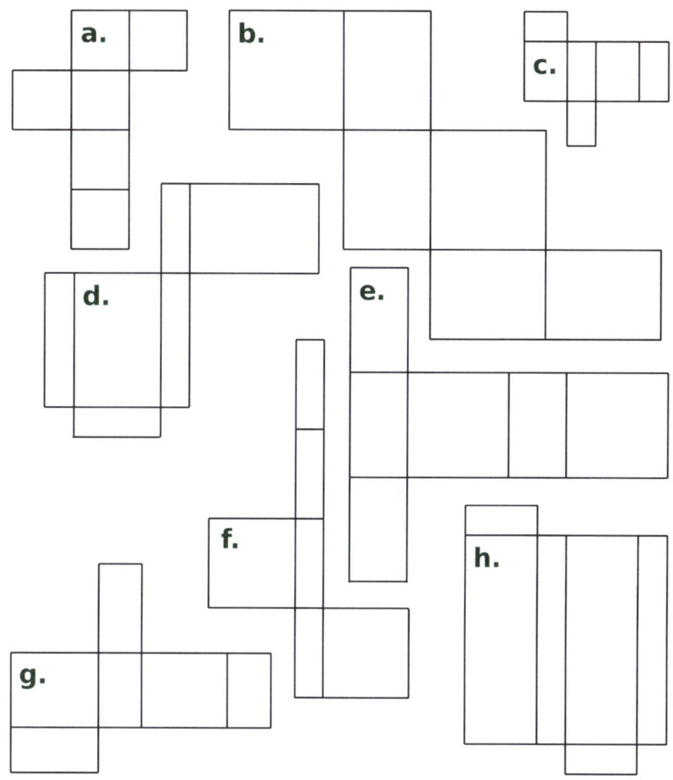


**5** Dans chaque cas ci-dessous, repasse de la même couleur le côté qui se superpose au côté coloré lorsque le pavé droit est assemblé.

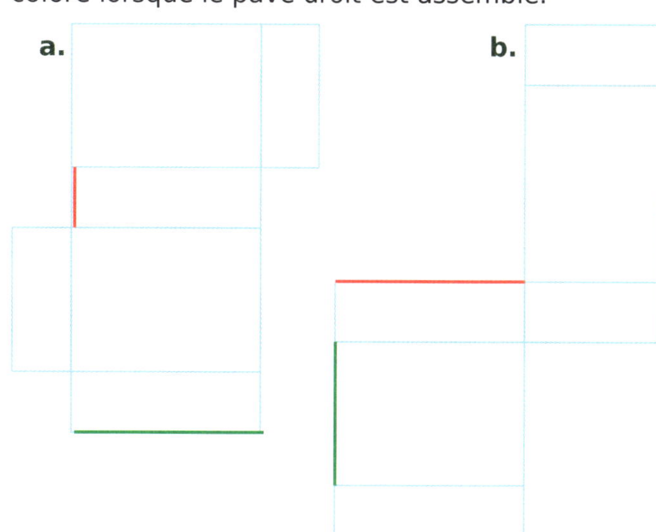

## FICHE 5 : CONSTRUIRE LES PATRONS DE PAVÉS DROITS (2)

**1** Dans chaque cas, repasse de la même couleur les côtés de même longueur que le côté coloré.

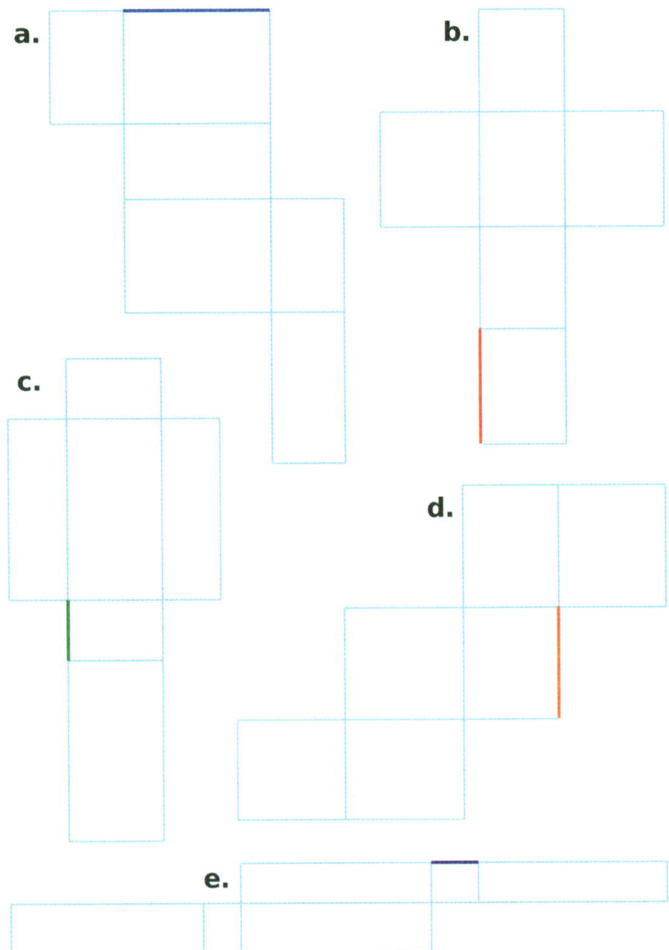


**2** Complète les longueurs manquantes (les patrons ne sont pas en vraie grandeur).

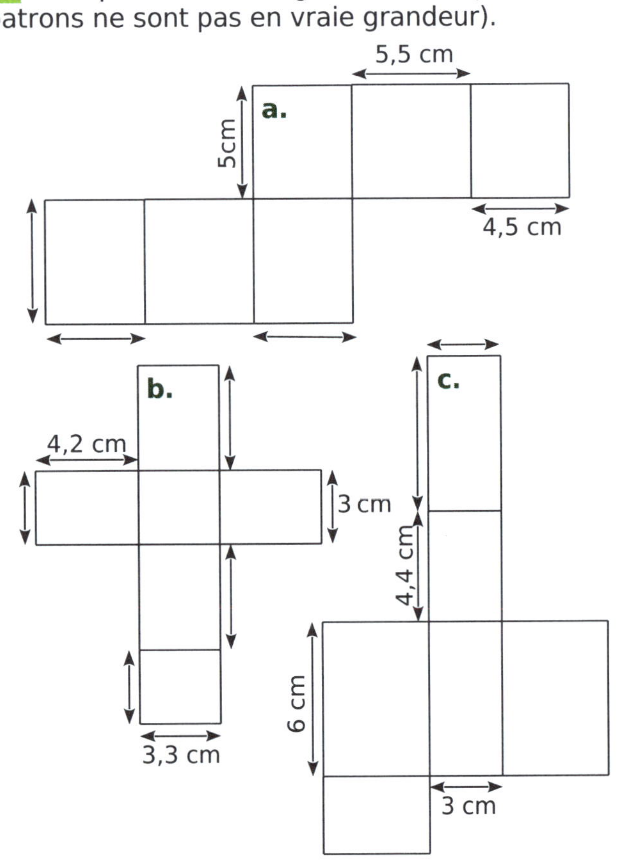


**3** Complète le patron du pavé droit.

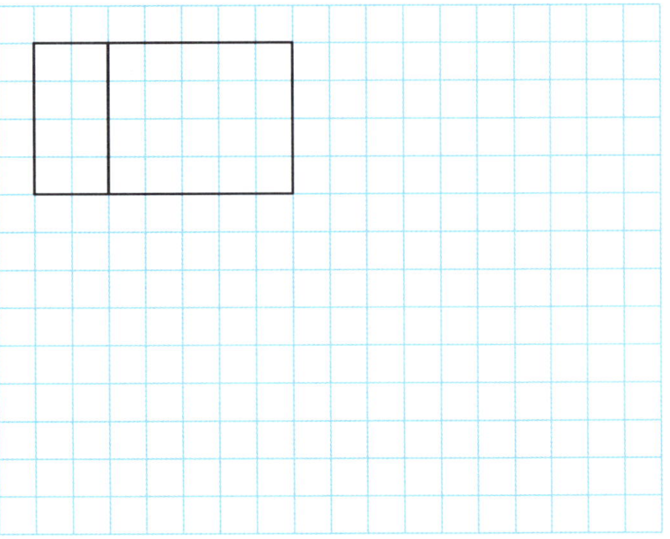

**4** Construis un patron d'un pavé droit de dimensions 1,5 cm ; 2 cm et 3,5 cm.

**5** Même énoncé avec 1 cm ; 1 cm et 2,5 cm.

# Angles

# M1

## Fiche 1 : Identifier des angles

**1** Complète le tableau.

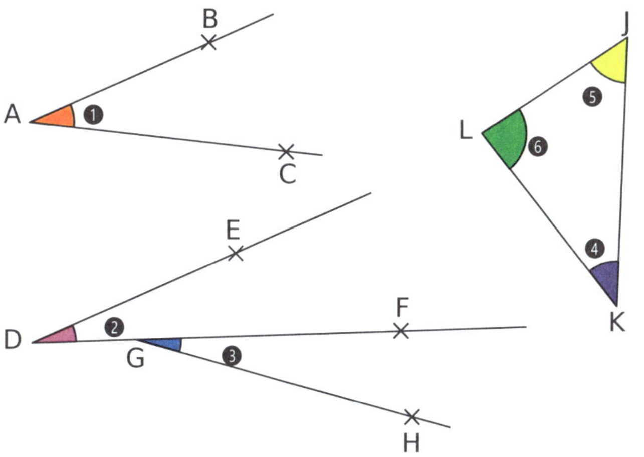


| Angle | Nom | Sommet | Côtés |
|---|---|---|---|
| ❶ | | | |
| ❷ | | | |
| ❸ | | | |
| ❹ | | | |
| ❺ | | | |
| ❻ | | | |

**2** Nomme chacun des angles, de toutes les manières possibles.

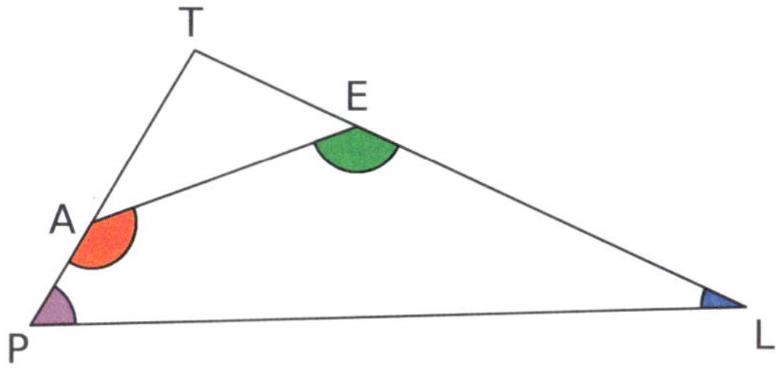


**a.** rouge : ..........................................

**b.** vert : ..........................................

**c.** rose : ..........................................

**d.** bleu : ..........................................

**3** Colorie sur la figure l'angle...

**a.** $\widehat{ARI}$ en rouge ;
**b.** $\widehat{MIR}$ en vert ;
**c.** $\widehat{MAR}$ en bleu ;
**d.** $\widehat{AMI}$ en orange ;

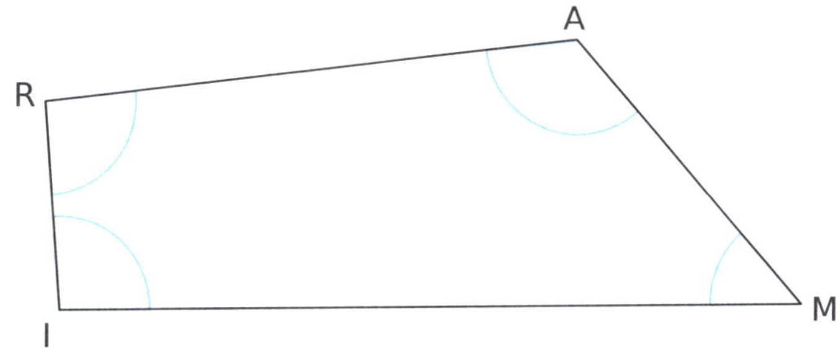


**4** Colorie sur la figure l'angle...

**a.** $\widehat{ECO}$ en rouge ;
**b.** $\widehat{CUO}$ en vert ;
**c.** $\widehat{UBO}$ en bleu ;
**d.** $\widehat{CEU}$ en orange ;
**e.** $\widehat{COU}$ en jaune ;
**f.** $\widehat{EUB}$ en rose.

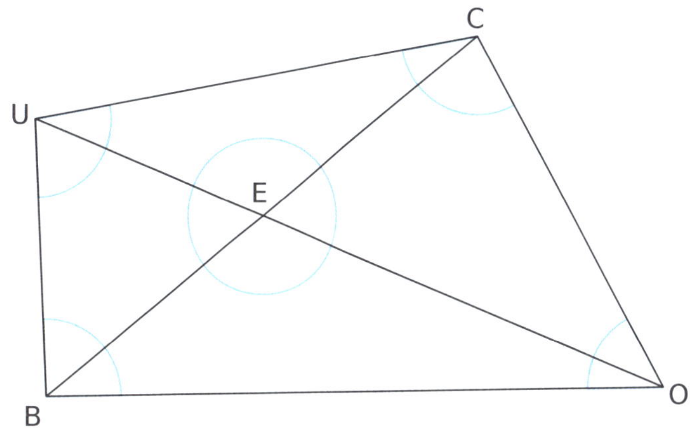


**5** Écris toutes les égalités d'angles.

..........................................

..........................................

..........................................

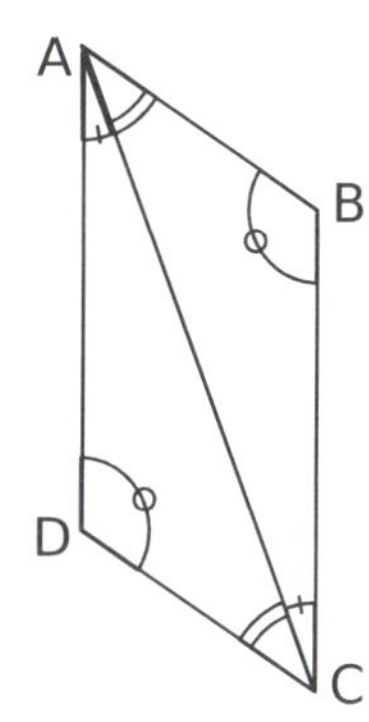

## FICHE 2 : DÉTERMINER LA NATURE D'UN ANGLE

**1** Pour chaque cas ci-dessous, donne la nature de l'angle (aigu, obtus, droit ou plat).

**a.** 27° ↔ ..............

**b.** 12,3° ↔ ..............

**c.** 90° ↔ ..............

**d.** 1° ↔ ..............

**e.** 154° ↔ ..............

**f.** 32° ↔ ..............

**g.** 179,9° ↔ ..............

**h.** 80° ↔ ..............

**i.** 180° ↔ ..............

**j.** 93,90° ↔ ..............

**2** Classe chaque angle dans le tableau.

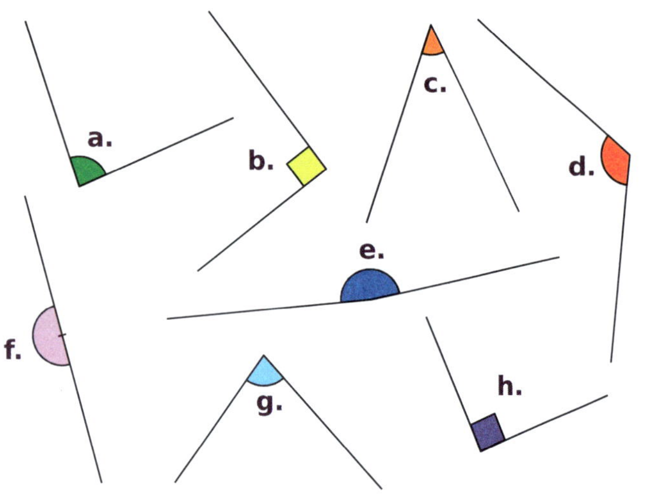


| Aigu | Droit | Obtus | Plat |
|---|---|---|---|
| | | | |

**3** Donne la nature de chaque angle.

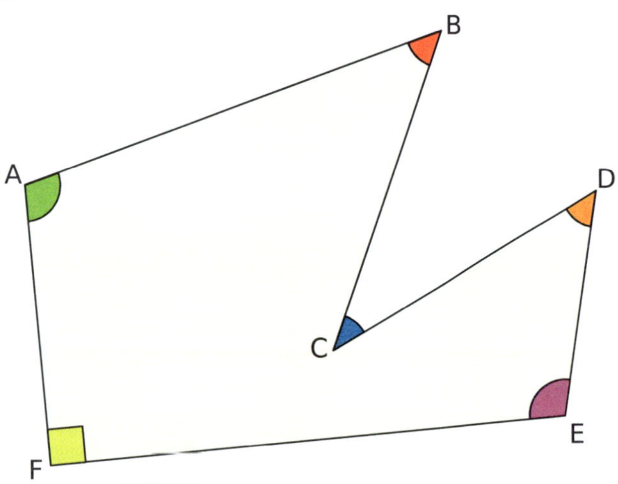


**a.** L'angle $\widehat{FAB}$ est ..............................

**b.** L'angle $\widehat{ABC}$ est ..............................

**c.** L'angle $\widehat{BCD}$ est ..............................

**d.** L'angle $\widehat{CDE}$ est ..............................

**e.** L'angle $\widehat{FED}$ est ..............................

**f.** L'angle $\widehat{EFA}$ est ..............................

**4** Marque les angles aigus avec un **arc rouge**, les angles obtus avec un **arc bleu** et les angles droits avec un **carré vert**.

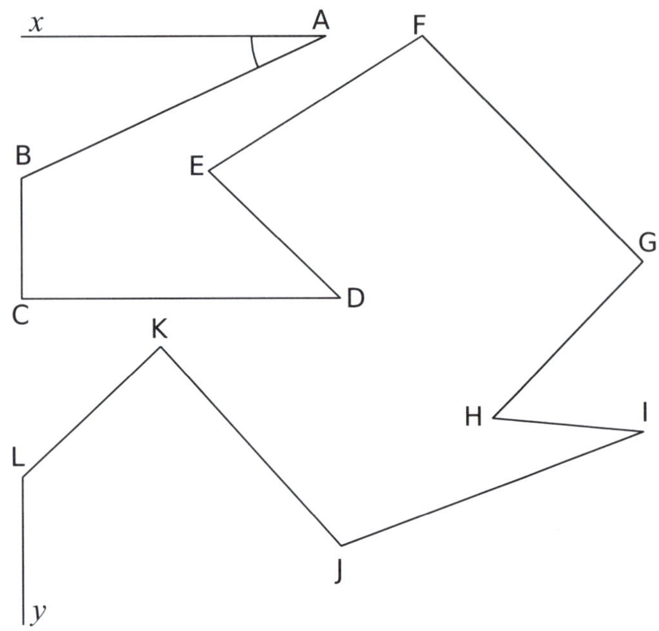


**5** On considère le quadrilatère suivant.

**a.** Quels sont les angles aigus ?

..............................

**b.** Quels sont les angles obtus ?

..............................

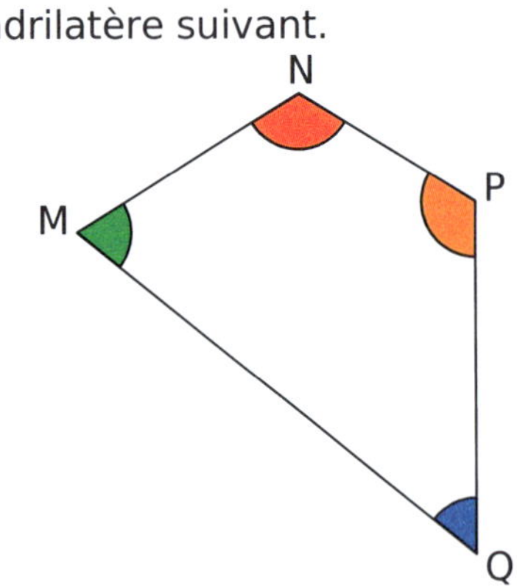


**6** Explique pourquoi chaque figure est fausse.

**a.**

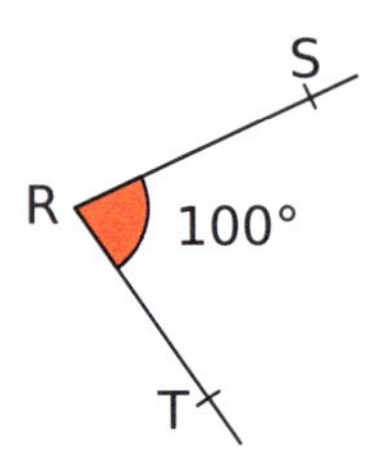


**b.**

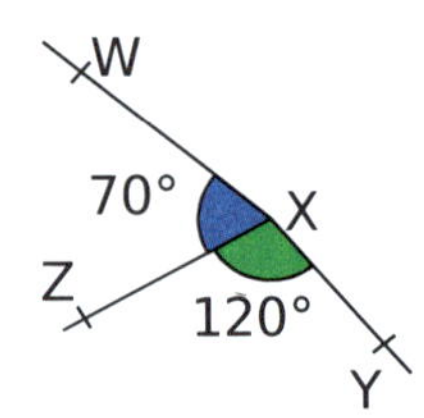


**a.** ..............................

..............................

..............................

..............................

**b.** ..............................

..............................

..............................

..............................

# FICHE 3 : CALCULER DES ANGLES

**1** Justifie tes calculs.

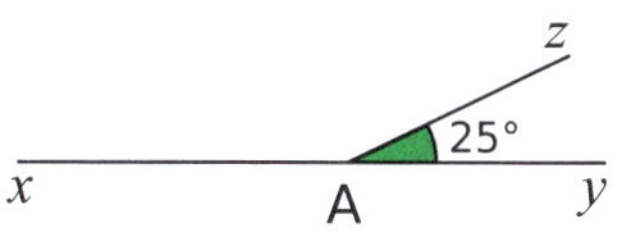


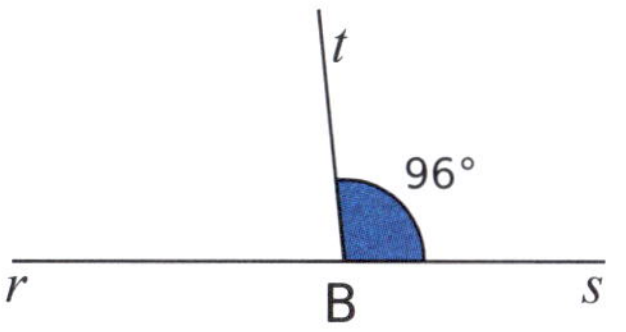


**a.** Quelle est la mesure de l'angle $\widehat{xAz}$ ?

**b.** Quelle est la mesure de l'angle $\widehat{rBt}$ ?

**2** Calcule et justifie.

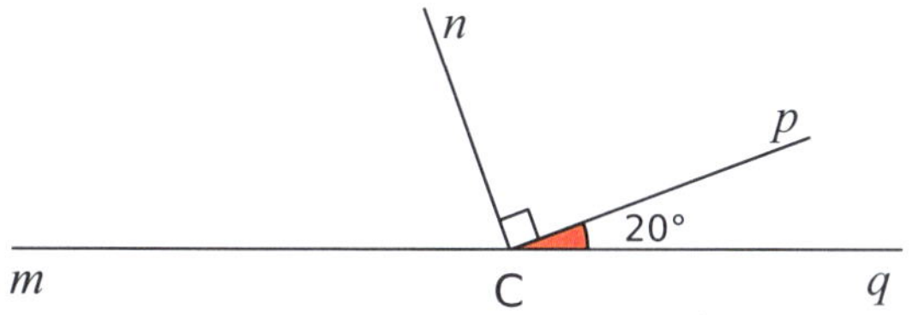


**a.** Quelle est la mesure de l'angle $\widehat{qCn}$ ?

**b.** Quelle est la mesure de l'angle $\widehat{mCn}$ ?

**c.** Quelle est la mesure de l'angle $\widehat{mCp}$ ?

**3** Calcule et justifie.

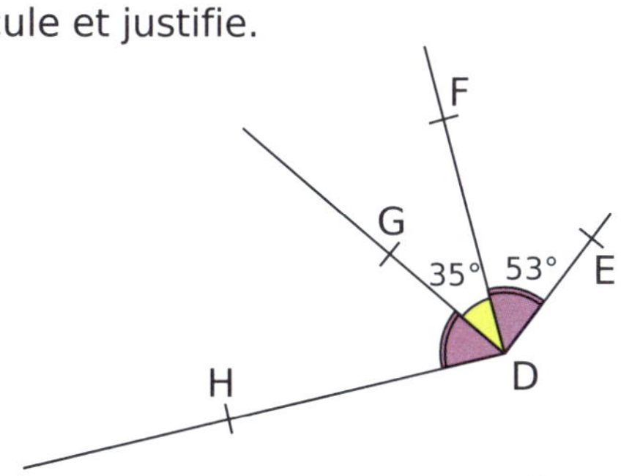


**a.** Quelle est la mesure de l'angle $\widehat{HDF}$ ?

**b.** Quelle est la mesure de l'angle $\widehat{HDE}$ ?

**4** Les points J, K et L sont-ils alignés ? Justifie. (Attention, la figure est volontairement fausse.)

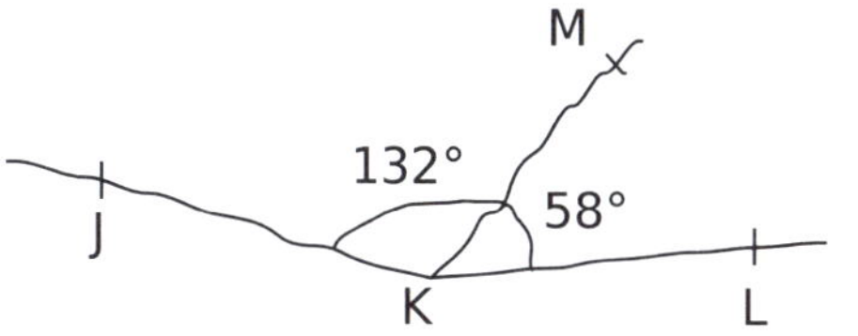


**5** Le quadrilatère MNOP est un carré et les triangles POY et NOZ sont équilatéraux.

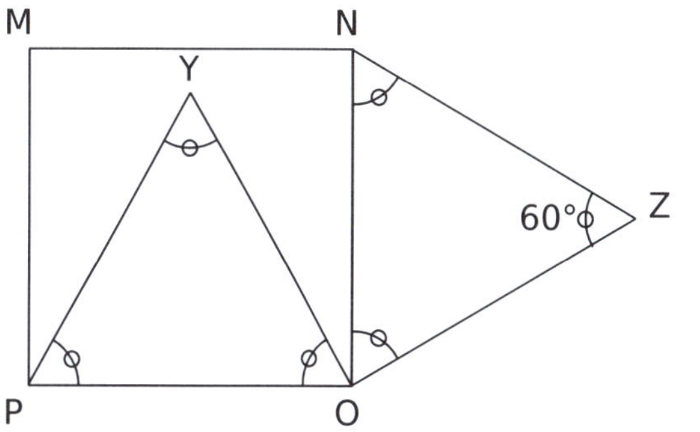


**a.** Quelle est la mesure de l'angle $\widehat{MNZ}$ ? Justifie.

**b.** Quelle est la mesure de l'angle $\widehat{YON}$ ? Justifie.

**c.** Quelle est la mesure de l'angle $\widehat{YOZ}$ ? Justifie.

**d.** Quelle est la nature du triangle YOZ ? Justifie.

**e.** Comment semblent être les points M, Y et Z ? (On ne demande pas de le démontrer.)

# Fiche 4 : Mesurer un angle (1)

**1** Sans utiliser d'instrument de géométrie, associe chaque angle à sa mesure.

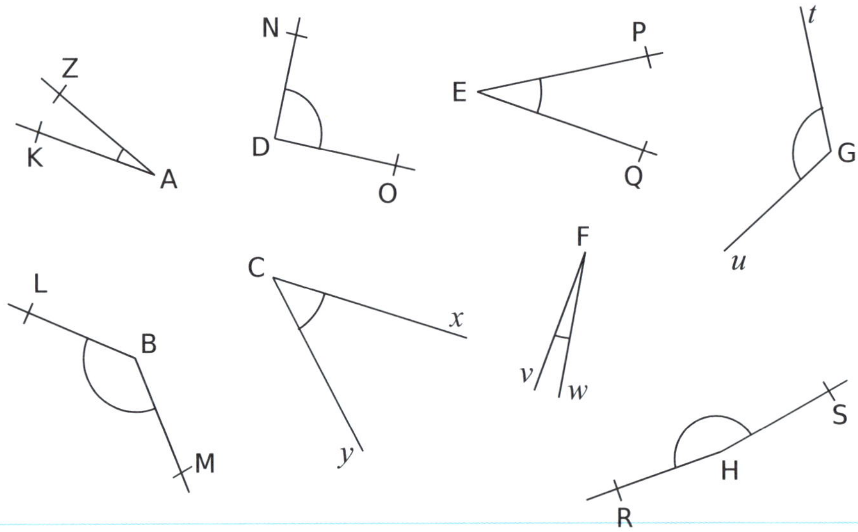


| Angle | | Mesure |
|---|---|---|
| $\widehat{ZAK}$ • | | • 5° |
| $\widehat{NDO}$ • | | • 20° |
| $\widehat{PEQ}$ • | | • 30° |
| $\widehat{tGu}$ • | | • 45° |
| $\widehat{LBM}$ • | | • 90° |
| $\widehat{yCx}$ • | | • 120° |
| $\widehat{vFw}$ • | | • 135° |
| $\widehat{RHS}$ • | | • 170° |

**2** Lis la mesure de chaque angle sur le rapporteur gradué tous les 10°.

**a.** ..........

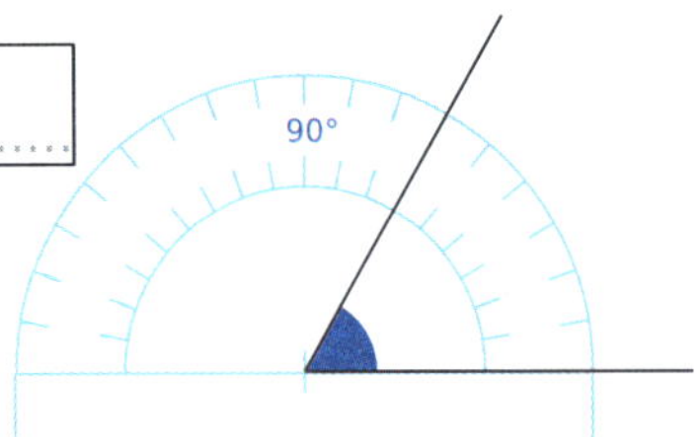

**b.** ..........

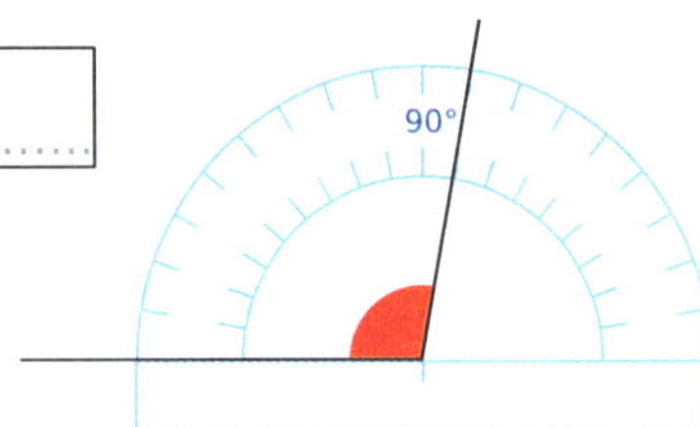

**c.** ..........

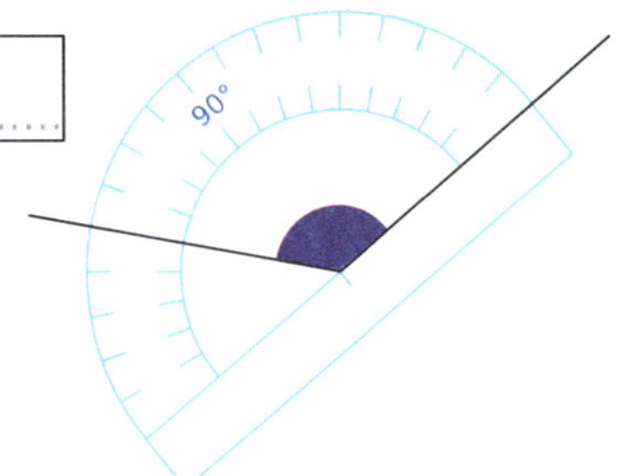

**d.** ..........

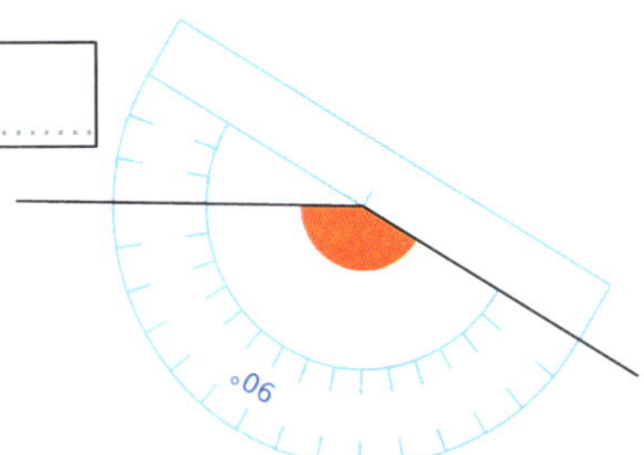

**e.** ..........

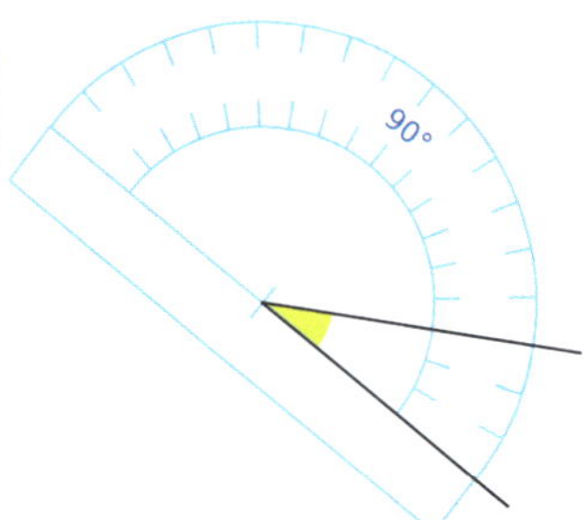

**f.** ..........

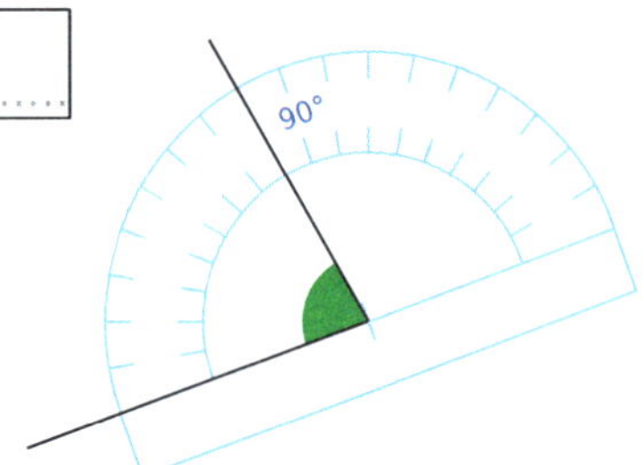

**3** Lis la mesure de chaque angle sur le rapporteur.

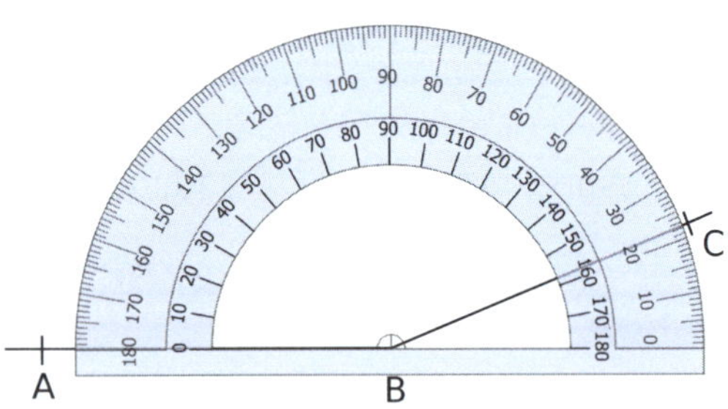


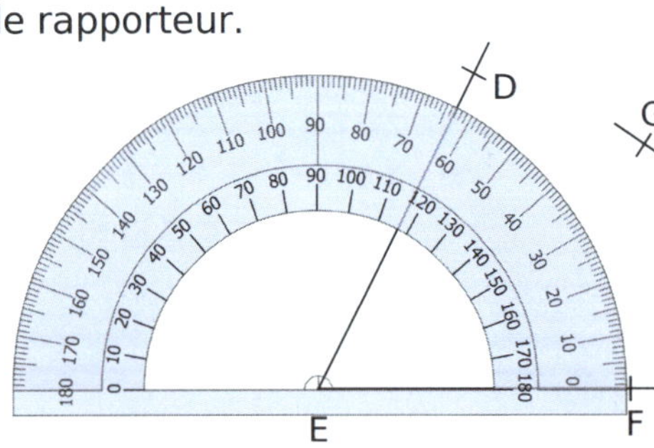


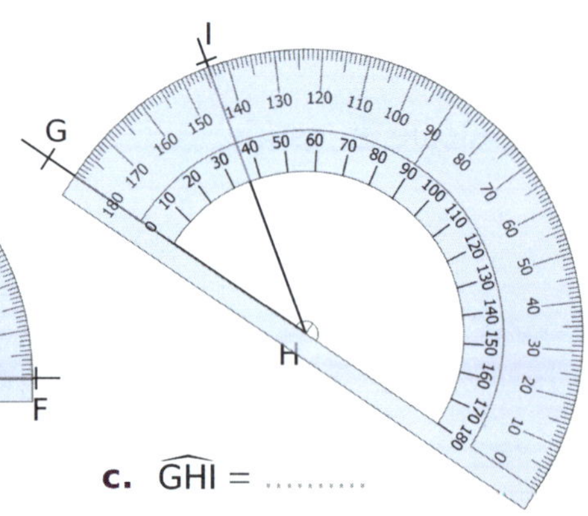


**a.** $\widehat{ABC}$ = ..........  **b.** $\widehat{DEF}$ = ..........  **c.** $\widehat{GHI}$ = ..........

**4** Donne la nature de chaque angle, puis détermine sa mesure.

**a.** $\widehat{xKJ}$ est un angle .................................. et $\widehat{xKJ}$ = ..........

**b.** $\widehat{xKL}$ est un angle .................................. et $\widehat{xKL}$ = ..........

**c.** $\widehat{yKJ}$ est un angle .................................. et $\widehat{yKJ}$ = ..........

**d.** $\widehat{LKJ}$ est un angle .................................. et $\widehat{LKJ}$ = ..........

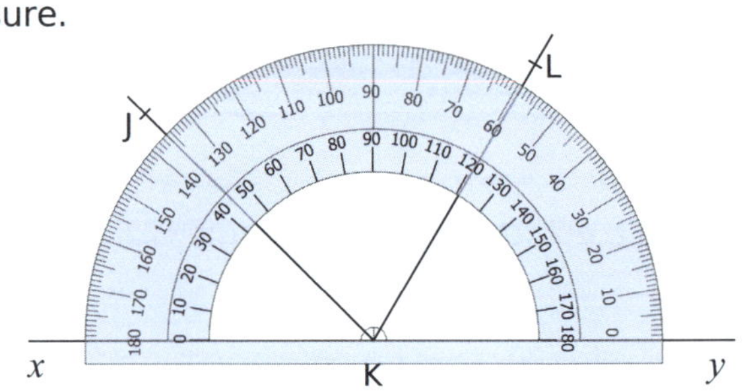

## FICHE 5 : MESURER UN ANGLE (2)

**1** À l'aide de ton rapporteur, mesure les angles suivants et écris tes réponses dans les bulles.

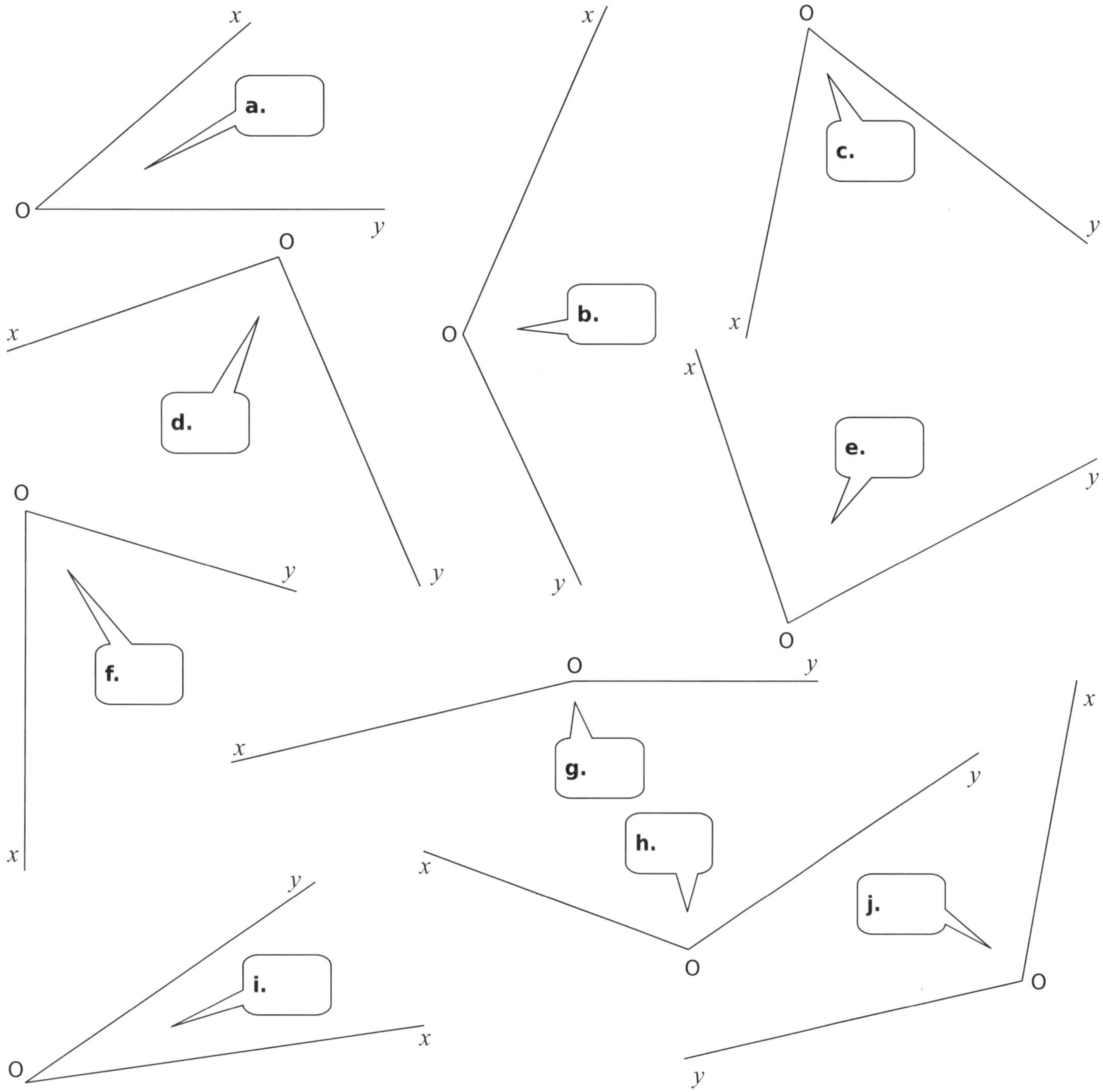


**2** *Dans le quadrilatère ci-contre*

**a.** Marque en rouge les angles aigus et en bleu les angles obtus.

**b.** Mesure chacun des angles du quadrilatère ABCD.

$\widehat{ABC}$ = ................ $\widehat{CDA}$ = ................

$\widehat{BCD}$ = ................ $\widehat{DAB}$ = ................

**c.** Calcule la somme des quatre mesures trouvées.

............................................................

............................................................

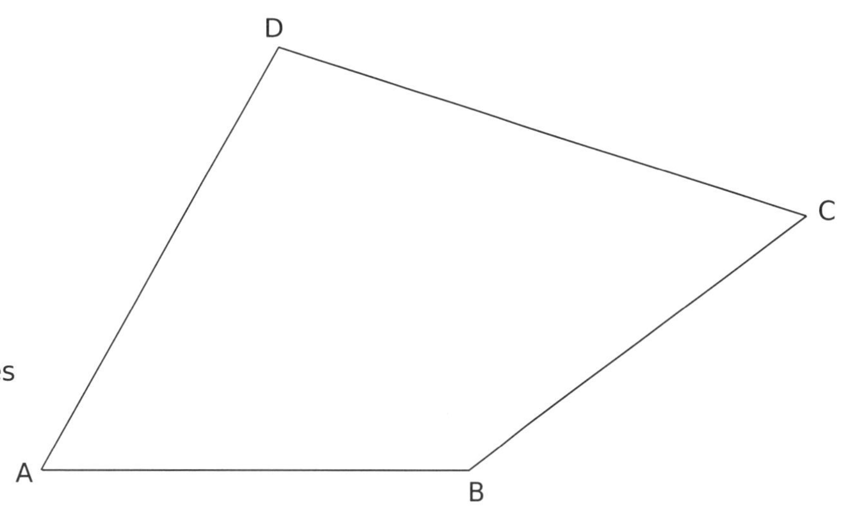

# Fiche 6 : Mesurer un angle (3)

Mesure chaque angle de la ligne polygonale.

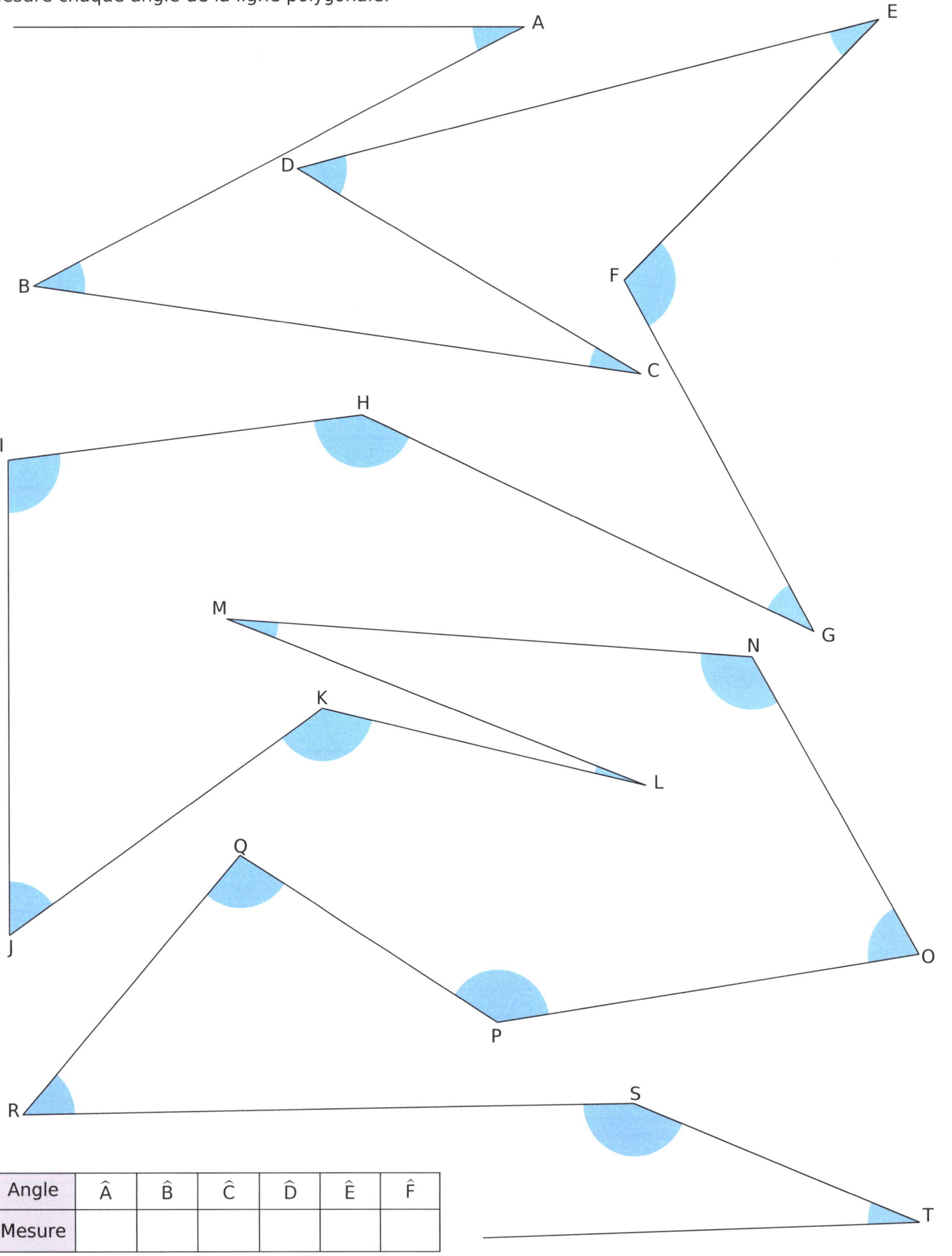


| Angle | Â | B̂ | Ĉ | D̂ | Ê | F̂ |
|---|---|---|---|---|---|---|
| Mesure | | | | | | |

| Angle | Ĝ | Ĥ | Î | Ĵ | K̂ | L̂ | M̂ | N̂ | Ô | P̂ | Q̂ | R̂ | Ŝ | T̂ |
|---|---|---|---|---|---|---|---|---|---|---|---|---|---|---|
| Mesure | | | | | | | | | | | | | | |

# FICHE 7 : CONSTRUIRE DES ANGLES (1)

**1** Construis le deuxième côté de l'angle pour qu'il ait la mesure indiquée.

**a.** 70°

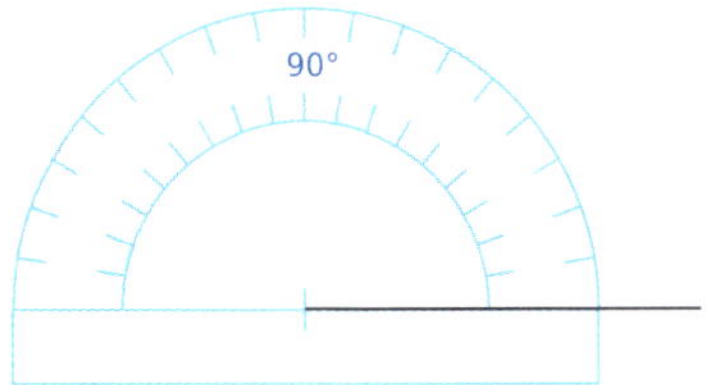


**b.** 110°

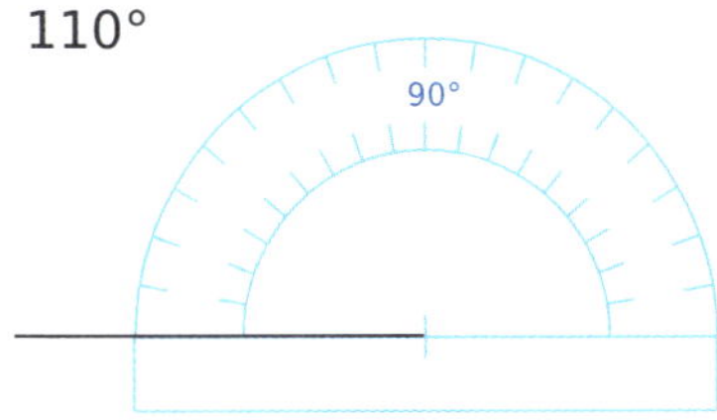


**c.** 20°

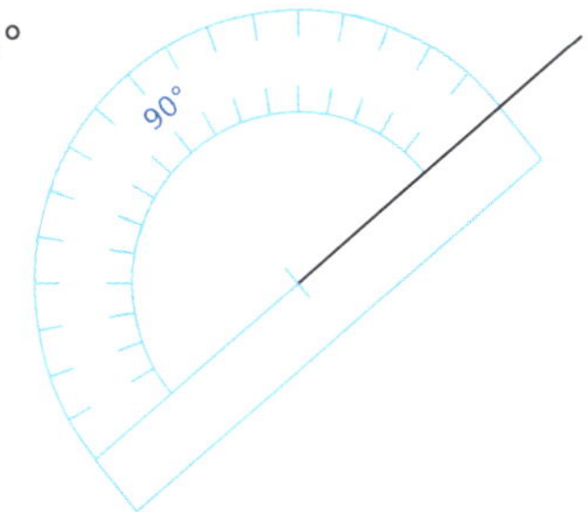


**d.** 140°

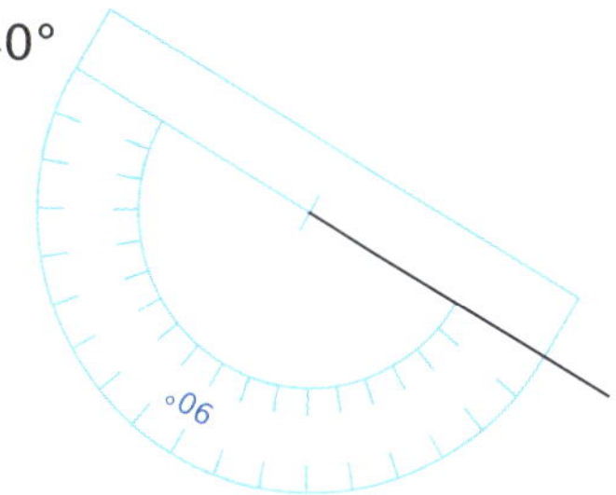


**e.** 170°

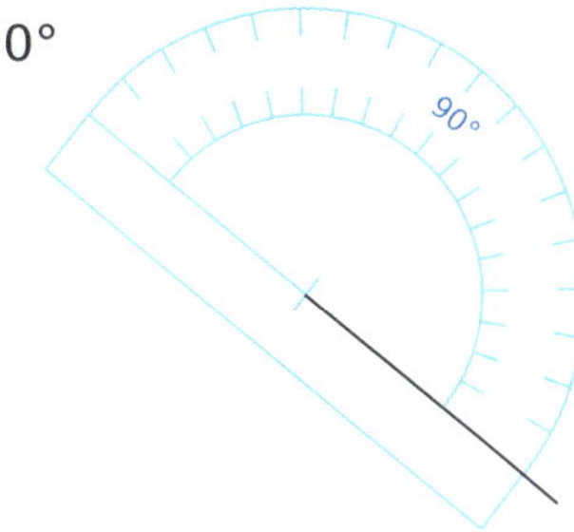


**f.** 50°

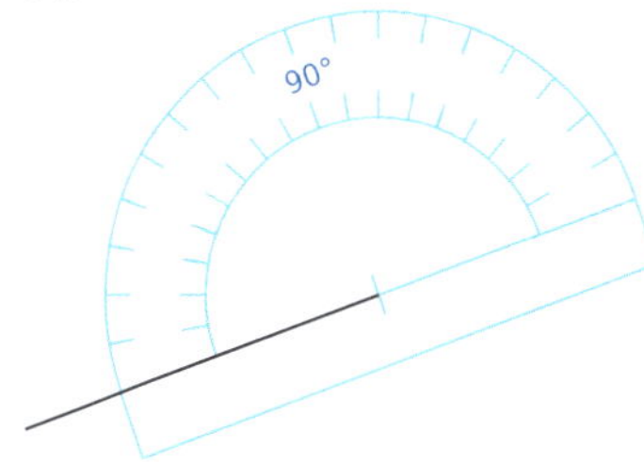


**2** Construis le deuxième côté de l'angle pour qu'il ait la mesure indiquée.

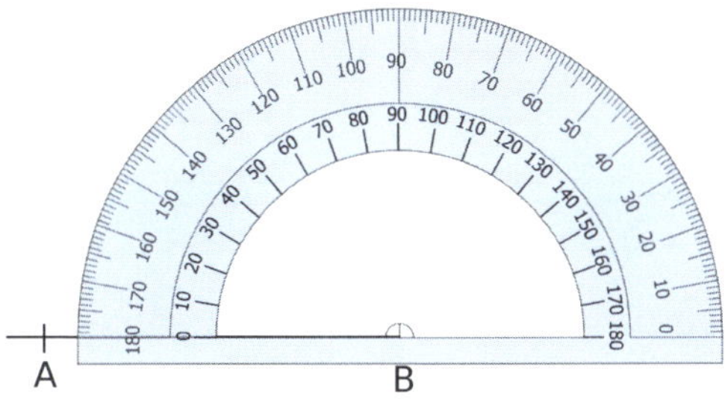


**a.** $\widehat{ABC} = 55°$

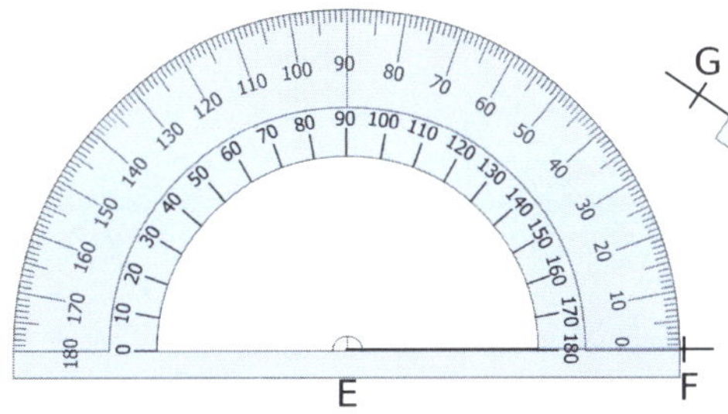


**b.** $\widehat{DEF} = 108°$

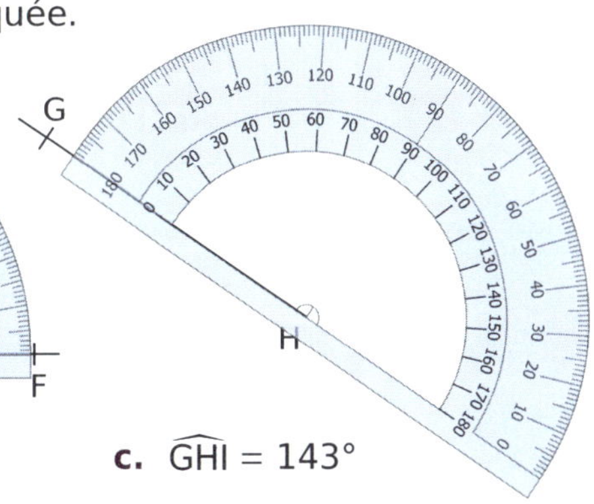


**c.** $\widehat{GHI} = 143°$

**3** Dans chaque cas, construis la demi-droite [O$y$) pour que l'angle $\widehat{xOy}$ ait la mesure indiquée.

**a.** 56°

**b.** 156°

**c.** 125°

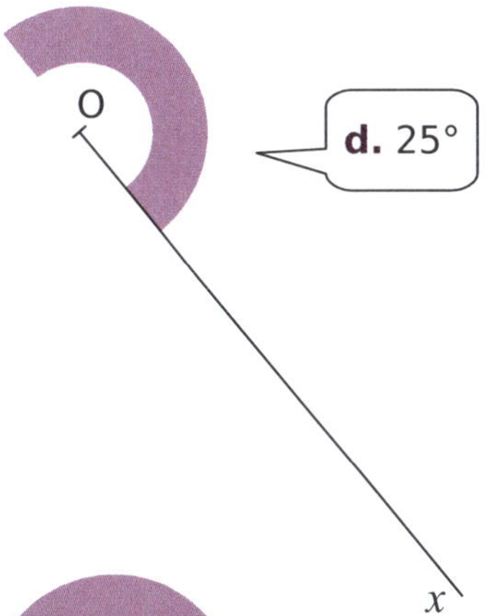


**d.** 25°

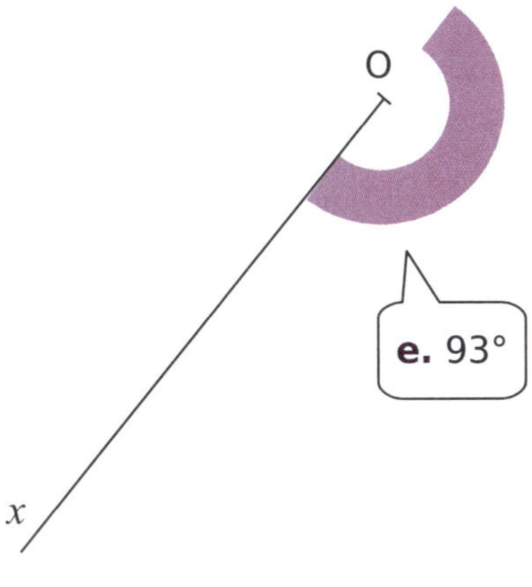


**e.** 93°

**f.** 33°

## Fiche 8 : Construire des angles (2)

**1** Reproduis chaque triangle en vraie grandeur, à partir du segment déjà tracé.

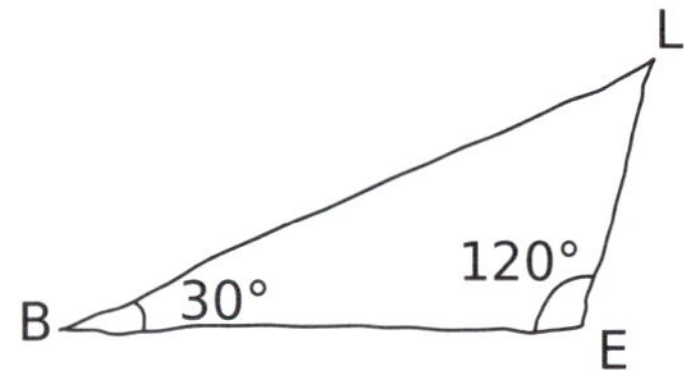


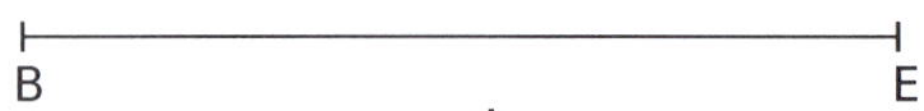


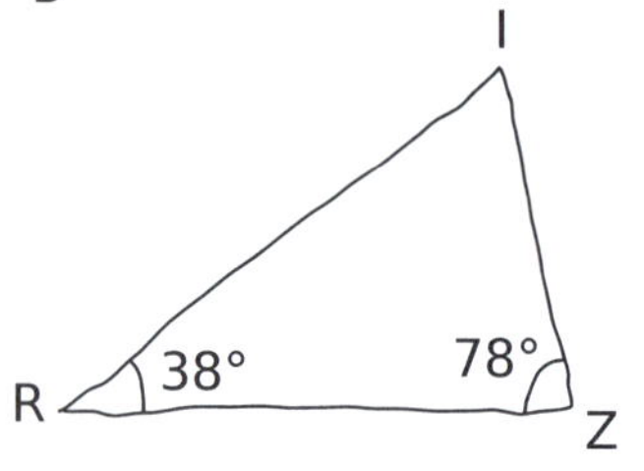

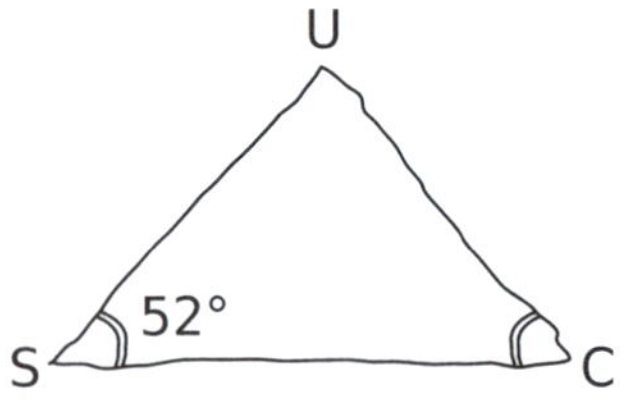

**2** Reproduis chaque ligne brisée en vraie grandeur, à partir du segment déjà tracé.

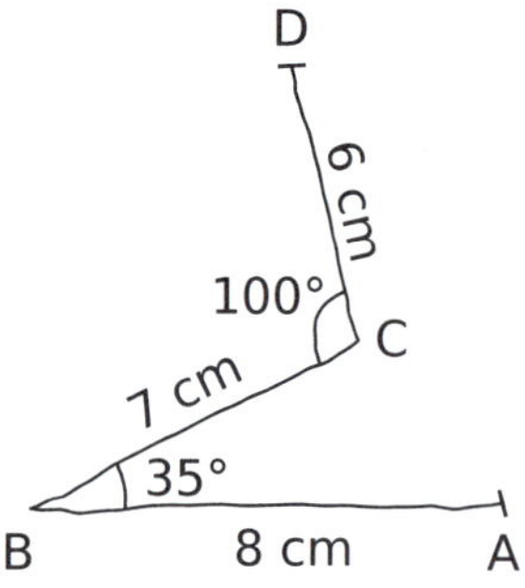


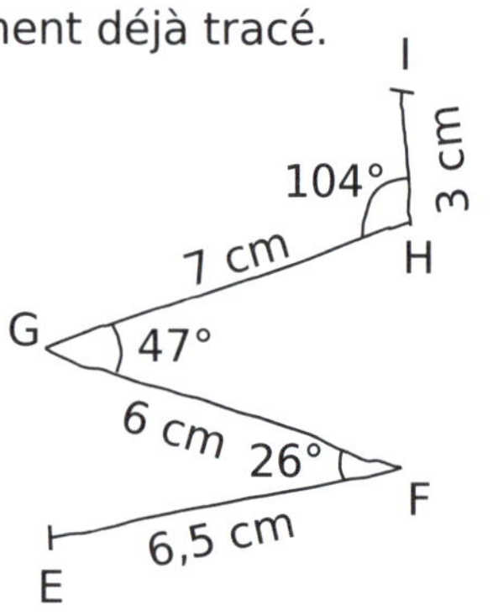

## FICHE 9 : CONSTRUIRE DES ANGLES (3)

**1** Reproduis chaque figure en vraie grandeur, à partir du segment déjà tracé.

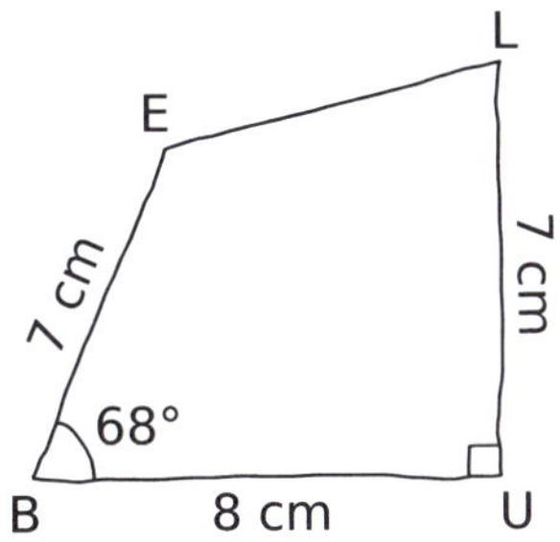


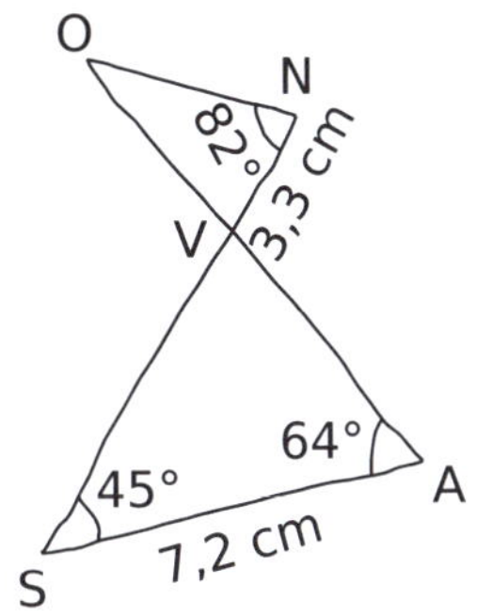

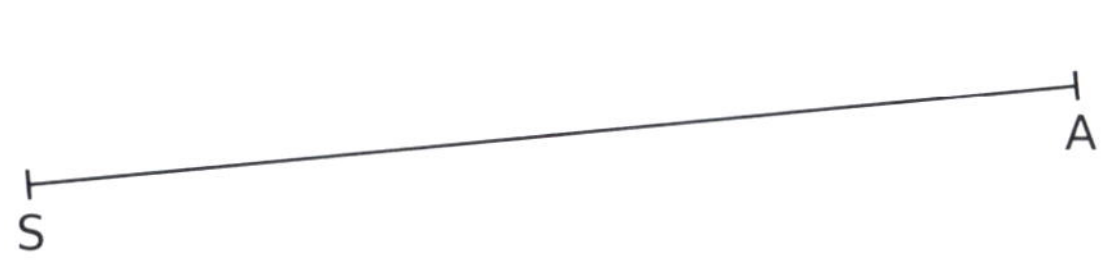


**2** Reproduis cette figure, à partir du carré coloré.

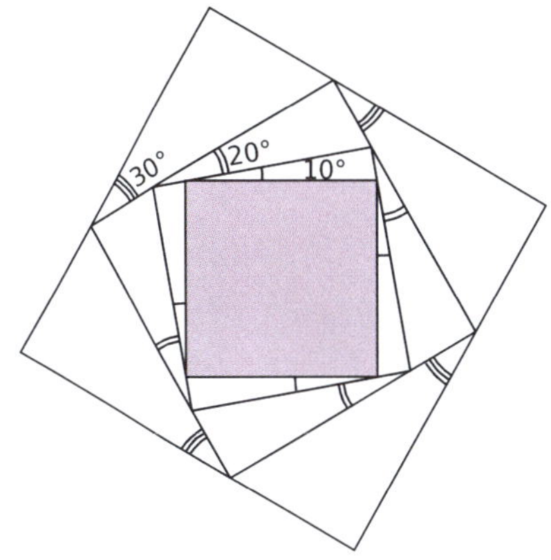

**3** Au billard, chaque fois que la boule touche un bord de la table, elle rebondit en formant avec ce bord un angle égal à l'angle d'attaque.
On considère cette table triangulaire. Trace le chemin de la boule et indique sa position au cinquième rebond.

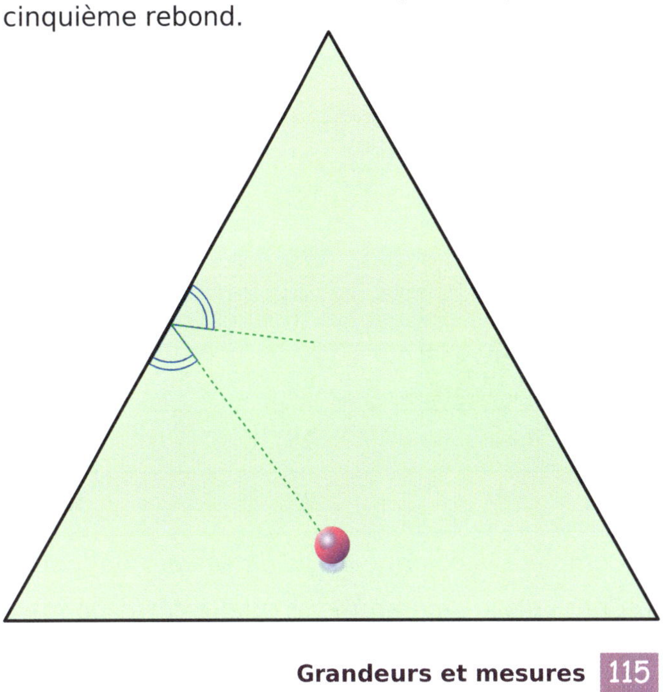

## FICHE 10 : CONSTRUIRE UN DIAGRAMME CIRCULAIRE (1)

**1** Le service statistique de l'entreprise *T-CAP* réalise une étude portant sur la masse des colis expédiés depuis l'entrepôt. Les résultats sont représentés par le diagramme circulaire ci-contre.

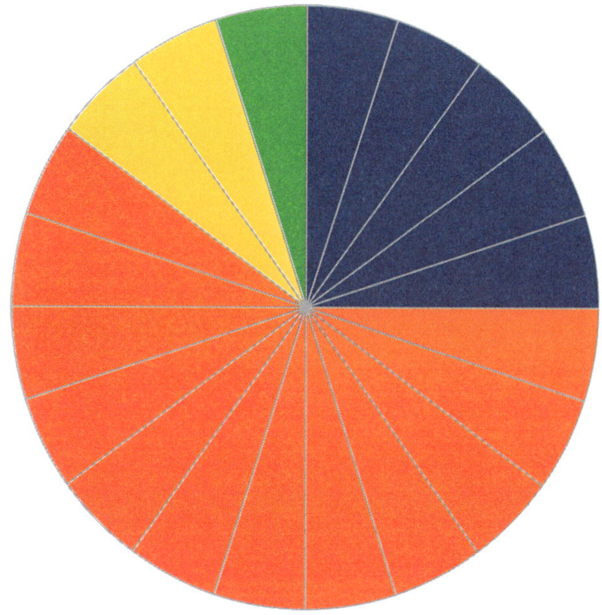

| Masse des colis (en kg) | Nombre de colis | Angle du secteur |
|---|---|---|
| [0 ; 4[ | | |
| [4 ; 8[ | | |
| [8 ; 12[ | | |
| [12 ; 16[ | 10 | 18° |
| **Total** | | |

**a.** Complète la colonne *Angle du secteur* du tableau.

**b.** Complète la colonne *Nombre de colis*.

**2** On étudie la répartition de la production d'électricité photovoltaïque en France. Ces données sont représentées par le diagramme circulaire ci-contre.

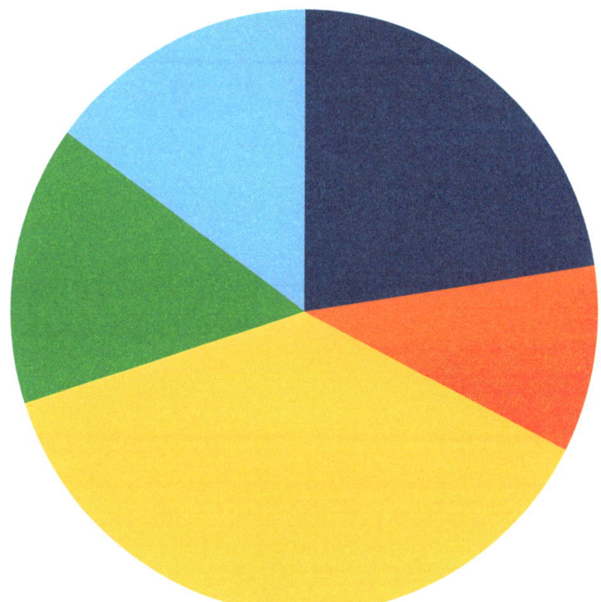

| Zones géographiques | Énergie produite en MWh | Angle du secteur |
|---|---|---|
| Nord-Ouest | | |
| Nord-Est | | |
| Sud-Est | | |
| Sud-Ouest | | |
| Centre | | |
| **Total** | 200 | |

**a.** Complète la colonne *Angle du secteur* du tableau en effectuant les mesures nécessaires.

**b.** Complète la colonne *Énergie produite*.

**3** Les arbres d'un hectare de forêt du Massif Central sont répartis en cinq espèces. Les résultats sont donnés dans le tableau suivant.

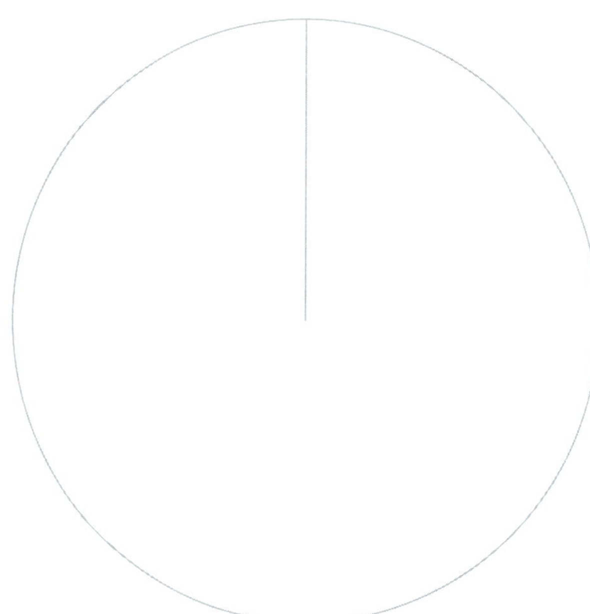

| Espèces | Nombre d'arbres | Angle du secteur |
|---|---|---|
| Sapins | 120 | |
| Pins | 75 | |
| Frênes | 30 | |
| Hêtres | 60 | |
| Châtaigniers | 15 | |
| **Total** | 300 | 360° |

**a.** Complète la colonne *Angle du secteur* du tableau.

**b.** Construis le diagramme circulaire correspondant.

## FICHE 11 : CONSTRUIRE UN DIAGRAMME CIRCULAIRE (2)

**1** La classe de 6eC réalise une étude sur la masse corporelle des 500 élèves de l'établissement.
Les résultats sont donnés dans le tableau suivant.

| Masse corporelle (en kg) | Nombre d'élèves | Angle du secteur |
|---|---|---|
| [40 ; 50[ | 80 | |
| [50 ; 60[ | 220 | |
| [60 ; 70[ | 140 | |
| [70 ; 80[ | 60 | |
| **Total** | 500 | |

**a.** Complète la colonne *Angle du secteur* du tableau.
Tu arrondiras au degré près.

**b.** Construis le diagramme circulaire correspondant.

**2** Le gérant du magasin *Sel-pied* présente ci-dessous la répartition de ses ventes pour le mois de novembre.

| Type de chaussures | Nombre de paires vendues | Angle du secteur |
|---|---|---|
| Chaussons | 19 | |
| Mocassins | 59 | |
| Bottes | 78 | |
| Escarpins | 65 | |
| Chaussures de sport | 33 | |
| **Total** | | |

**a.** Complète la colonne *Angle du secteur* du tableau.
Tu arrondiras au dixième près.

**b.** Construis le diagramme circulaire correspondant.

**c.** Le gérant compare ces résultats à ceux qu'il a obtenus au mois de septembre. Reprends les questions **a** et **b**.

| Type de chaussures | Nombre de paires vendues | Angle du secteur |
|---|---|---|
| Chaussons | 14 | |
| Mocassins | 48 | |
| Bottes | 80 | |
| Escarpins | 68 | |
| Chaussures de sport | 36 | |
| **Total** | | |

**d.** Compare ces deux diagrammes.

# FICHE 12 : CONSTRUIRE ET REPRODUIRE DES FIGURES

**1** Chaque côté de l'étoile mesure 4 cm.
Sur feuille blanche, reproduis l'étoile ci-contre, en respectant les données.

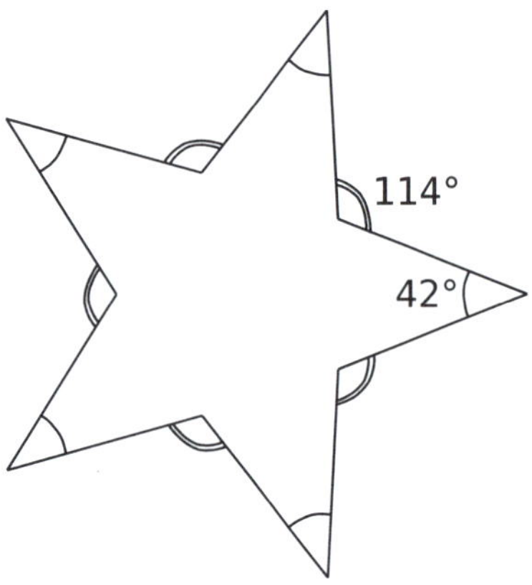


**2** Sur feuille blanche, construis les représentations des constellations aux tailles indiquées. (Les noms sont ceux des étoiles qui les composent.)

**a.** Aigle

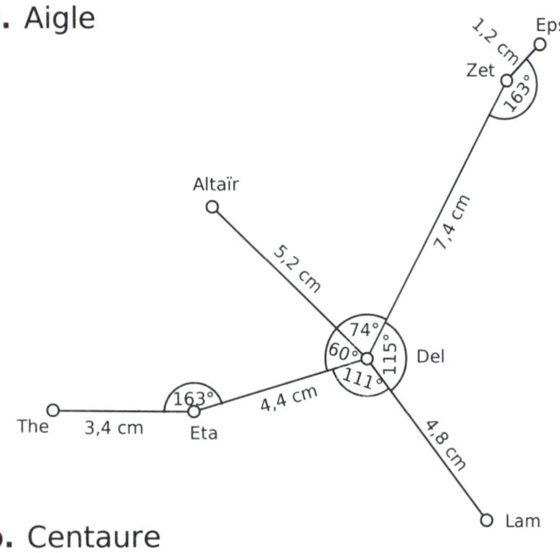


**b.** Centaure

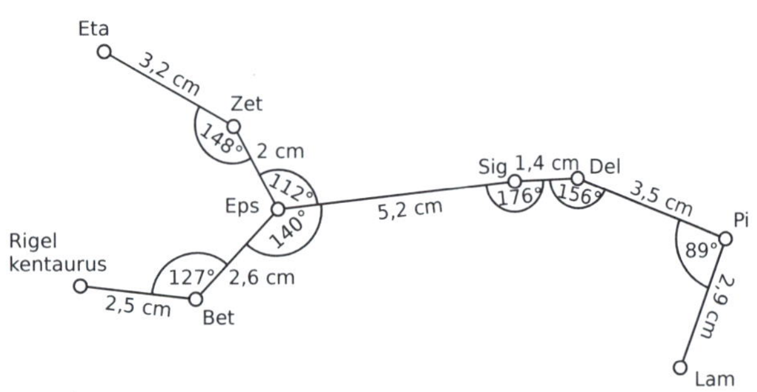


**c.** Carène

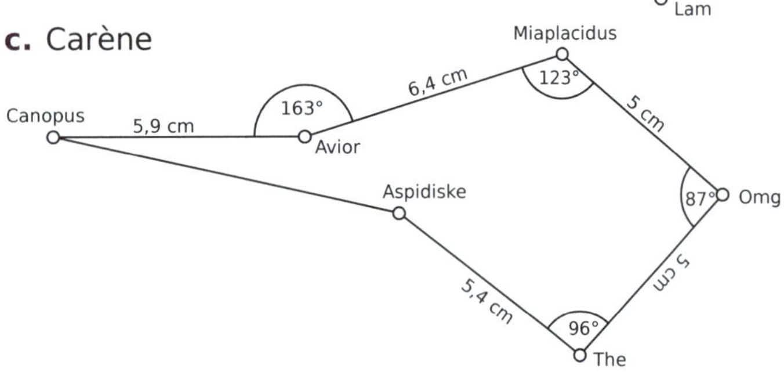


**d.** Lion

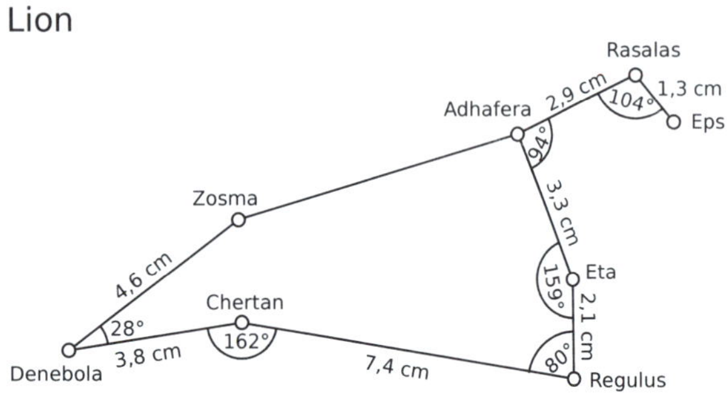


**3** Sur une feuille A4, trace les triangles...

- ABS équilatéral de côté 8 cm ;
- ABC isocèle en C tel que AC = 14 cm ;
- ABD tel que $\widehat{BAD}$ = 88° et AD = 14,4 cm ;
- ABE tel que $\widehat{BAE}$ = 99° et AE = 11,9 cm ;
- ABF tel que $\widehat{BAF}$ = 119° et AF = 12,5 cm ;
- ABG tel que $\widehat{BAG}$ = 136° et AG = 7,4 cm ;
- ABH tel que $\widehat{BAH}$ = 164° et AH = 7,2 cm.

De la même façon, trace les triangles ABD' à ABH' de l'autre côté, puis colorie comme ci-dessous.

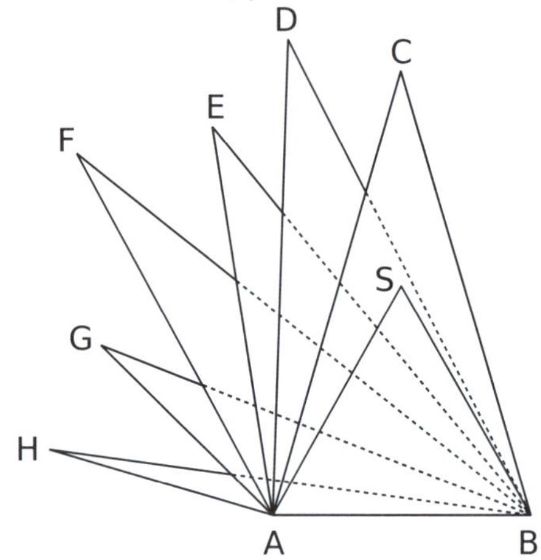

**4** **Géométrie Dynamique** *Triple d'un angle*

**a.** Effectue la construction suivante.

- Trace un angle $\widehat{BAC}$ et affiche sa mesure.
- Trace le cercle de centre B passant par A. Il coupe le segment [AC] en D. Trace [BD].
- Trace le cercle de centre D passant par B. Il coupe le côté [AB) en E. Trace [DE).
- Affiche la mesure de l'angle $\widehat{CDE}$.

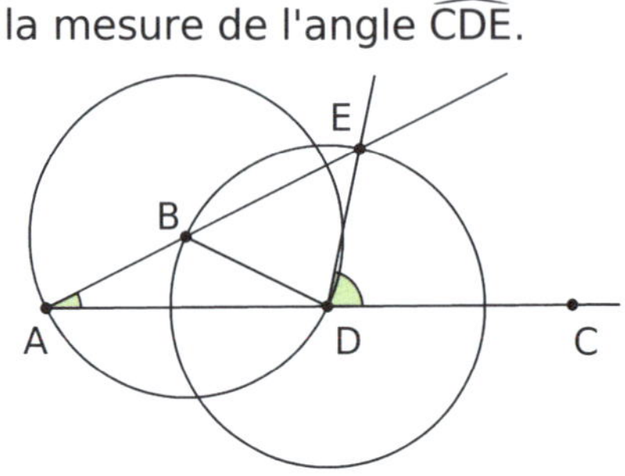


**b.** Bouge le point B. Que remarques-tu ?

..................................................................................................

..................................................................................................

# Aires et périmètres

# M2

## Fiche 1 : Déterminer un périmètre ou une aire par comptage

**1** Détermine le périmètre de chaque figure ci-dessous, en unités de longueur (u.l.).

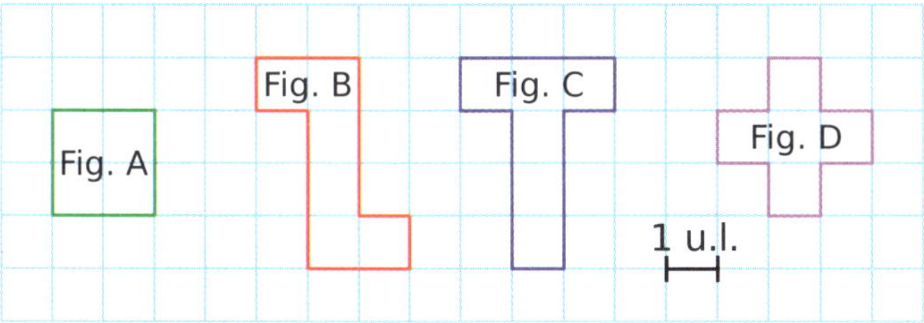


| Figure | A | B | C | D |
|---|---|---|---|---|
| Périmètre exprimé en u.l. | | | | |

**2** Range ces figures dans l'ordre croissant de leur périmètre.

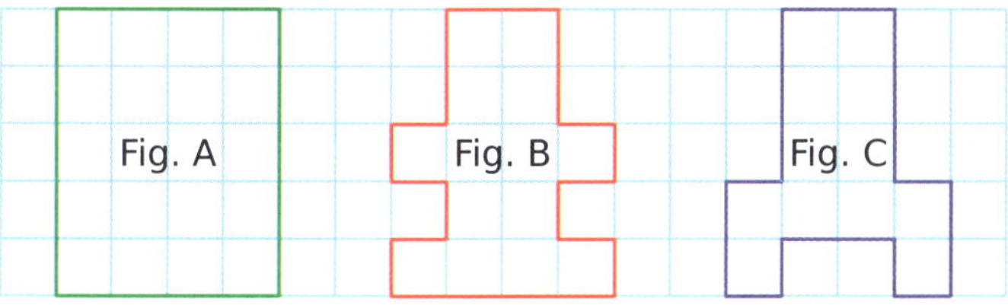


.......................................................................

.......................................................................

**3** Détermine le périmètre de chaque figure ci-dessous, en unités de longueur (u.l.).

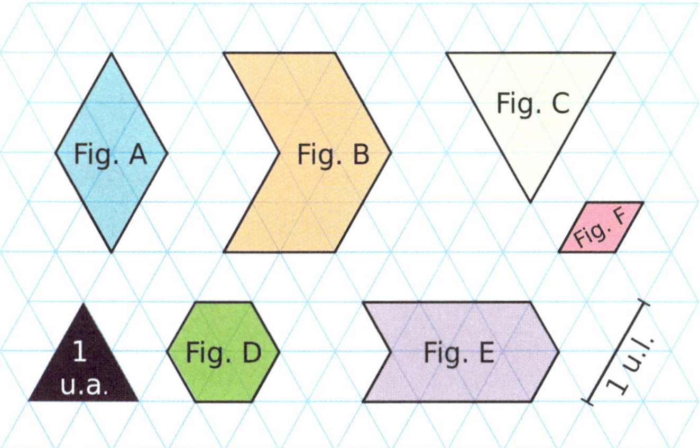


| Figure | A | B | C | D | E | F |
|---|---|---|---|---|---|---|
| Périmètre exprimé en u.l. | | | | | | |

**4** Reprends les figures de l'exercice 3, puis détermine l'aire de chaque figure, en unités d'aire.

| Figure | A | B | C | D | E | F |
|---|---|---|---|---|---|---|
| Aire exprimée en u.a. | | | | | | |

**5** Détermine l'aire de chaque figure ci-dessous.

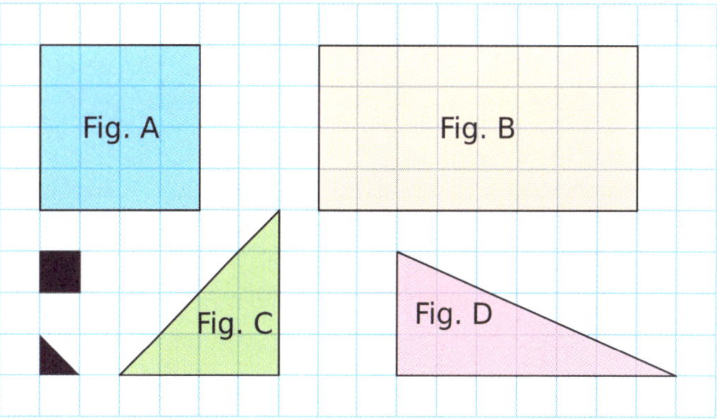


| Figure | A | B | C | D |
|---|---|---|---|---|
| Aire en ■ | | | | |
| Aire en ◣ | | | | |

**6** On considère les figures suivantes.

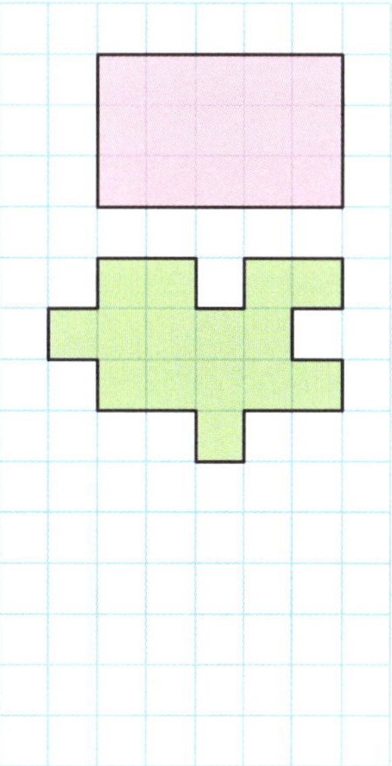

**a.** Compare leur aire.

.......................................................................

.......................................................................

.......................................................................

**b.** Compare leur périmètre.

.......................................................................

.......................................................................

.......................................................................

**c.** Trace une figure ayant la même aire que ces 2 figures mais avec un périmètre différent.

# Fiche 2 : Calculer le périmètre de figures usuelles

**1** Détermine, à l'aide de ta règle graduée, le périmètre de chaque figure.

**a.**

**b.**

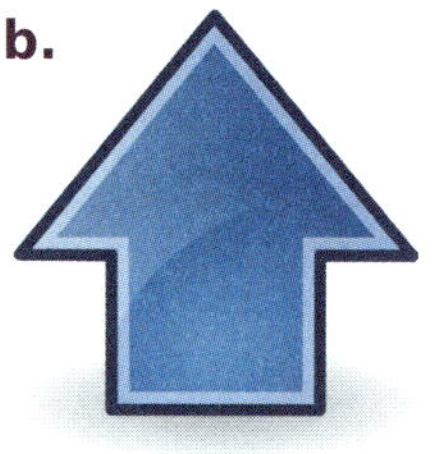

**c.**

| Figure | a. | b. | c. |
|---|---|---|---|
| Périmètre en cm | | | |

**2** Calcule le périmètre de chaque figure. (Attention, les figures ne sont pas dessinées en vraie grandeur.)

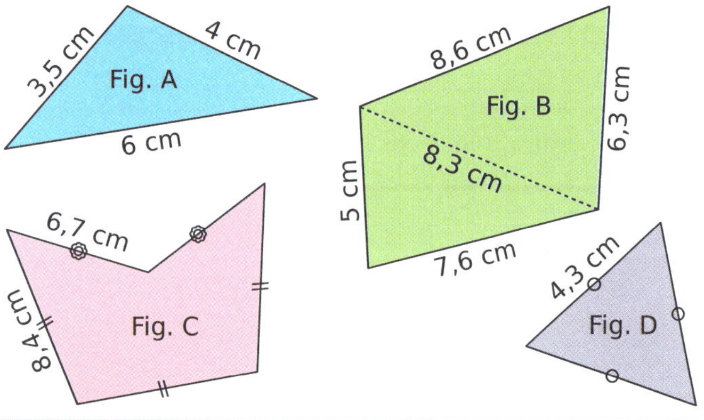


| Figure | A | B | C | D |
|---|---|---|---|---|
| Périmètre en cm | | | | |

**3** Quel est le périmètre d'un carré de côté 6 cm ?

**4** Soit un carré de côté $c$ et de périmètre $\mathscr{P}$. Complète le tableau.

| | a. | b. | c. | d. |
|---|---|---|---|---|
| $c$ | 4 dm | 2,4 m | | |
| $\mathscr{P}$ | | | 36 mm | 2,4 m |

**5** Quel est le périmètre d'un rectangle...

**a.** de longueur 5 cm et de largeur 2,3 cm ?

**b.** de largeur 15,2 dm et de longueur 24 dm ?

**6** Soit un rectangle de largeur $l$, de longueur $L$ et de périmètre $\mathscr{P}$. Complète le tableau.

| | a. | b. | c. | d. |
|---|---|---|---|---|
| $l$ | 4 cm | 1,2 dm | | 1 m |
| $L$ | 5 cm | 5 dm | 10 hm | |
| $\mathscr{P}$ | | | 36 hm | 4,8 m |

**7** Calcule le périmètre de chacune des figures suivantes en effectuant les mesures nécessaires.

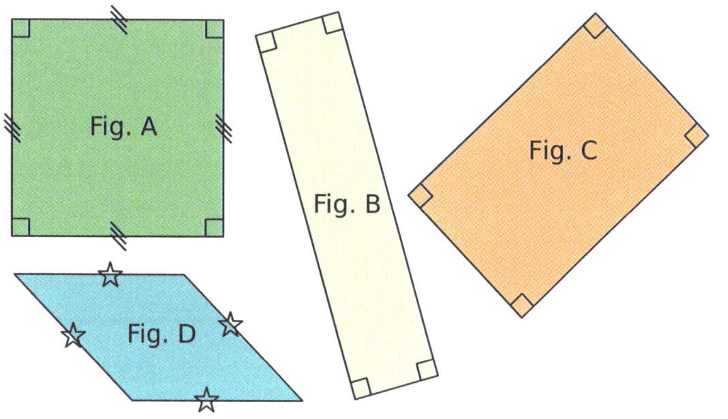


| Figure | A | B | C | D |
|---|---|---|---|---|
| Périmètre en cm | | | | |

**8** Le point X se déplace librement sur [DC].

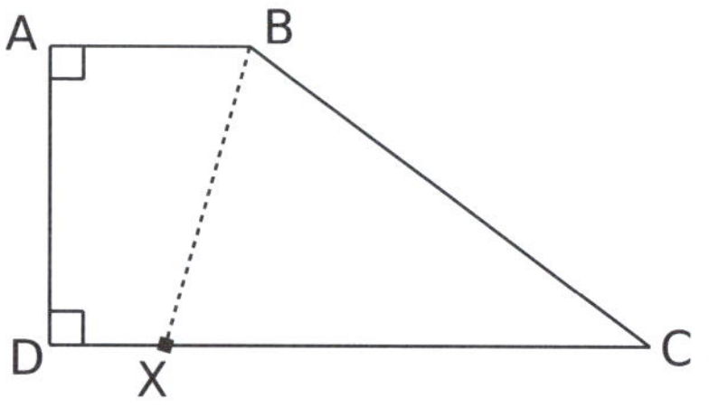


On donne les mesures :
AD = 3 cm ;
AB = 2 cm ;
DC = 6 cm et
BC = 5 cm.

Détermine la position du point X pour que le périmètre du quadrilatère ABXD soit égal au périmètre du triangle BCX.

**9** Sachant que le périmètre du rectangle formé par ces trois dominos est 240 mm, quel est le périmètre d'un domino ?

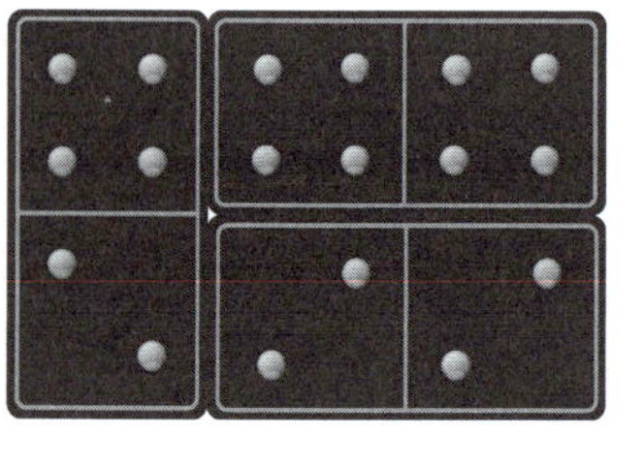

## FICHE 3 : CALCULER L'AIRE DE FIGURES USUELLES

**1** Quelle est l'aire d'un carré...

**a.** de côté 6 cm ? **b.** de côté 4,5 mm ?

**a.** ..............................................................

..............................................................

**b.** ..............................................................

..............................................................

**2** Soit un carré de côté $c$ et d'aire $\mathscr{A}$. Complète le tableau.

| | a. | b. | c. | d. |
|---|---|---|---|---|
| $c$ | 4 dm | 2,4 m | | |
| $\mathscr{A}$ | | | 36 mm² | 1,21 m² |

**3** Quelle est l'aire d'un rectangle...

**a.** de longueur 5 cm et de largeur 2,3 cm ?

..............................................................

..............................................................

**b.** de longueur 24 dm et de largeur 15,2 dm ?

..............................................................

..............................................................

**4** Soit un rectangle de largeur $l$, de longueur $L$ et d'aire $\mathscr{A}$. Complète le tableau.

| | a. | b. | c. | d. |
|---|---|---|---|---|
| $l$ | 4 cm | 1,2 dm | | 1 m |
| $L$ | 5 cm | 5 dm | 10 hm | |
| $\mathscr{A}$ | | | 36 hm² | 4,8 m² |

**5** Calcule l'aire de chacune des figures suivantes en effectuant les mesures nécessaires.

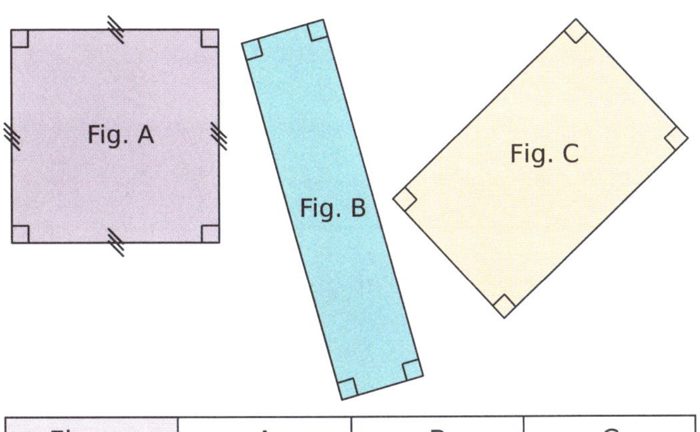


| Figure | A | B | C |
|---|---|---|---|
| Aire en cm² | | | |

**6** Calcule l'aire de chaque triangle. (Attention, les triangles ne sont pas dessinés en vraie grandeur.)

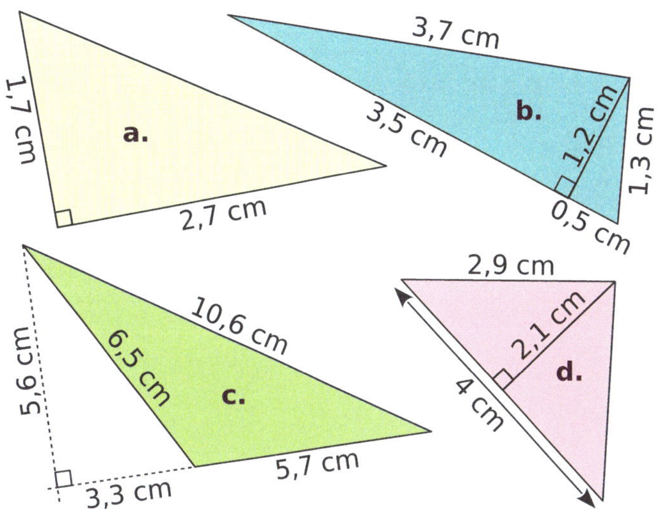


**a.** ..............................................................

..............................................................

**b.** ..............................................................

..............................................................

**c.** ..............................................................

..............................................................

**d.** ..............................................................

..............................................................

**7** Ce tapis rectangulaire a pour dimensions 17 dm par 24 dm.

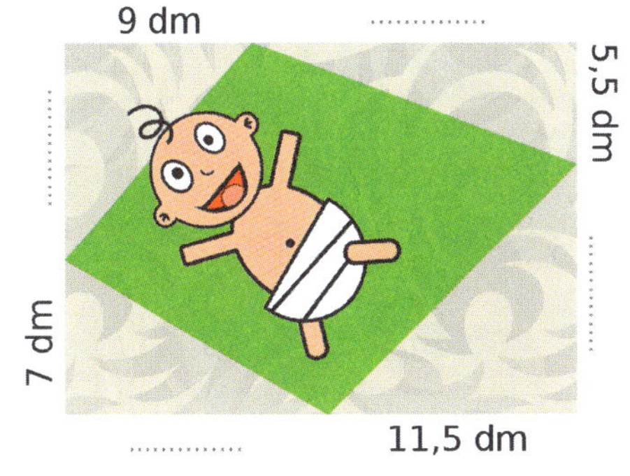


Complète les dimensions manquantes sur le dessin, puis calcule l'aire de la surface verte.

..............................................................

..............................................................

..............................................................

..............................................................

..............................................................

..............................................................

..............................................................

## FICHE 4 : CONVERTIR LES UNITÉS D'AIRE

**1** Tableur On considère ce rectangle.

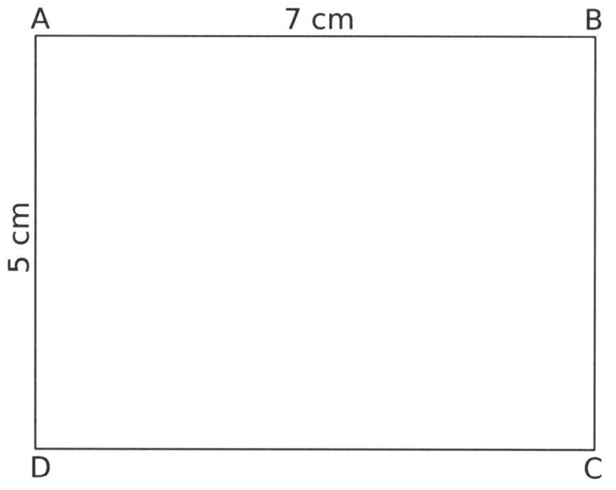


**a.** Quelle est son aire ?

........................................................................

**b.** Place le point M sur [CD] tel que CM = 2,5 cm.

**c.** Trace puis colorie en vert le triangle BMC.

**d.** Trace puis colorie en rouge le triangle AMD.

**e.** Recopie ce tableau, en allant jusqu'à 7 à la colonne A, de 0,5 en 0,5.

| | A | B | C | D | E |
|---|---|---|---|---|---|
| 1 | MC | MD | Aire BMC | Aire AMD | Somme |
| 2 | 0 | | | | |
| 3 | 0,5 | | | | |
| 4 | 1 | | | | |
| 5 | 1,5 | | | | |
| 6 | 2 | | | | |

**f.** Programme les cellules...
- B2 à B16 pour qu'elles calculent MD ;
- C2 à C16 pour qu'elles calculent l'aire de BMC ;
- D2 à D16 pour qu'elles calculent l'aire de AMD ;
- E2 à E16 pour qu'elles calculent leur somme.

**g.** Que remarques-tu ? Essaie de l'expliquer.

........................................................................

........................................................................

........................................................................

........................................................................

........................................................................

**2** Entoure les grandeurs qui conviennent.

| | | Périmètre | Aire |
|---|---|---|---|
| **a.** | Une salle de classe | 30 m | 5 m² |
| | | 300 m | 50 m² |
| | | 3 000 m | 500 m² |
| **b.** | Un timbre poste | 6 mm | 2 mm² |
| | | 60 mm | 20 mm² |
| | | 600 mm | 2 cm² |
| **c.** | Une page A4 | 1,014 dm | 62,37 cm² |
| | | 1,014 m | 623,7 cm² |
| | | 1,014 dam | 62,37 dm² |
| **d.** | La France | 63,16 km | 54 443,5 km² |
| | | 631,6 km | 544 435 km² |
| | | 6 316 km | 5 444 350 km² |

**3** Convertis chaque aire en m².

**a.** 7,49 dam² = ........................

**b.** 460 dm² = ........................

**c.** 0,32 cm² = ........................

**d.** 1,75 hm² = ........................

**e.** 90 mm² = ........................

**f.** 0,008 km² = ........................

**4** Même énoncé qu'au **3**.

**a.** 8,05 ca = ........................

**b.** 12 ha = ........................

**c.** 0,23 ha = ........................

**d.** 560 a = ........................

**5** Quelle est l'aire nécessaire, en hectares, ...

**a.** pour élever 100 autruches, sachant qu'elles ont chacune besoin de 650 m² ?

........................................................................

........................................................................

**b.** pour élever 4 800 dindons, sachant qu'ils ont chacun besoin de 4 m² ?

........................................................................

........................................................................

**6** Range ces départements d'Outre-Mer dans l'ordre décroissant de leur superficie.
- La Martinique : 1 128 000 000 m²
- La Guyane : 83 846 km²
- La Guadeloupe : 16 280 000 dam²
- La Réunion : 251 200 hm²

........................................................................

........................................................................

## Fiche 5 : Calculer le périmètre d'un cercle et l'aire d'un disque

**1** Calcule le périmètre de chaque cercle ci-dessous. Tu donneras la valeur exacte, puis une valeur approchée au dixième près.

**a.** Un cercle de diamètre 6 hm.

**b.** Un cercle de diamètre 5,6 dm.

**c.** Un cercle de rayon 4 m.

**d.** Un cercle de rayon 32 mm.

**2** Calcule le périmètre, au dixième près, de l'assiette de diamètre 26 cm, de la soucoupe de diamètre 11 cm et de la tasse de diamètre 9,5 cm.

**3** Sépare ce parcours sportif en trois parties de même longueur.

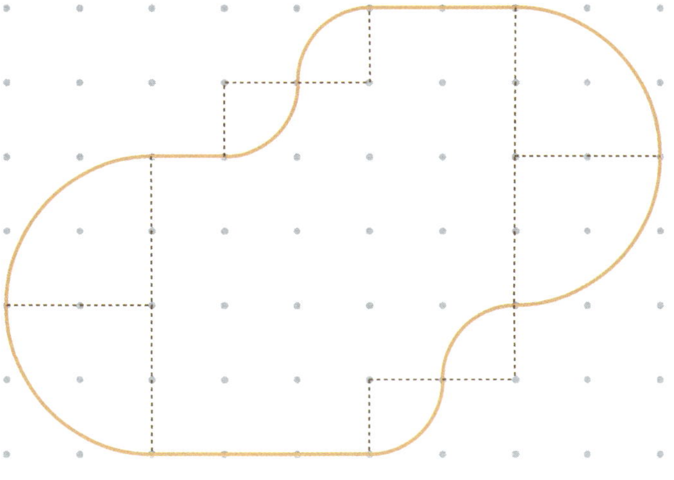

**4** Calcule l'aire de chaque disque ci-dessous. Tu donneras la valeur exacte, puis une valeur approchée au dixième près.

**a.** Un disque de rayon 4 m.

**b.** Un disque de rayon 32 mm.

**c.** Un disque de diamètre 6 hm.

**d.** Un disque de diamètre 5,6 dm.

**5** En effectuant les mesures nécessaires, calcule l'aire de chaque pièce. Tu donneras la valeur exacte, puis une valeur approchée au $mm^2$ près.

**6** Calcule l'aire de cette figure, sachant que sa largeur, dans la réalité, est 8,4 cm. Tu donneras la valeur exacte, puis une valeur approchée au $mm^2$.

## Fiche 6 : Résoudre des problèmes utilisant les aires et les périmètres

**1** Voici deux sortes de mobil-homes agrémentés chacun d'une terrasse. Les dimensions sont exprimées en mètres.

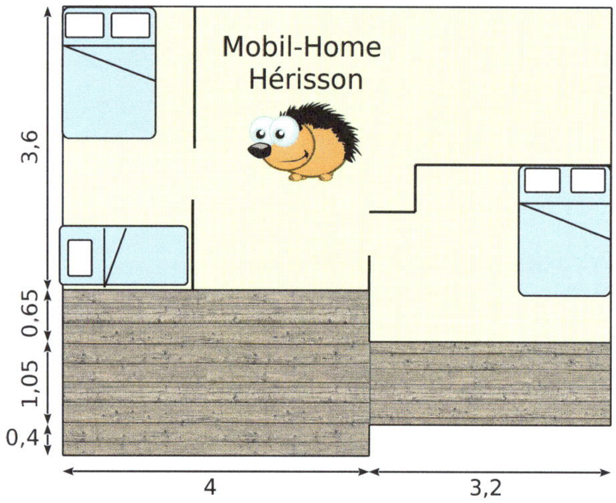


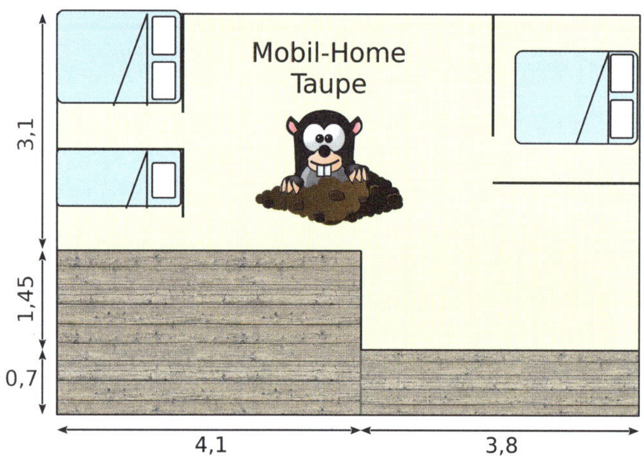


**a.** Compare leur surface habitable.

**b.** Compare la surface de leur terrasse.

**2** Reprends les mobil-homes de l'exercice **1**.

**a.** Calcule le périmètre de chaque terrasse.

**b.** On souhaite modifier la terrasse du *Hérisson* pour qu'elle ait le même périmètre que celle du *Taupe*. Propose une solution.

**3** Voici le plan d'une piscine.

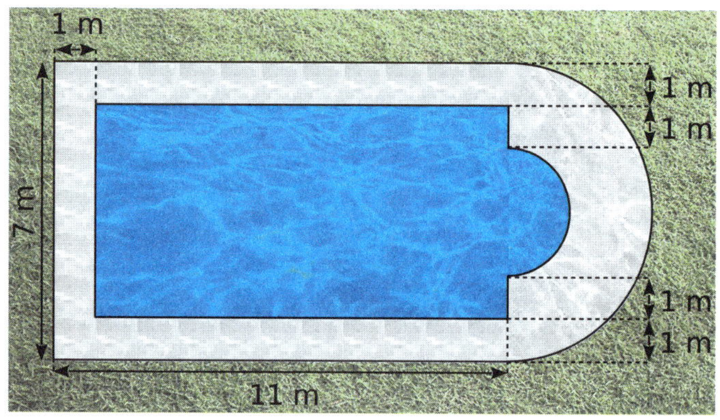


**a.** Calcule la longueur de la barrière de sécurité à installer (contour de la surface juste avant le gazon), au dixième de mètre près.

**b.** Calcule la quantité de carrelage nécessaire autour de la piscine, au m$^2$ près.

# Volumes

# M3

## Fiche 1 : Déterminer un volume par comptage

**1** Quel est le volume de chaque solide ci-dessous, en unités de volume (u.v.) ?

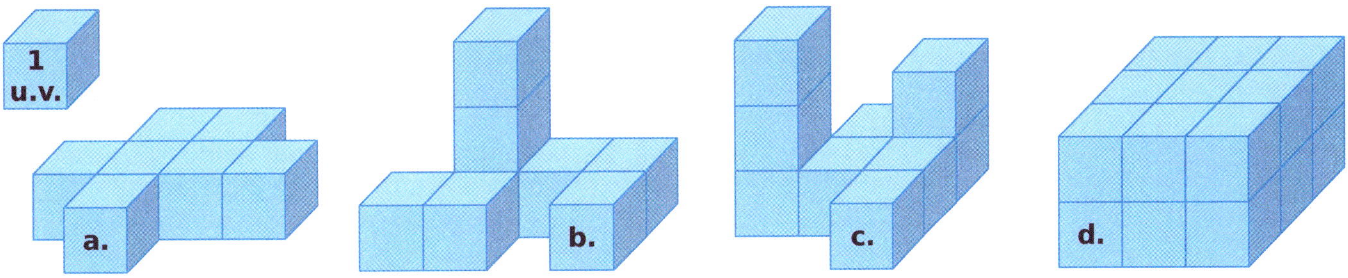


a. ........................... b. ........................... c. ........................... d. ...........................

**2** Construis la pyramide **c.**, en suivant la même logique, puis détermine le volume de chaque solide, en unités de volume (u.v.).

| Solide | **a.** | **b.** | **c.** |
|---|---|---|---|
| Volume | | | |

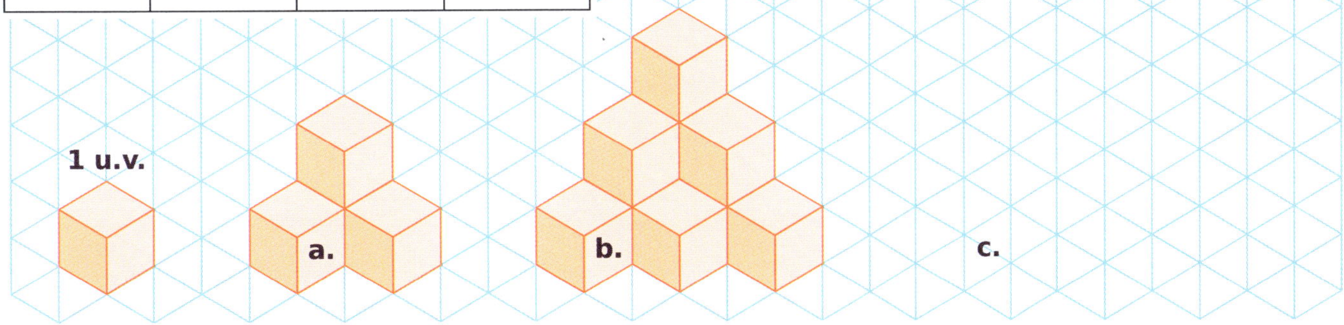


**3** Un petit cube a pour volume 1 cm³. Complète le tableau, sachant que le dernier solide (**d.**) est percé de part en part, au centre de chaque face.

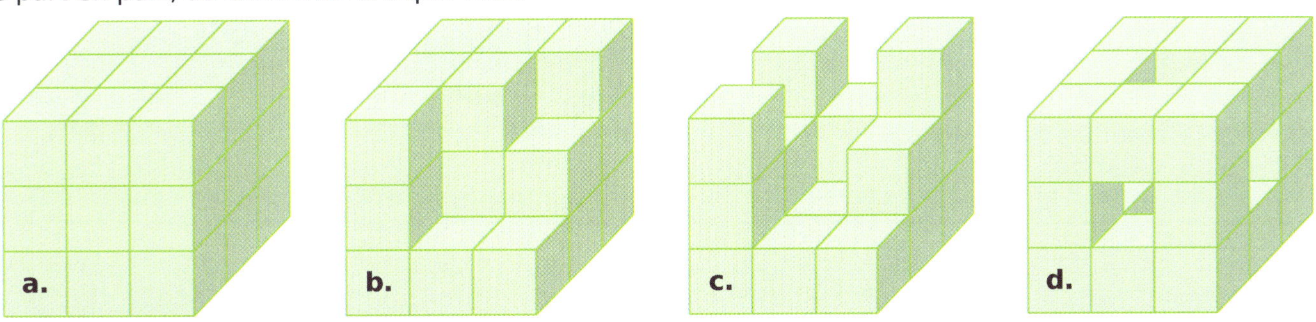


| Solide | **a.** | **b.** | **c.** | **d.** |
|---|---|---|---|---|
| Nombre de petits cubes manquant pour former le grand cube | 0 | | | |
| Volume en cm³ | | | | |

## Fiche 2 : Calculer le volume d'un pavé droit

**1** Calcule le volume de chaque cube.

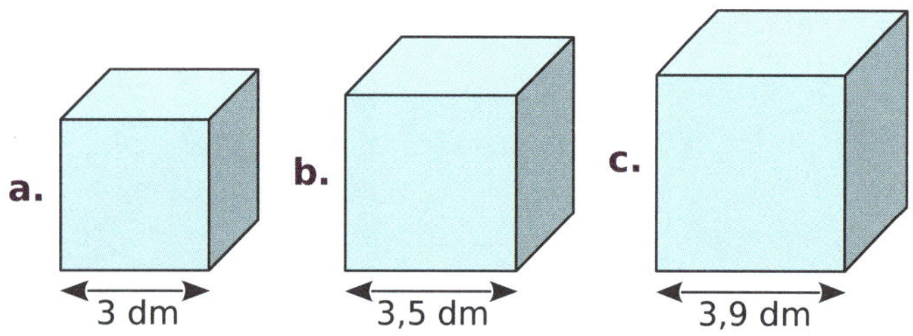


**a.** ........................................

**b.** ........................................

**c.** ........................................

**2** Calcule mentalement le volume de chaque pavé droit.

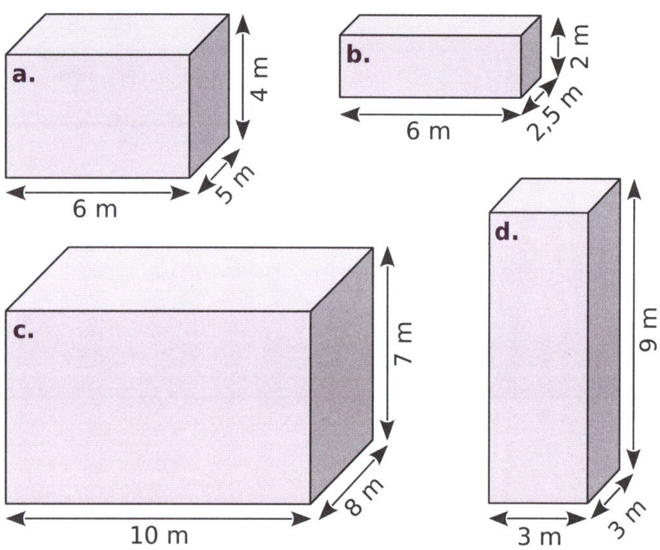


**a.** ..................... **c.** .....................

**b.** ..................... **d.** .....................

**3** Calcule le volume de chaque pavé droit.

**a.** Une boite de médicaments de dimensions : 102 × 46 × 27 mm.

........................................

**b.** Un réfrigérateur de dimensions : 186,4 × 59,5 × 60 cm.

........................................

**c.** Un conteneur de dimensions : 2,23 × 1,79 × 2,04 m.

........................................

**4** **Tableur** Recopie puis complète le tableau, en programmant les cellules E2 à E7.
(Les dimensions sont exprimées en centimètres.)

| | A | B | C | D | E |
|---|---|---|---|---|---|
| 1 | Pavé droit | Longueur | Largeur | Hauteur | Volume |
| 2 | P1 | 28 | 19 | 12 | |
| 3 | P2 | 8,8 | 5,2 | 7 | |
| 4 | P3 | 11,1 | 6,6 | 7,7 | |
| 5 | P4 | 15,2 | 12,3 | 6,4 | |
| 6 | P5 | 20,5 | 18 | 20,5 | |
| 7 | P6 | 34,2 | 32,6 | 8,6 | |

**5** Le cube et le pavé droit ci-dessous ont le même volume. Détermine la hauteur du pavé droit.

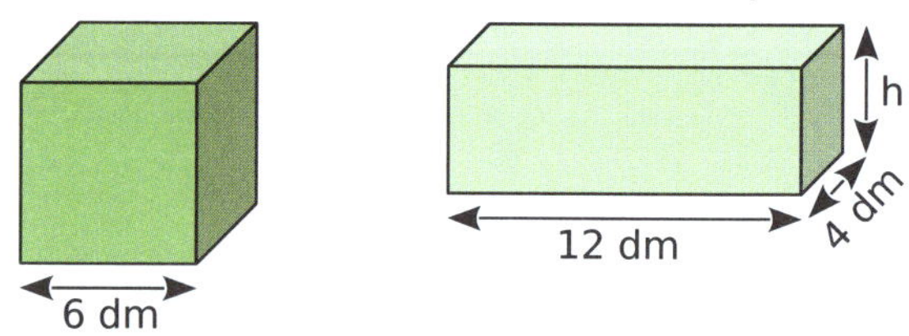


........................................

**6** Pour déménager, une agence propose trois cartons de dimensions différentes (en cm). Classe ces cartons dans l'ordre croissant de leur volume.

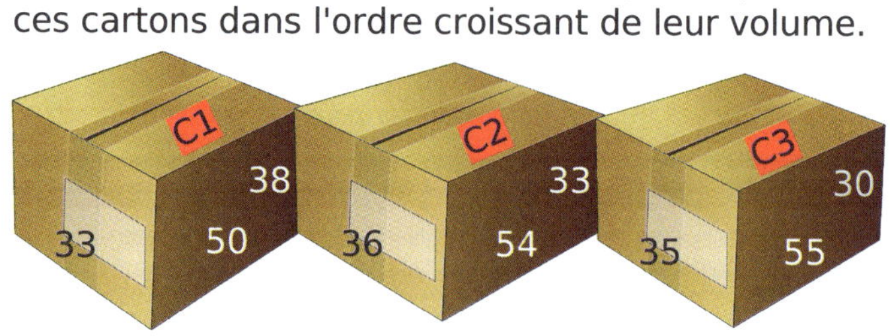


........................................

## FICHE 3 : CONVERTIR LES UNITÉS DE VOLUME

**1** Associe chaque objet à son volume.

| **Volume** | **Objet** |
|---|---|
| 16 dm³ • | • Maison |
| 1 hm³ • | • Cartable |
| 10 mm³ • | • Grain de riz |
| 600 m³ • | • Mer Méditerranée |
| 3 700 000 km³ • | • Bille |
| 5 cm³ • | • Empire State Building (grand immeuble américain) |

**2** Convertis chaque volume en m³.

**a.** 1 dam³ = ...................... m³

**b.** 1 dm³ = ...................... m³

**c.** 200 mm³ = ...................... m³

**d.** 42 km³ = ...................... m³

**e.** 35,635 cm³ = ...................... m³

**3** Complète avec la bonne unité.

**a.** 1 000 000 cm³ = 0,000 001 ..............

**b.** 6 521 mm³ = 0,000 006 521 ..............

**c.** 12 dam³ = 12 000 000 ..............

**d.** 0,004 67 hm³ = 4 670 ..............

**e.** 24,06 hm³ = 0,024 06 ..............

**4** Associe chaque objet à sa capacité.

| **Capacité** | **Objet** |
|---|---|
| 40 hL • | • Casserole |
| 0,05 mL • | • Verre d'eau |
| 2,3 L • | • Cuve à vin |
| 200 L • | • Baignoire |
| 55 L • | • Goutte d'eau |
| 0,15 L • | • Glacière |

**5** Complète avec la bonne unité de capacité.

**a.** 200 L = 2 ......

**b.** 0,085 hL = 85 ......

**c.** 4,1 mL = 0,41 ......

**d.** 25 000 mL = 2,5 ......

**e.** 78,22 hL = 7 822 ......

**f.** 1,722 dL = 172,2 ......

**6** Convertis chaque capacité en litres.

**a.** 1 hL = .................. L

**b.** 1,53 daL = .................. L

**c.** 35 dL = .................. L

**d.** 6,8 cL = .................. L

**e.** 172,4 mL = .................. L

**7** Convertis chaque volume en litres.

**a.** 1 dm³ = .................. L

**b.** 1 m³ = .................. L

**c.** 1 cm³ = .................. L

**d.** 131,2 m³ = .................. L

**e.** 35,635 cm³ = .................. L

**8** Un homme au repos fait pénétrer dans ses poumons 0,5 L d'air à chaque inspiration.
Combien lui en faut-il pour inspirer au total 1 m³ ?

..................................................

..................................................

..................................................

..................................................

**9** Claudine et Mathieu préparent leur mariage. Pour le vin d'honneur, ils seront 70, eux compris.

**a.** Sachant qu'une personne consomme 4 flutes de 12 cL, combien de jéroboams de Champagne (bouteille de 3 L) doivent-ils prévoir ?

..................................................

..................................................

..................................................

..................................................

**b.** Combien de personnes supplémentaires pourront-ils inviter avec le reste de Champagne ?

..................................................

..................................................

..................................................

..................................................

..................................................

..................................................

# FICHE 4 : RÉSOUDRE DES PROBLÈMES UTILISANT LES VOLUMES

**1** Des boites gigognes sont vendues par 3.
Voici leurs dimensions :

- petit modèle : $35 \times 25 \times 20$ cm ;
- moyen modèle : $40 \times 30 \times 25$ cm ;
- grand modèle : $45 \times 35 \times 30$ cm.

La petite et la moyenne boites sont remplies de perles. Peut-on les transvaser entièrement dans la grande boite sans que celle-ci ne déborde ?

........................................................................

........................................................................

........................................................................

........................................................................

........................................................................

........................................................................

**2** L'aquarium, situé à gauche, est à moitié rempli d'eau.

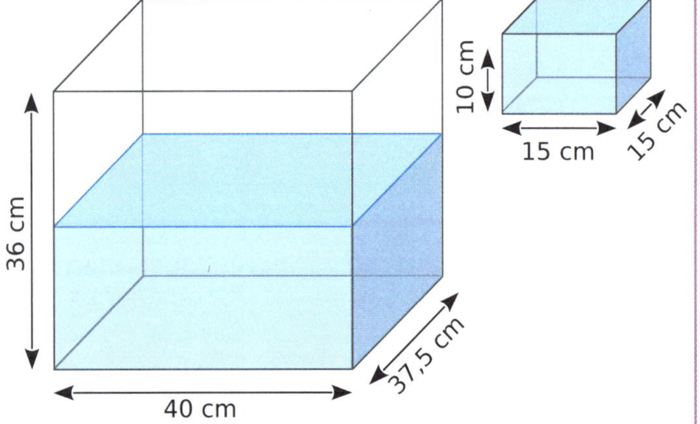


**a.** On verse l'eau du bac plein, situé à droite, dans l'aquarium. De combien de centimètres l'eau monte-t-elle ?

........................................................................

........................................................................

........................................................................

........................................................................

**b.** Combien de bacs faut-il verser dans l'aquarium pour le remplir à ras bord ?

........................................................................

........................................................................

........................................................................

........................................................................

**3** Calcule le volume de ce salon-séjour de hauteur 2,5 m.

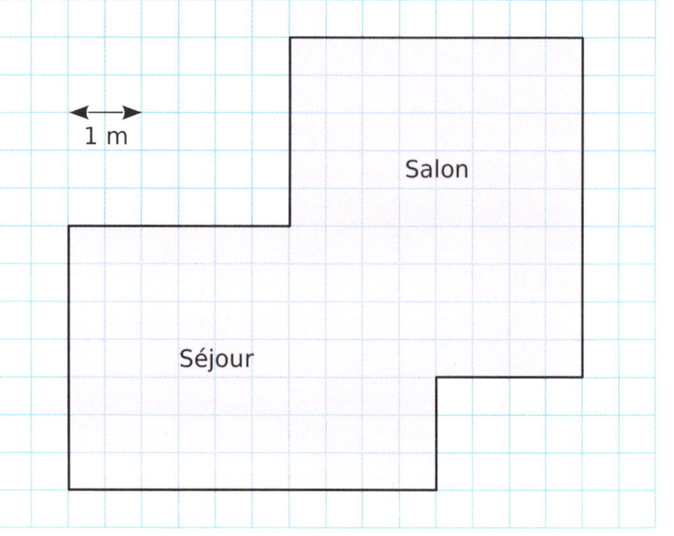


........................................................................

........................................................................

........................................................................

........................................................................

........................................................................

........................................................................

........................................................................

........................................................................

........................................................................

........................................................................

**4** Une jardinière a pour longueur 90 cm, pour largeur 45 cm et pour hauteur 48,5 cm. Combien de sacs de terreau de 25 L faut-il acheter pour remplir cette jardinière ?

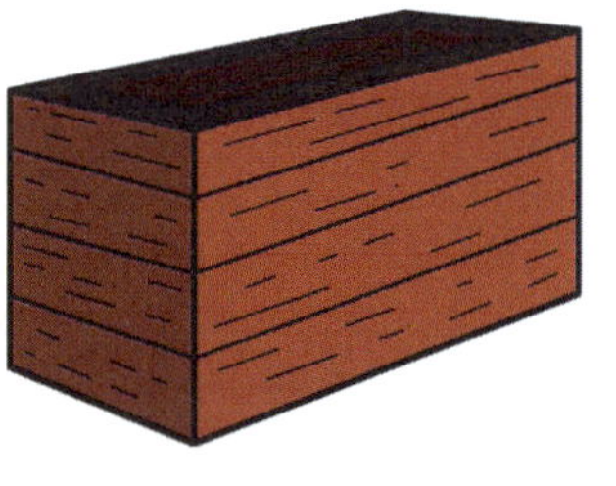

........................................................................

........................................................................

........................................................................

........................................................................

........................................................................

........................................................................

........................................................................